本书为国家社科基金青年项目"新时代政德建设汲取中华优秀传统文化研究"（项目编号:21CDJ004）的阶段性成果

天理与秩序

宋代政治伦理思想研究

郑济洲　张洪铭　著

社会科学文献出版社
SOCIAL SCIENCES ACADEMIC PRESS (CHINA)

序　言

冯达文

儒学脉络的本体论形上学，为宋明哲人所弘发。本体论的建构以知识理性为出发点，以更明确地区分共相与殊相的类属关系为基础。汉唐时期儒学转向宇宙论，以董仲舒为代表的儒家学者讲"天人相与"，把仁义礼智信分别挂搭于天地宇宙四时五行变迁的节律，这一转向打断了以荀子为代表儒家学者开出的经验认知路向的发展，也就是理所当然之事。因为依托宇宙论才能使儒学的价值信念获得客观的、绝对的乃至超验的意义。

但是，从宋明学人热衷的本体论的视域看，宇宙论所尚的生化本源"气"是具"质体"性的，然则由"气"的生化而成形的人人物物亦具"质体"性；"气"以其"质体"生化人人物物具正当性，然则人人物物所出自的"质体"自亦具正当性。二程和朱熹遵循知识理性所取的形式化规则，对天地万物做共相与殊相的认别，把"气"指认为殊相的构成物，而把具共相一统意义的"理"推上形而上的绝对地位，而建构起"理本论"。我们看程朱的论说。二程称："吾学虽有所受，天理二字却是自家体贴出来。"二程以这一说法宣示他们与汉唐宇宙论的告别。那么，"理"与"气"的关系如何？

程颐说："离了阴阳更无道，所以阴阳者是道也。阴阳，气也。气是形而下者，道是形而上者。"程颐把"理"与"气"的关系看作形而上与形而下的关系。朱熹极认同程颐，他也说："天地之间，有理有气。

1

理也者，形而上之道也，生物之本也；气也者，形而下之器也，生物之具也。是以人物之生，必禀此理然后有性，必禀此气然后有形。"朱熹这里同样贬落"气"而高抬"理"。然则，"理"是什么？为什么"理"比之于"气"更值得尊崇，更具形上本体性呢？这首先是因为，"理"是公共的。朱子说："理是有条瓣逐一路子。以各有条，谓之理；人所共由，谓之道。""道者，古今共由之理，如父之慈，子之孝，君仁臣忠，是一个公共底道理。德便是得此道于身，则为君必仁，为臣必忠之类，皆是自有得于己，方解恁地。""理"（道）为"人所共由"，为"公共的"，自具共相意义。

　　"理"于"未有天地之先"已自在，"诚"又是先验的。朱熹于此是以"理"的先在性确保它的先验性，再由先验性证成它的客观普遍性与绝对永恒性。以"本体"言说，这是为什么呢？如前所述，"气"论是认肯"质体"性的，"气"以"质体"生化人人物物，人人物物赋得的质体即为正当，其对物欲的追求亦具有正当性，由不同的化生机遇形成的各个个体的差别性也得到肯认。这意味着，"气"论在认知上虽已讲"类"和"类归"，但其抽象化形式化的程度是不够的。它甚至也可以被指认为夹带神学信仰的人类学，而有别于以共相与殊相的区分视角，把具有个别性的人人物物认作形而下，把人人物物"共由"的"理"指为形而上，做了抽象化、形式化处理且被赋予先验意义的本体论哲学。在儒学脉络中，程朱在这一发展路向上贡献丰硕。朱熹为《大学》"格物致知"所作"补传"，最能说明他们从认识论出发，以共相与殊相区分形而上和形而下，把共相升格为"本体"的思想路向。朱熹是这样写的："所谓致知在格物者，言欲致吾之知，在即物而穷其理也。盖人心之灵莫不有知，而天下之物莫不有理，惟于理有未穷，故其知有不尽也。是以《大学》始教，必使学者即凡天下之物，莫不因其已知之理而益穷之，以求至乎其极。至于用力之久，而一旦豁然贯通焉，则众物之表里精粗无不到，而吾心之全体大用无不明矣。此谓物格，此谓知之至也。"

　　公共"天理"作为舍弃各具"殊相"的抽象物，本不能再容纳仁义礼智信这样一些特定时期特定人群特定取向的人伦价值，程朱却把这种人伦价值放进"天理",作为"天理"的内容,而使这些特定时期特定人群特定取向的价值信念获得客观普遍的、绝对的意义。其实这也是违背形式化规则的。但是,程朱建构本体论形上学,其目的正在于此。他和程颐确立的"理本论"以及这一理论强调的"存天理灭人欲",诚然就是要为人摆脱利欲追求的困扰和由利欲追求带来的人与人之间生死搏杀的危殆,提供具有客观普遍划一意义的理论支撑。

目　录

导　论

经历五代之乱，北宋重新建立起来一个中央集权政府，为了消除唐与五代之弊，削去藩镇之拥，开始重用文官。自钱穆推崇宋代文治以来，近人屡屡强化宋代士人"得君行道""共治天下"之论。但是钱穆也在《国史大纲》宋朝部分开篇即说"与秦、汉、隋、唐的统一相伴随并来的，是中国之富强，而这一个统一却始终摆脱不掉贫弱的命运。这是宋代统一特殊的新姿态"[①]。这与重用文官即所谓文治以及儒家思想的影响不无关系，当然致命处还是皇权专制及其必然导致的后期腐败，以及经济人身依附关系等经济关系的综合影响。而恰恰在这个时候，士人团体团队式形成，他们同时受到儒家之道的影响，促成宋明两代中国儒家的兴盛以及文化的灿烂。但是，这不足以充分证明儒家之道具有治国能力，在整个中国历史上，在政治行政管理体系上沿用法家或具有法家倾向的行政方式比较普遍。但是，儒家士大夫则以道德理想主义引导士人献身"社稷"（君主和国家的一体化），在宋明清时期乡村方面形成社会自治的状态，促成大一统的稳定性。但是，无论是宋明还是清朝的治理都无法突破自身，即不能在传统体系条件下迎战比其政治系统更落后的边疆民族的挑战，而到后来初具商品经济和商业发展的形态时也未能走出一条制度革新之路，未能使这种经济形态实现自我飞跃。在受到清朝同样落后甚至更落后的经济政治制度影响以后，整个政治思想马上退回到帝制时代的原初状态，而当时落后制度的拥护者却不乏其人，这正

[①]　钱穆：《国史大纲》（下），商务印书馆，1996，第523页。

是儒家思想内部不思进取因素及其与宗法制度结合而形成的自我拖拉所致。同时也不能证明儒家士大夫在传统社会政治领域的主体性地位，其实总体来说，仅就宋明两代甚至仅就两宋而言，儒家虽然在文化形态或观念上影响了社会，但是士大夫在总体上仍然是皇权的附庸，而不是自立的政治主体。

一 "士治"之自觉与政治伦理愿景

钱穆在《国史大纲》中一方面痛感宋朝相较宋代之前的中央集权朝代积贫积弱，同时又指出了它的一个特色，即士人政治，他说："宋朝的时代，在太平景况下，一天一天的严重，而一种自觉的精神，亦终于在士大夫社会中渐渐萌出。所谓'自觉精神'者，正是那辈读书人渐渐自己从内心深处涌现出一种感觉，觉到他们应该起来担负着天下的重任（并不是望进士及第和做官）。范仲淹为秀才时，便以天下为己任。他提出两句最有名的口号来，说：'士当先天下之忧而忧，后天下之乐而乐。'这是那时士大夫社会中一种自觉精神之最好的榜样。"[①]范仲淹的典范思想在两宋即广为传播，二程都曾盛赞，朱子更是屡屡提及。就这一个大的变革与涌起，钱穆接着有一段很好的叙述和解说，不惮照引于此：

> 与胡、范同时前后，新思想、新精神蓬勃四起。他们开始高唱华夷之防。又盛唱拥戴中央。他们重新抬出孔子儒学来矫正现实。他们用明白的朴质的古文，来推翻当时的文体。他们因此辟佛老，尊儒学，尊《六经》。他们在政制上，几乎全体有一种革新的要求，他们更进一步看不起唐代，而大呼三代上古。他们说唐代乱日多，治日少。他们在私生活方面，亦表现出一种严肃的制节谨度，而又带有一种宗教狂的意味，与唐代的士大夫恰恰走上相反的路径，而互相映照。因此他们虽则终于要发挥到政治社会

---

① 钱穆：《国史大纲》下册，商务印书馆，1996，第558页。

的实现问题上来，而他们的精神，要不失为含有一种哲理的或纯
学术的意味。所以唐人在政治上表现的是"事功"，而他们则要把
事功消融于学术里，说成一种"义理"。"尊王"与"明道"，遂为
他们当时学术之两骨干。①

钱穆这一段概括十分凝练，切中问题核心。宋学尊儒，强调华夷之辨，
高扬三代复古的旗帜，有一种宗教精神，试图将事功消融于学术之中。
这都是高度概括的说法，尤其是最后一句话"'尊王'与'明道'，遂为
他们当时学术之两骨干"，点出了宋儒与前世儒家的差异。此"尊王"
有尊先王和倡导中央集权尊当世之王的二重含义，表现出对现实君主的
肯定，这就是儒家的本怀之一。邓小南教授在《祖宗之法》中对社稷、
国家与君主之关系予以简单梳理，已经大体指明该问题的要点。而明道
则是宋儒最不同于其他时期儒家尤其是明末和清代的儒家之处，在很大
程度上影响了明代思想与士人政治的发展。程颢思想含义有二：第一，
理与个人修养的整合，个人修养同时延伸至乡村民间自治之中，如宋代
的乡约的兴起，朱子家训、家礼的思考与设置，以至于明代阳明后学的
民间讲学都是这个传统的真正体现；第二，在外王事业中，三代之治的
倡扬与现实政治的结合构成明道的核心，即社会秩序之理的核心。但是
其出发点还是个体，即《大学》思想所弘扬之旨，国之秩序建构以家为
本、以个体之身为本，最终推溯及君主之心，即"格君心之非"。在第
一重设计中，程颢将宋明儒学推到儒家自孔子以后难以超越的高峰；而
在第二重设计中，程颢则将宋儒推到与功利主义儒家论战的顶峰，将理
想主义推高到一个难以复加的地步，造成各种形式化甚至僵硬的讨论，
受到明末清初诸儒的严厉批评。

理学家意义上君主的目标是做圣王，圣王是有一体之德的人，是
能够体会到"万物一体"的人，这样才能做到"博施济众"，因为这是
圣人之所为，非常人之所为。但是，人人都可以向此方向去进修，这

---

① 钱穆：《国史大纲》下册，商务印书馆，1996，第 560~561 页。

就产生了道学的修养论。除了张载《西铭》、程颢《定性书》以及早期范仲淹的论述之外，还有程颢《上殿札子》："君道之大，在乎稽古正学，明善恶之归，辨忠邪之分，晓然趋道之正；故在乎君志先定，君志定而天下治成矣。"①《论王霸札子》："故诚心而王则王矣，假之而霸则霸矣，二者其道不同，在审其初而已。《易》所谓'差若毫厘，缪以千里'者，其初不可不审也。故治天下者，必先立其志，正志先立，则邪说不能移，异端不能惑，故力进于道而莫之御也。"②程颢《南庙试策五道》："以纯王之心，行纯王之政尔。"③程颐《为家君应诏上英宗皇帝书》："三者之中，复以立志为本，君志立而天下治矣。所谓立志者，至诚一心，以道自任，以圣人之训为可必信，先王之治为可必行，不狃滞于近规，不迁惑于众口，必期致天下如三代之世，此之谓也。"④

我们观正统儒家士夫上书内容，譬如程颐早年《上仁宗皇帝书》开篇："草莽贱臣程颐，谨昧死再拜上书皇帝阙下。"⑤"然而行王之道，非可一二，愿得一面天颜，馨陈所学。如或有取，陛下置其左右，使尽其诚。苟实可用，陛下其大用之，若行而不效，当服罔上之诛，亦不虚受陛下爵禄也。"⑥程颢、程颐都是中国历史上伟大的哲学家，但是，于他们的内心而言，他们的尊严感以这种方式呈现，于此我们在今天的社会可能难以体察。不能将之解释为曲意，这反映了当时君臣关系的真实性，即位势等差的现实性。当然，这还是在他们年轻未出仕之前，他们可能求正君心的思想是诚恳的，但是固定的言语、行为方式等已经严格化了他们的身份与角色，身份与角色的固定也规范了他们的言语行为和其他礼仪、认知等的思维方式和行为方式，在这种严格的尊卑格局之下，他们可以遵循孔子所传导的"君使臣以礼，臣事君以忠"的相互性的对待方式以自律，但是以之正君心是否可行其实全在皇帝自身了。这

---

① 程颢、程颐：《二程集》，中华书局，1981，第 447 页。
② 程颢、程颐：《二程集》，中华书局，1981，第 451 页。
③ 程颢、程颐：《二程集》，中华书局，1981，第 465 页。
④ 程颢、程颐：《二程集》，中华书局，1981，第 521 页。
⑤ 程颢、程颐：《二程集》，中华书局，1981，第 510 页。
⑥ 程颢、程颐：《二程集》，中华书局，1981，第 514~515 页。

和士大夫教养普通民众完全不同。民众没有骄奢荒唐之生活的机会与可能，发其正心，则是本乎良知本体之发用，以此获得抗衡生活艰难之动能；但是皇帝或官僚则生活于远高于奢侈的状态之下，纯粹的发心其实十分艰难。而普通民众在接受教养的过程中还受到礼教规制的束缚，譬如家族长老的管理、官员的训诫、法律的牵制束缚等，但是对于皇帝或官员来说，这方面影响则较小，官僚则只受到皇帝的制约。所以，传统社会的体制规范中真正的主体只有皇帝，他的正心诚意的来源主要是他自己或来自家庭的影响，譬如少时的教育，待他一旦成年继位，则这些教育的机会也不再有了，这与普通民众受教育的方式是根本不同的，所以理学家设计的正心方案于君主并无实际用处。

文化人类学家拉尔夫·林顿（Ralph Linton）在《人的研究》中认为："我们在讨论社会性质的时候曾指出，社会的功能依赖于社会结构中存在于个体之间或个体组织之间的相互性的行为互动。在这样的相互互动的行为结构中的定位（the polar position）被技术性地称作身份。"[①] "身份，鲜明地不同于拥有它的个人，它只是一个权利与义务的集合。"[②] 拉尔夫·林顿认为，在社会分工与各种职业角色分配中，各自的定位决定了彼此之间的隔离性，也就是各自管好各自的事情罢了。他说："与此相类似，在一个诸如雇主和雇员关系的社会结构中，雇主与雇员的身份（或地位）界定了彼此需要知道和应当做的相应的工作，以使结构得以运行。雇主不需要知道涉及雇员工作的技术性内容，而雇员也不需要知道关于营销或财务的技术内容。"[③] 显然，在中国传统社会中，权利与义务关系的严重不平衡极端地显现于君臣关系与君民关系之中，而且这里还存在着一种认知上的错觉，尤其是在士大夫那里：他们认为在君主管理天下的权利和权力之外，君主自己还先天地承担着让天下子

---

① Ralph Linton, "Status and Role, "in Frederick C.Gamst Edward Norbeck, eds., *Ideas of Culture: Sources and Uses* (Holt, Rinehart and Winson, 1976), p.107.

② Ralph Linton, "Status and Role, "in Frederick C.Gamst Edward Norbeck, eds., *Ideas of Culture: Sources and Uses* (Holt, Rinehart and Winson, 1976), p.107.

③ Ralph Linton, "Status and Role, "in Frederick C.Gamst Edward Norbeck, eds.,*Ideas of Culture:Sources and Uses* (Holt, Rinehart and Winson, 1976), p.108.

民获得幸福的义务，所以这个义务应该体现在君主的主观意识之中以及日常活动之中。但是很显然，这在法律层面毫无保证和可能。结果智慧如程颢者只好复引天也即天人感应的套子以图诚训皇帝："矧复天时未顺，地震连年，四方人心日益摇动，此皆陛下所当仰测天意，俯察人事者也。"① 当然，从整个中国历史发展历程来说，这种士大夫自身也将信将疑甚至"恐吓"皇帝的方式似乎从来没有真正成功过。

这种基于心性之本又套用到政治领域中的理念是理学家在其"外王"方向上的认知，这种认知一直延续到南宋朱熹等人那里。但是，必须指出这种试图正君心的方式仅仅对早年读经史的帝王起到一定作用，至于诚心正意其实没有几个皇帝做到过，甚至根本没有过。在某种意义上，理学家在政治上的努力是失败的，但是他们的士人之理想在士大夫本身与民间的施为还是有成效的。我们需要将张载和程颢的"一体之怀"与"格君心之非"两个问题分开来看，前者具有某些永恒的价值意义，而后者则是道德理想主义走向政治领域的挫折。

二　士人的道德主体性与官僚化

宋代士人是中国历史上知识分子群体中的杰出代表，但是只有宋代士大夫的确是相对受到了君主的"优容"，因此，这和士人精英群体本身的崛起相呼应，形成了宋代政治与文化的历史高峰。这里可以看到的其实有两个并起的潮流，但是我们过去可能只是注意到了其中一点，即唐宋道学复兴、道统观念成立、理学成立并得到强化，这是宋学的一大特色，与士人政治的发展合流；但是，这里还有一个现象，"尊王"由韩愈倡导兴起，在整个宋代重要程度有增无减。道学兴起以及道统学说成立的一个显著特性是《孟子》地位的提升，这被称作《孟子》的升格运动"，但是与此同时又有一个"疑孟运动"，宋代李觏、司马光等人都是其中的重要代表。孟子作为最极端地主张与王权疏离的儒家代表人物受到了时代的诘问，这显然是"尊王"运动的一个重要标志。韩愈

① 程颢、程颐：《二程集》，中华书局，1981，第458页。

尊王并且提升《孟子》地位,他在著名的《原道》里面说:"是故君者,出令者也;臣者,行君之令而致之民者也;民者,出粟米麻丝,作器皿,通货财,以事其上者也。君不出令,则失其所以为君;臣不行君之令而致之民,则失其所以为臣;民不出粟米麻丝,作器皿,通货财,以事其上,则诛。今其法曰,必弃而君臣,去而父子,禁而相生养之道,以求其所谓清净寂灭者。"①韩愈借助对佛教的排挤试图恢复儒学,同时光大世俗的王政,而这里对君臣关系的界定就体现了他思想的一个重要方面,在某种意义上为宋以后的王政定了调,这是继董仲舒之后,儒学复兴的开始,也是继董仲舒之后,王政和王权重新获得重要确认和提升的开始。萧公权对韩愈曾做出敏锐深刻的评价:"愈推尊孟子,贬抑荀卿,而其尊君抑民之说,实背孟而近荀。韩氏论证之要旨在认定人民绝无自生自治之能力,必有待于君长之教养。"②萧公权指出,韩愈强调民众初生就像动物一样,只有待圣人教且养之,即《原道》之论述,这里的圣人既圣且王。而李觏则借助批评孟子提升王权甚至绞杀舆论:"孔子之道,君君臣臣也;孟子之道,人皆可以为君也。天下无王霸,言伪而辩者不杀,诸子得以行其意。孙、吴之智,苏、张之诈,孟子之仁义,其原不同,其所以乱天下,一也。"③"家家可以行仁义,人人可以为汤、武,则六尺之孤,可托者谁乎?孟子自以为好仁,吾知其不仁甚矣。"④"吾以为天下无孟子可也,不可无六经;无王道可也,不可无天子。"⑤李觏此语一批孟子,二尊王权,二者兼得之。⑥北宋中期的重要政治家司马光则一方面尊君,一方面反孟,二者相互配合,他专门作《疑

---

① 屈守元、常思春:《韩愈全集校注》,四川大学出版社,1996,第2663~2664页。
② 萧公权:《中国政治思想史》,辽宁教育出版社,1998,第377页。
③ 李觏:《常语》,《李觏集》,中华书局,2011,第539页。
④ 李觏:《常语》,《李觏集》,中华书局,2011,第545页。
⑤ 李觏:《常语》,《李觏集》,中华书局,2011,第546页。
⑥ 萧公权先生在评论李觏时也陷入了与李觏评论荀子一样的自相矛盾的困境,即一方面感觉李觏有尊君的倾向,但是一方面又认为他的尊君目的还是在于安民和富强,因此认为他是儒家而不是法家。参考氏著《中国政治思想史》,辽宁教育出版社,1998,第421~422页。李觏的思想体现了宋代开始的一种学术潮流,即儒家仁义思想、礼法思想与中央集权主义之间的内在配合及冲突。

孟》诸篇批评孟子思想，他在一篇散文中谓："孟子曰：'独乐乐，不如与人乐乐；与少乐乐，不若与众乐乐。'此王公大人之乐，非贫贱所及也。孔子曰：'饭蔬食饮水，曲肱而枕之，乐在其中矣。'颜子'一箪食，一瓢饮'，'不改其乐'。此圣贤之乐，非愚者所及也。"①司马光这里的思想与孟子以仁义行天下的王道思想是完全相悖的。司马光当然不仅仅是因为与王安石的政治斗争而讨伐孟子，也是基于他自己的思想主张。他的天命观决定了他不接受仁义内在于个体生命的考量。他将父子君臣上下尊卑之道看作天道，而这也是与孟子人人分享天道的思想截然对立的：

> 天者万物之父也。父之命，子不敢逆，君之言，臣不敢违。父曰前，子不敢不前。父曰止，子不敢不止，臣之于君亦然。故违君之言，臣不顺也；逆父之命，子不孝也。不顺不孝者，人得而刑之；顺且孝者，人得而赏之。违天之命者，天得而刑之；顺天之命者，天得而赏之。②

司马光还认为，"文王序卦，以乾坤为首，孔子系之曰：天尊地卑，乾坤定矣，卑高以陈，贵贱位矣。言君臣之位，犹天地之不可易也"③。程颐的说法是："公侯上承天子，天子居天下之尊，率土之滨，莫非王臣，在下者何敢专其有？凡土地之富，人民之众，皆王者之有也，此理之正也。"④这是当时政治家、思想家自觉呼应五代之后王权集中而付出的努力。这种士人努力的结果便是在宋代建立了一种比较良性的君臣关系，皇权居于核心地位的统治带有一种传统政治体系的属性，除真正士人之外的政客依附或借用之，并以之为阶梯。范仲淹在《上资政晏侍郎书》中称："某又闻，事君有犯无隐，有谏无讪，杀其身，有益于

---

① 李之亮笺注《司马温公集编年笺注》（第五册），巴蜀书社，2008，第205页。
② 司马光：《温国文正司马公文集》卷七四《迃书·士则》，《司马光集》，四川大学出版社，2010，第1504页。
③ 司马光著，胡三省注《资治通鉴》卷一，上海古籍出版社，1987，第1页。
④ 程颢、程颐：《二程集》，中华书局，1981，第770页。

君则为之。"① 这代表了宋代直至明清儒家士大夫之高品之士的节操与情怀，将致君之道与天下情怀相统一，做一个忠勇正直的臣子，这种精神则还可以上溯到汉代乃至于商周之忠臣良士；但是宋代的士人政治同时具有官僚政治的属性，同时受制于皇权专制，其根源在于这个政治体系自身的系统性，这种系统性已深植于尊君的制度传统中。包弼德（Peter K. Bol）对此有一段比较精彩的论述：

> 宋朝国初的君主支持士，我认为，他们这样做是因为士是心甘情愿的下属，没有独立的权力，依赖于至高的权威来获得政治地位，而且他们是出于对文官文化的追求来履行职责，这对于中央权威的制度化，其价值之大，无法估量。我认为，利用士来统治，是皇室希望利用有能力却没有权力基础的人的一个例证。正像过去的经验所表明，武将有用，但有潜在的危险。僚属（retainer）和内诸司使以个人关系联系于他们的上级；用他们来统治国家就意味着利用别人的僚属。持续使用地方豪强在其本土充当县级官员，这是五代期间常见的做法，这可能阻碍中央控制地方资源。进一步说，为了实现他们的政治和社会野心，士依仗更高的权威去重建一个国家的社会统治集团，并把他们自己置于集团的顶端。这样一来，在所有的政治成员中，他们的利益最接近皇帝的利益：两者都相信他们将通过中央集权获益。②

包弼德的言说提出了几个有益的看法。第一，武将及地方官员是人们熟知的宋代初期统治者所深为戒惧的那部分人，士是没有自己权力基础但是却对国家治理最有用的人。第二，从士本身来说，科举是进入上层社会的唯一的机会。对于动机不端的人来说，可以满足他们的野心或个人目的；而对于以天下为己任的人来说，这是一个致力于构建社会秩

---

① 范能濬编集《范仲淹全集》，薛正兴校点，凤凰出版社，2004，第202页。
② 〔美〕包弼德：《斯文：唐宋思想的转型》，刘宁译，江苏人民出版社，2017，第71~72页。

序或在和平秩序环境中维护这种政治秩序的唯一途径。第三，包弼德认为，皇帝和士人的利益最接近，这句话颇富创意，也发人深省。从好处说，即从君主与士人都怀有良好动机角度而言，他们都是公天下的志愿者，目的都是实现中央集权为百姓谋得福祉；从皇帝或动机不端之士人角度而言，可以互相利用为各自目的服务，一个为了家天下，一个依附于君主获取个人利益。当然，其实士大夫并没有合适的办法制约君主，但反过来，君主有办法辖制士大夫，他们的关系位置是不对等的，正因为不对等，所以才可以被皇帝看重并利用。

必须承认，尽管二程格君心之非并不成功，但是他们及其弟子或后续弟子的努力是有益的，即以道学的自立试图呈现一种独立形态的"士"。包弼德指出，"道学提供了一种学的形式，这种形式允许士人无须为官和获得文化，就能够以士自居"①。"道学向士人展示了他们如何能够成为一名精英，同时做一个善士（good men），它以此向士人提供了另一种文化选择。"②应该说，这是道学最重要的价值意义之所在，虽然他们致力于君道的改变，但他们在这种政治结构中无能为力。但是，儒家做人的原则在这里却体现出来，即对社会的教化和教养，这也是它在今天的意义所在。但是，具有讽刺意味的是，这种教化仍然不能脱离以君主为中心的理念，这是儒家学说中的一个重点。也正因为如此，朱熹学说获得官方的真正的重视与利用。这里凸显出的一个问题就是，儒家学说如果不澄清其君主中心理念，它的独立性的自主性的核心价值仍然不能呈现出来，其普遍性则受到严重损害。

韦伯相当敏锐地指出："中国皇权所具有的最高祭司与政教合一的性质，决定了士人的地位，并且也决定了中国文献的特性。"③他认为，士人以其知识来支持本质上是政教合一的国家，把它看作既定的前提④，即皇权制度是现成的、现实的，知识分子对此也是认同的，而其原因却和

---

① 〔美〕包弼德：《斯文：唐宋思想的转型》，刘宁译，江苏人民出版社，2017，第414页。
② 〔美〕包弼德：《斯文：唐宋思想的转型》，刘宁译，江苏人民出版社，2017，第422页。
③ 〔德〕韦伯：《儒教与道教》，洪天富译，江苏人民出版社，1995，第131页。
④ 〔德〕韦伯：《儒教与道教》，洪天富译，江苏人民出版社，1995，第131~132页。

中国春秋时期的大变革联系在一起："如果编年史有一点儿可信，那么，士人一开始就是封建体制的反对者和官僚组织的支持者。这是完全可以理解的，因为从他们自身利益出发，只有那些受过人文教育的人，才够资格担任管辖之职。"①在韦伯看来，中国儒家知识分子先天就是官僚政治的匹配者，因为这是政治体系的性质和个人谋生双重结合的产物："中国的士人阶层，从总体上看服务于君侯，而这种服务关系是士人正常的或至少是以正常的方式所追求到的收入的来源。这种情况使他们有别于古希腊罗马的哲学家，至少使他们有异于印度受过教育的俗人（这些人的活动的重点在官职以外）。中国的士人则不同，他们把出仕视为一展身手的机会。"②韦伯不无偏激但是也不无见地地指出，早期知识分子可能还有相对独立的知识活动，但"随着中国俸禄制逐渐实施，士人阶层原先精神的自由活动也就停止了"③。但是，从韦伯将中国知识分子与古希腊知识分子的比较看，中国知识分子是先天涉入政治的，而不是纯粹的"知识生产者"，因此，这也决定了他们进入社会和政治的宿命，同时，我们从积极的一面说，这正是儒家的理想或特质，正好与道家形成对照。但是，正因为有现实利益存在，无论什么朝代，知识分子的阶层都是多元的，他们不是单纯的理想主义或纯粹的现实主义群体（这里指自私的功利性）。理想主义的知识分子如宋代理学家就厌恶科举，而推崇道德主体性，譬如程颐言："人生有三不幸：年少登高科，一不幸；席父兄之势为美官，二不幸；有高才能文章，三不幸也。"④他的情怀就是个体道德主体性的真正确立，但是并非所有人都是如此（我们且不说这种"主体性"的限制）。

张邦炜《君子欤？粪土欤？——关于宋代士大夫问题的一些再思考》⑤中开篇即提出问题："如何评价宋代的士大夫？而今学者各执一词，

① 〔德〕韦伯：《儒教与道教》，洪天富译，江苏人民出版社，1995，第132页。
② 〔德〕韦伯：《儒教与道教》，洪天富译，江苏人民出版社，1995，第133页。
③ 〔德〕韦伯：《儒教与道教》，洪天富译，江苏人民出版社，1995，第133页。
④ 程颢、程颐：《二程集》，中华书局，1981，第443页。
⑤ 张邦炜：《君子欤？粪土欤？——关于宋代士大夫问题的一些再思考》，《人文杂志》2013年第7期。

两种观点极端对立。"①"君子论"的赞颂者谓宋朝文人士大夫是中国历史上最高傲有骨气的知识分子，人格独立，不依附权贵；而"粪土论"的批评者则言宋朝士大夫大多数乃卑鄙龌龊之辈。张邦炜指出，"从某种意义上说，'粪土'论与'君子'论如出一辙，均重在以超时空的善恶标准对士大夫个人做道德评价"②。这个意见十分准确。能够对一个朝代的数量有限的知识阶层做出如此截然相反的评价，肯定不是知识官僚阶层本身的问题，而是评价者各自的标准有偏狭之处，譬如关于宋代士人出仕的动机就有读书做官论与天下家国论二种，张邦炜据此将读书人的目的归纳为三种类型，以期给出一个相对完善的叙述。第一种，读书谋生；第二种，读书做官；第三种，为救世而读书。而从最终的人格类型看，两宋宰相中既有王安石、司马光、李纲、文天祥、李秀夫等忠义之辈，也有蔡京、王黼、贾似道等奸佞之徒，不可一概而论。不过，张邦炜根据其他学者的研究成果得出结论，即相较于奸诈之徒，忠义之辈居多。当然，他的行文目的就是纠正"粪土论"一说，况且宋代是当下我们最为称颂的在文化创造与士人风骨方面的典范之渊薮。但是，张邦炜的论述一向坚持两点论，他在《论北宋晚期的士风》中又特别鞭挞北宋晚期士风堕坏，而最高统治集团呈现为"昏君加佞幸的格局"。在他看来，北宋中期风气较好，但是到晚期的确风气已经严重衰颓。明代情况就更加恶劣，因为有明一代，有为的皇帝更少，而且很多时候有宦官弄权，但是能列入考察行列的士大夫的确多数是信守儒家价值理念的。但是，这里的问题不是要看儒家士大夫的操守如何，这个问题比较繁复，不能一概而论，从他们预政的行为方式以及结果来看，他们都无法跳出皇权专制的范围，这才是问题的核心。而忠义尽管使他们能够作为行政系统的主体力量维系行政系统运转，但是，也无法改变朝代兴替的本质，并最终会随着王朝的覆灭成为牺牲品。张邦炜总结北宋晚期士风颓

---

① 张邦炜：《君子欤？粪土欤？——关于宋代士大夫问题的一些再思考》，《人文杂志》2013 年第 7 期。

② 张邦炜：《君子欤？粪土欤？——关于宋代士大夫问题的一些再思考》，《人文杂志》2013 年第 7 期。

坏的内部原因时指出，士大夫阶层具备这种两面性的内部原因是："他们既在理念上追求高尚的人格，又在经济上依附于皇权。"①这揭示了传统社会士人之两面性的根源。在对两宋士人政治的讨论中，"君臣共治"被视作一个重要的表征，钱穆指称战国为游士社会，两汉为郎吏社会，自唐宋而后为科举士人社会，是士人把持政治和领导社会的阶段，这个内容的实质尚需进一步推敲。

三 "君臣共治"的理智与政治悖难

1. 君臣一体以及后者的仆从

钱穆认为，自唐以下的中国社会可以被称为"科举社会"，与先秦的"游士社会"、西汉的"郎吏社会"有一脉相承的关系，由有理想的学术知识分子主持政治，科举制是其核心。但是，宋代的政治的积极方面在其精神，这应该是自宋代以后才愈发鲜明的："范仲淹并不是一个贵族，亦未经国家有意识的教养，他只在和尚寺里自己读书。在'断齑画粥'的苦况下，而感到一种应以天下为己任的意识，这显然是一种精神上的自觉。然而这并不是范仲淹个人的精神无端感觉到此，这已是一种时代的精神，早已隐藏在同时代人的心中，而为范仲淹正式呼唤出来。"②宋代士大夫成为政治主体或已经具有政治主体意识是近年来一些学者论述的重心，虽然有些夸张，但是也反映出在宋代儒学回归进程中士人对政治目标有了自觉性的追求，在政治活动中更加积极主动，这也是当时的一个社会境况。③

程颐有言："帝王之道也，以择任贤俊为本，得人而后与之同治天下。"④黄宗羲《明夷待访录·置相》："原夫作君之意，所以治天下也。天下不能一人而治，则设官以治之；是官者，分身之君也。"⑤用这两段作为士大夫分享皇帝权力的佐证。其实统治与治理是两个概念，治理不

---

① 张邦炜：《论北宋晚期的士风》，《四川师范大学学报》（社会科学版）2000年第2期。
② 钱穆：《国史大纲》，商务印书馆，1997，第558页。
③ 它究竟达到了一个什么样的结果，士人的政治理想是否合乎实际，我们后文还要叙述。
④ 杨时：《二程全书》，中华书局，1975，第701页。
⑤ 李广栢：《明夷待访录新译》（第二版），（台北）三民书局，2014，第26页。

过治道中的行政管理而已。黄宗羲理想化了，想把君主降低到宰相以及大臣的地位，这是他的理想设计，但并非中国古代社会政治结构的实际状态。费孝通指出，真实的情况是，皇权独占天下，官僚是君主皇帝治理天下的助手，而贵族才是皇家的门内之人，也就是原来封建阶段的贵族是帝王的近亲或同姓人，是可以分享财富乃至于权力的，但是官僚只是皇帝的仆人而已，至多只是助手。① 方孝孺的悲剧说明知识分子将皇权与士人之权等同是严重错误的。明初方孝孺所理解的皇权转移，以及忠臣不事二主的价值持守，受到朱棣的极大嘲讽，就所谓皇权与所谓礼仪的天道关系，在朱棣看来，这是他们朱家自己门内的事情，实际上与知识分子或其他外人无关：

> 先是，成祖发北平，姚广孝以孝孺为托，曰："城下之日，彼必不降，幸勿杀之。杀孝孺，天下读书种子绝矣。"成祖颔之。至是欲使草诏。召至，悲恸声彻殿陛。成祖降榻劳曰："先生毋自苦，予欲法周公辅成王耳。"孝孺曰："成王安在？"成祖曰："彼自焚死。"孝孺曰："何不立成王之子？"成祖曰："国赖长君。"孝孺曰："何不立成王之弟？"成祖曰："此朕家事。"顾左右授笔札，曰："诏天下，非先生草不可。"孝孺投笔于地，且哭且骂曰："死即死耳，诏不可草。"成祖怒，命磔诸市。孝孺慨然就死，作绝命词曰："天降乱离兮孰知其由，奸臣得计兮谋国用犹。忠臣发愤兮血泪交流，以此殉君兮抑又何求？呜呼哀哉兮庶不我尤。"时年四十有六。②

方孝孺之死是一个巨大的悲剧，但其实他并没有在当时以及后世得到足够的充满尊敬的评价，因为我们看到历代王朝的兴替主要都是通过战争实现的，内部的历次权力斗争中获胜的一方反而可能是相对的"明君"或有能力者，但是在儒家的历史记载中都认为这是违背政治道义价值的，也即违背儒家所推崇的礼教价值，譬如李世民的夺政以及明成祖朱棣发动的战

---

① 见费孝通、吴晗《皇权与绅权》（增补本），华东师范大学出版社，2015，第30~49页。
② 《明史》卷一四一，中华书局，1974，第4019页。

争。章太炎谴责了王阳明对藩王朱宸濠的围剿，因为在他看来，明武宗与朱宸濠的德性与能力也相差甚远。①

儒家士大夫从根本上说不可能与皇帝分享权力，但是作为皇帝的助手他们可以分享其中的利益，当然也同时受到制约。陶希圣指出，宋神宗提出枢密院和中书省的二府制可以"互相维制"，这"军民二府的对立，正是绝对王权的象征。至于财政的独立并直隶于皇帝，乃是皇帝制控军阀的手段——军权集中必须以财政集中为前提"②。邓广铭先生认为，宋神宗一方面要提拔王安石作为变法的宰相，同时又任用最反对变法的司马光为副枢密使，虽然司马光未就职，但是另一个保守派人物文彦博一直在任，这种所谓最经典之"得君行道"，究其实则为皇帝故设一与其理念相左之副枢密使与之抗衡。③

针对士大夫并非不同于百姓的论断，邓小南指出："从北宋社会背景来看，'士大夫'们诚然是出自'百姓'，但联系到神宗对于两类人群不同反应的概括，联系文彦博脱口而出的'为与'和'非与'之对举，我们又不能不注意到，在这对君臣心目中，显然是将'士大夫'视为特殊于'百姓'、不同于'百姓'的社会集团的。"④邓小南进而讨论历史上关于"共治"的渊源流向，譬如唐太宗所谓"朕与公辈同理天下"等，继而推论："从汉唐到宋初，所谓'共治'、'共理'，无论自帝王口中居高临下地说出，或是在官员著述奏疏中谨慎地表达，都不是强调士大夫作为决策施政的主体力量，而多是指通过士大夫，借助于士大夫的人手、能力来治理天下，亦即原则上将士大夫的作用定位为听命于帝王、替帝王治理天下的工具。"⑤同时，邓小南又指出，自真宗后尤其是仁宗

① 章太炎：《章太炎全集》，上海人民出版社，2014，第116页。
② 陶希圣：《中国政治思想史》下册，中国大百科全书出版社，2009，第764~765页。
③ 邓广铭：《宋史十讲》，中华书局，2008，第61页。
④ 邓小南：《祖宗之法——北宋前期政治述略》，生活·读书·新知三联书店，2014，第420页。
⑤ 邓小南：《祖宗之法——北宋前期政治述略》，生活·读书·新知三联书店，2014，第423页。

时期，宋朝进入士大夫参政预政的重要阶段①，也就是说，他们的主体性发挥较之以前，应该更多。这里面有两个因素，一个是宋朝以来的士人的确有自己的特色，其二，诸如仁宗对独揽权柄对决策的危害有清醒的意识。这两个条件必须同时具备才行，很显然，自宋到明朝，士大夫热情之高涨日甚一日，但是所受打击也越来越大，个中原因就是第二个条件是在绝大多数时间中都不具备的。②所有王朝最终败落于腐败、政治弛废、人心涣散等，但是，这是帝制政治和官僚政治的共同效应和必然归宿。因此，所谓的士人政治与官僚政治的绾和在君主限制之下最终结果都是一样的。

士大夫政治的形成始自儒生加入秦以后之吏治体系，其核心在于巩固了纯粹的刑政统治的合法性，尤其是民情、民意的合法性。由血缘、人情、礼仪组合而成的儒家孝忠观念、奉天祭祖之传承观念将天道与血缘的先验性整合起来，辅之以"天命"思想和部分孟子的"革命"思想等，构成了后世帝制时代儒家政治（君主专制与士人政治之融合）的合法性论证。但是，士人进入政治体系，积极性与消极性并存。阎步克认为，"士大夫之荣誉感以及道德自制能力，当然优于胥吏"③。但是，士大夫同时作为行政雇员，他的约束性也立即显现出来："士大夫以行政官员身份完成本职事务之外作为知识分子的维护道义之举，就每每被指责为'越职妄言'而并不具有充分的正当性。"④虽然附有言官议政，但是这并没有真正的制度保证。而儒术被作为统治工具看待以后，即它被纳入政权统治系统以后，也渐次"发展为一套全面维护专制礼法的正统意识形

---

① 邓小南：《祖宗之法——北宋前期政治述略》，生活·读书·新知三联书店，2014，第424~427页。

② 邓小南援引司马光《与王介甫书》而后说"在势如冰炭的不同立场、不同治世策略背后，却燃灼着共同的忧国忧民的炽热精神，这使我们不能不为之感动。"（邓小南：《祖宗之法——北宋前期政治述略》，生活·读书·新知三联书店，2014，第437页。）在宋明两朝，这样的例子不胜枚举。当然，我们还会看到相反的例子，权奸弄权者也不胜枚举，前者命运多悲壮，后者则或一时得宠直到后朝又遭厄运，而这两者不论得失都受制于皇权本身，唯君主视个人威权之利害得失而论。

③ 阎步克：《士大夫政治演生史稿》，北京大学出版社，1996，第486页。

④ 阎步克：《士大夫政治演生史稿》，北京大学出版社，1996，第492页。另参见下文中张君劢对明代的叙述。

态"①。他列举前面已经提到的韩愈在《原道》中提出的"是故君者，出令者也；臣者，行君之令而致之民者也；民者，出粟米麻丝，作器皿，通货财，以事其上者也。君不出令，则失其所以为君；臣不行君之令而致之民，则失其所以为臣；民不出粟米麻丝，作器皿，通货财，以事其上，则诛"。"以'道统'之继往开来者自居的韩愈如是之说与商鞅、韩非之相似，正说明儒术与帝国体制那贴合融洽的方面。"②

韩愈的思想通于朱元璋的设计："率土之滨，莫非王臣。寰中士大夫不为君用，是自外其教者，诛其身而没其家，不为之过。"③朱元璋在这里的议论专横霸道，没有任何道义可言，但这绝不仅仅是个别皇帝的真实意图，由此看出，从皇权的角度看，从明代开始，知识分子几乎丧失了自我独立性的空间，至少随时受到权力的威慑。从理论本身来说，这里的核心问题就是儒家世俗价值没有预设超世俗价值所带来的悲剧性结果，格物致知的目标最终通向治国平天下。既没有真理价值或纯粹理性的独立性及其价值目标，也没有上帝或天道高于皇权的价值悬设。董仲舒曾欲设立但是他的思想设计没有将"天"作为独立及最高价值的二元统一，而只是以天人感应的方式试图使其得到彰显，所以其思想设计中的"天"不是一种价值理念的悬设，其思想设计没有办法得到有效的推展而最终被废弃，世俗社会还是君主独大。所以，君主与士大夫达成了参与社会政治的共识，但是士大夫之受限处在于，如果不参与政治，就有被诛杀的可能；参与政治，如果不是为皇权服务，也存在同样被诛杀的可能，最终只能依附皇权。

张君劢对钱穆赞叹传统政治的合理性的做法予以批评，他在表达宋高宗臣服于金国的输诚态度之可悲时提到一句话："今臣既进誓表，伏望上国早降誓诏，庶使敝邑永为凭焉。"他说："汉人历史上之奇耻大辱，孰有过于此者。何也？为君主者，但知以私天下为事，而国防大计置之不顾。人民之教育也，人民之兵役也，人民之爱国心也，国防预算

---

① 阎步克：《士大夫政治演生史稿》，北京大学出版社，1996，第493页。
② 阎步克：《士大夫政治演生史稿》，北京大学出版社，1996，第493页。
③ 《明史·刑法志》，上海古籍出版社，1986，第8026页。

与人民代表之公议也。此皆君主时代所认为对王室之不利，不顾倾听者也。谓非专制君主得乎？"①张君劢批评钱穆所著言传统政治中君有君职，臣有臣职，以孔子君君臣臣之言为根据。但是他认为，从今天的角度反观历史，可以统计尽职的皇帝和不尽职或根本不能尽职的皇帝。张君劢感叹："此令人不能不谓吾国学者奈何并归纳方法而不讲乎！"②显然，古代政治行政的逻辑中存在着被人称道的如监督、封驳、廷陈等各种臣僚发挥政治能力、施加影响的机会，但是实际这些最终被皇权的最高权力逻辑所湮没，这是古代中国政治传统的一个重要面相。

2.理、礼乐与皇权的关系

儒家知识分子最有力的武器就是天道与天命的运行与转换，但是，其实他们的主动性并不大，因为传统政治权力的获取其实和他们没有直接的关系，他们的忠孝节义之发挥其实存在着严重的错位。列文森发现一个饶有趣味而又发人深省的问题："自从宋朝开始，儒家就顽强地坚持忠于自己曾侍奉过的君主，这种忠诚使旧王朝的官员拒绝为新王朝服务。这似乎很难和'天命'轮回——即从最后一个皇帝那儿收回统治权，而把它赐予新王朝的奠基者——的思想相符合。"③从我们的传统认知中，这当然可以从儒家传承的"节义"等概念中获得相应的支持。列文森的评论是，这实际上是儒家重新树立官员作为目的而非手段的自我形象的一种方式，是道德自由的荣誉感驱动的结果。④当然，这个荣誉感正是历史传承的忠孝节义的概念所构成的价值评价标准。而且，这和儒家将自己确定为以实现自我为目的，而不是一个无原则无操守的随意转换效忠对象的"官僚机器"的"齿轮"的认知完美结合到一起，二者本质上是一回事。其甚至不会考虑到一个王朝晚期衰落腐朽这个一般规律性的事

---

① 张君劢：《中国专制君主政制之评议》，弘文馆出版社，1986，第24页。
② 张君劢：《中国专制君主政制之评议》，弘文馆出版社，1986，第217页。
③ 〔美〕列文森：《儒教中国及其现代命运》，郑大华等译，中国社会科学出版社，2000，第201页。
④ 〔美〕列文森：《儒教中国及其现代命运》，郑大华等译，中国社会科学出版社，2000，第201~202页。

实。顾炎武将家天下与匹夫之天下做出分界就具有了历史性的意义。①

列文森还从传统社会中一些今天看似卑屈的礼仪方式中看出其中的文化内蕴，譬如"磕头"这一君臣之礼，列文森认为，其儒家内蕴"首先包含在儒家对儒家君主是世界君主的认定中，亦即对中国文化的普遍而最高价值的承认中；其次包含在那种能证明权力的垄断和磕头这一卑贱礼节（它是对君主道德责任的一种暗示）之正当性的'天命'观念中"②。列文森认为，这种儒家自我认定的观念（地上的真正主人和统治者，同时也是道义的代表）并没有完全融入任何皇帝的认识中，譬如1731年中国派往莫斯科的使节在俄国女皇面前行磕头礼，这个历史事实被俄国的资料所记录，但是没有被中国的资料所记载。但是，这也证明清朝皇帝很清楚磕头的道义性和普遍性，即对天命的肯认与服从只是适用于本国，但是儒家本身的定义却是无远弗届的，而且是具有深刻的道义性和超越地域的普遍性的。③ 显然，儒家的这种理想设计给自己设定了一些宏伟的观念与抱负，也因此超越了狭隘的个人利益的束缚，但是这显然和君主自己的定位并不合拍，即公天下乃至世界天下的假定与家天下的事实判断之间存在距离，可谓差之毫厘，谬以千里。由此，我们可以看到至少两点。第一，士人政治与官僚政治是二元一体的构造，士人的理想情怀很大程度上从属于政治现实中的权力逻辑，仅能在有限的空间内发挥其作用。第二，作为集士人与官僚于一身的士大夫在皇权面前虽然不是无所作为的，但是，它只是皇权的附属。从根本上来说，无论皇帝是高尚还是卑鄙，他们没有选择，只有跟随而已，从生至死，从王朝的诞生到灭亡。

传统儒家价值观中的一个核心价值就是"天下社稷"，社稷其实既有皇权的宗法属性，又有儒家知识分子自己认定的理想价值，即家国天下，并由此形成他们的理的观念以及与之相匹配的"礼乐体系"，即一

---

① 而所谓匹夫之天下又是一个道义和文化的天下概念。
② 〔美〕列文森：《儒教中国及其现代命运》，郑大华等译，中国社会科学出版社，2000，第208页。
③ 〔美〕列文森：《儒教中国及其现代命运》，郑大华等译，中国社会科学出版社，2000，第208~209页。

套游戏规则。在权力底定的情形下，儒家坚定地站在游戏规则的一方，反对对规则的任意破坏，但是正如前文已揭示的，这种游戏规则在皇权那里其实是一种自己家庭的游戏规则，但是，在传统社会，它却是政治合法性的依据："在'家天下'社会中，指代天下国家的'社稷'，总是被与'宗庙'、'祖宗'联系起来认识；帝国的支配体制和家族秩序有着密切的关联。"①其中贯穿着对于一个王朝之"天命"的确认，无论是平民造反、军阀篡权还是贵族专政，在百姓和知识阶层那里最终都得到了"合法性"的确认，当然这是在对前朝的专横、残暴、分裂、腐败等落后现象加以批判的基础上确立的，这个事实的确认虽然与道德判断相联系，但是对新朝的认可与道德承认关联度不大。但是，接下来，儒家宗法思想中的宗庙意识和社稷意识便开始活跃起来。而宋人显然在以前对宗庙传承以及命统的继立基础上试图增加儒家正统观念，邓小南书中引程颐之语："唐有天下，如贞观、开元间，虽号治平，然亦有夷狄之风。三纲不正，无父子、君臣、夫妇，其原始于太宗也。故其后世子孙皆不可使。"②

程颐此论断的根据是，唐代后来出现藩镇之乱，皆由于唐初唐太宗乱了伦理纲常和祖宗家法，所以，他在上述那段话后接着说："故其后世子弟，皆不可使。玄宗才使肃宗，便篡。肃宗才使永王璘，便反。君不君，臣不臣，故藩镇不宾，权臣跋扈，陵夷有五代之乱。"③而唐太宗最大的问题就是夺父兄之位。程颐认为，唐太宗既是皇帝之子，亦是皇帝之臣，他所理解的伦理原则是"臣之于君，犹子之于父也。臣之能立功业者，以君之人民也，以君之势位也"。"太宗佐父平天下，论其功不过做得一功臣，岂可夺元良之位？太子之与功臣，自不相干。唐之纪纲，自太宗乱之。终唐之世无三纲者，自太宗始也。"④程颐的意思

---

① 邓小南：《祖宗之法——北宋前期政治述略》，生活·读书·新知三联书店，2014，第22页。

② 程颢、程颐：《二程集》，中华书局，1981，第236页。同参邓小南《祖宗之法——北宋前期政治述略》，生活·读书·新知三联书店，2014，第49页。

③ 程颢、程颐：《二程集》，中华书局，1981，第236页。

④ 程颢、程颐：《二程集》，中华书局，1981，第236页。

是，唐太宗即便为皇帝之子，也不过是朝中的一个大臣而已，大臣之所以能够建立功业，源于两点：第一是君主和人民的支持，第二是君主的势位的帮助。程颐的正统观念强大之处在于，首先，所谓人民是君主的人民，不是别的人民，也不是人民自己的人民，而君主之势与位是功臣立功的保证条件。他是某种意义上比较正宗的家天下的支持者，当然，他也不希望这个天下就是君主一家的天下。但是，他的思想显然有封建体制下皇帝专制天下之君主制观念的痕迹。他以为秉持天理信念的知识分子将纲常伦理固化成为教条就可约束君主，但是，这种教条仅仅成为约束自己的工具。晚明的吕坤曾就此指出："人欲扰害天理，众人都晓得；天理扰害天理，虽君子亦迷，况在众人！而今只说慈悲是仁，谦恭是礼，不取是廉，慷慨是义，果敢是勇，然诺是信。这个念头真实发出，难说不是天理，却是大中至正天理被他扰害，正是执一贼道。举世所谓君子者，都在这里看不破，故曰'道之不明'也。"[①]但是最终出现的却是方孝孺、舒芬一类的悲剧，其所谓"天理"的神圣的价值在皇帝的"家天下"观念以及最高权力的暴力争夺面前一文不值，这是一件非常悲凉的事情。

---

① 吕坤:《呻吟语》卷五,《吕坤全集》中册,中华书局,2008,第653~654页。

第一章　宋代近世说：宋儒政治伦理
思想的时代境遇

　　唐宋之际在中国历史上是一个重要的转折时期，彼时的社会转型一直是社会史、政治史和文化史的重心问题之一，如何看待其中的思想转变、文化转变和社会转变存在着不同的视角和向度，日本学者内藤湖南的"宋代近世说"是这个领域最有影响也比较富有争议的判断。由于近年儒学和士人政治讨论的热潮，这个问题又成为学术热点之一，文史哲不同领域学者对此都多有提及，多数是提请大家注意这个概念的解释性意义[①]，也有学者提出这个概念本身在论证出发点等方面存在问题或者有些问题没有纳入该范式的思考框架中，因此它的历史解释度存在缺陷。[②]总体上说，多数学者原则上肯定唐宋之际或宋代社会历史相比此前的中国历史发生了变化，甚至是重大的变化，大家的不同认知大多在时间范

[①] 部分相关论文有王水照《重提"内藤命题"》(《文学遗产》2006 年第 2 期)，牟发松《"唐宋变革说"三题》[《华东师范大学学报》(哲学社会科学版) 2010 年第 1 期]，李华瑞《"唐宋变革"论的由来与发展》(《河北学刊》2010 年第 4-5 期)，妥建清、赵建保《重视内藤湖南的"宋代近世说"》(《人文杂志》2012 年第 4 期)，伊东贵之《我们是如何认识传统中国的——学术论争与儒教之影》(《社会科学战线》2017 年第 4 期)。

[②] 黄艳：《唐宋时代的科举与党争——内藤湖南"宋代近世说"中的史实问题》，《古代文明》2015 年第 4 期；李华瑞：《唐宋史研究应当翻过这一页——从多视角看"宋代近世说"(唐宋变革论)》，《古代文明》2018 年第 1 期。黄艳与李华瑞的论文都是对"宋代近世说"的命题相关史实或论证出发点等问题的辩难，包括对唐宋变革时间节点等方面的不同意见，还不是全盘否定。总体上，只是学者对相关问题的意见分歧，对这一时间段的变化则是大体认同的。研究著作除了李华瑞编的《唐宋变革论的由来与发展》(天津古籍出版社，2010)，相关著作对此都有不同程度涉及，如汪晖《现代中国思想的兴起》(生活·读书·新知三联书店，2008)等。

围和变化的程度层面，因此，唐宋变革依然是一个历史现象和事实，需要继续对它进行多视角和多维度的考察。

一 宋代"近世说"的含义及其分析

（一）宋代近世说的相关论证

我们先来看"宋代近世说"的提出者内藤湖南的原述：

> 唐宋时期一词虽然成了一般用语，但如果从历史特别是文化史的观点考察，这个词其实并没有甚么意义。因为唐和宋在文化的性质上有显著差异：唐代是中世纪的结束，而宋代则是近世的开始，其间包含了唐末至五代一段过渡期。

> 中世纪和近世的文化状态，究竟有甚么不同？从政治来说，在于贵族政治的式微和君主独裁的出现。六朝至唐中叶，是贵族政治最盛的时代。当然这种贵族政治与上古时代的氏族政治完全不同，和周代的封建制度亦没有关系。这个时期的贵族制度，并不是由天子赐予人民领土。而是由地方有名望的家族长期自然相续，从这种关系中产生世家，亦就是所谓郡望的本体。[①]

考察内藤湖南的上述观点，其中有两点需要注意：第一，内藤湖南认为，唐宋作为一个称谓存在问题，因为唐、宋分别为不同的历史分期，唐代属于中世纪，宋代则被他纳入"近世"；第二，分属于不同历史时期的原因是六朝到唐代仍处于贵族政治时代，而宋代则进入君主专制时期。对于宋代的历史性变革，陈寅恪、钱穆等历史学家都有此观点，钱穆的观点最鲜明和引人注目，钱穆论述宋代的特殊性或唐宋变革也有两点需要注意，一个是国家统一论，一个是中国历史的士人统治

---

① 〔日〕内藤湖南：《概括的唐宋时代观》，载《日本学者研究中国史论著选译》（第一卷），中华书局，1992，第10页。

社会论。他认为，中国社会是一个"士人"主导的社会，自战国后期贵族阶级解体，地位下降的贵族阶层和从社会下层上升的新的士人开始成为中国社会思想和政治的主导力量，他们开始以游士的身份宣传自己的思想并介入政治生活。钱穆说："平民学者兴起，他们并不承认贵族特权，而他们却忘记不了封建制度所从开始的天下，只有一个共主，一个最高中心的历史观念。因此，他们从国际联盟，再进一步而期求天下一家。他们常常在各国间周游活动，当时称之为游士，即是说他们是流动的知识分子。其实凡属那时的知识分子，无不是流动的，即是无不抱有天下一家的大同观念。他们绝不看重那些对地域家族有限度的忠忱，因此而造成秦汉以下中国之大一统。"① 他的说法至少囊括了两类不同的知识分子，即儒家和法家知识分子，其目标是不同的，但是其有一致性，即追求一个统一的政权。我们现在看这种所谓知识分子"主导"的政治架构后来就逐步形成三个重要的政治特征：王权政治、士人政治和官僚政治。这三者之间有交叉，又有各自独立性的特征，而其背后的文化背景是儒家和法家的合流。但是，这样一个社会政治生态在形成过程中，一直是不稳定的，中间经历不断的波折。根据这种分离与统一的架构分析，中国历史曾经有过两个大的过渡，一个是周代的分封制的贵族社会向秦汉统一的王权帝国的过渡，一个是东汉末期到隋、唐王朝建立之间的过渡。所以，两个复合阶段是政治离散到一体的过渡时期。所以，在周末到秦代的动荡过渡之后，东汉末期，社会又重新陷入新的贵族和等级社会的漩涡之中。隋唐时政权统一，但是中唐以后重新陷入地方割据的窠臼之中，这个问题直到宋代才基本解决，所以，我们在这个层面也可以看到唐宋之际历史变化的一个侧面。宫崎市定在发展他的老师内藤湖南的近世论述时，也十分强调这种王权生成中的国家统一学说。

宫崎市定认为："如果要通过最容易说明的现象去探求欧洲古代、中世、近世的特征的话，古代是希腊、罗马的分散都市国家群逐渐统一，成为罗马帝国的大一统的过程；中世是这个大一统破裂以至封建分

---

① 钱穆：《国史新论》，生活·读书·新知三联书店，2012，第12页。

裂的继起时代；近世则是重新走向统一的时期。这可以说就是横跨欧洲史上古代、中世、近世三分法下的公式。"① 很显然，宫崎市定将这个公式套用到中国历史或东亚历史上来。他把历史统一与离散及其之间的作用看作历史分期的一个基本标志和特征。不过，我们确实看到，在古代与中世纪的转折阶段，的确是异族入侵导致了历史时代的转折，在这一点上欧洲和中国历史有近似之处。宇都宫清吉认为："我们更不应忘记，这个东洋史上的近世与西洋世界史上的近世之间，有不少差异，二者的社会构造、文化精神全然不同。我们将之作为近世——接近我们的时代——来理解，是因为我们不能不承认，东洋史的世界正是通过这个近世，在西洋的近代世界之中解体。"② 宇都宫清吉这一观点则包含着另一种激进的看法，东洋的近世史因为这个近世卷入了以西方为中心的世界全球化的进程中，并被其吞没。这个进程在欧洲首先发生，即民族主义的勃兴，然后在民族主义席卷世界的潮流中形成了扩张主义，它将世界融为一体，同时它是现代的，但是，它的基础或基因是欧洲近代的民族主义或国民主义。

　　日本学者思考欧亚问题时，有一个普遍性的设定：国民主义（nationalism），是在文艺复兴运动中从欧洲中世纪宗教实施垄断统治及其与"国家"之间竞争的历史演变中被提炼出来的。这个问题的前缘是和古希腊时期希腊、斯巴达之类的城邦（states）和罗马共和国的形态有一定关联的。中国从周代分封制实行以后，出现了战国局面，而后又出现了郡县制的集权统一，而后继之以各王朝兴衰的"历史周期率"。在各朝更替的过程中都会出现异族入侵及王朝的自我修复等不同变奏，像欧洲的国民主义文化及其政治观念在中国古代其实是不存在的。在中国存在的只是内倾性的或外倾性的帝国及官僚政治，当然，这里面融合了中国儒家的几种元素：第一，君主制、科举制和士人政治的统一；第

---

① 〔日〕宫崎市定：《东洋的近世》，《日本学者研究中国史论著选译》（第一卷），中华书局，1992，第 153~154 页。

② 〔日〕宇都宫清吉：《东洋中世史的领域》，《日本学者研究中国史论著选译》（第一卷），中华书局，1992，第 132 页。

二，地主阶级政治和农民抗议政治在文化层面的协同性、在经济和政治层面上的协同与对抗；第三，儒家文化的协调。

宋代近世说之所以在日本被提出是因为近代日本学者的确一直在拿中国和欧洲进行比较。在日本学者看来，欧洲中世纪和中国中世纪的一致之处是地方豪族和官僚体系的一体性：

> 从反面去看，豪族是地方的土豪，从正面看却是官僚的贵族，在这点上，中国的中世和欧洲中世的封建制度并无分别。①

> 分裂割据的东洋中世，有时亦出现表面的大一统时代，这就是隋唐王朝。但这不是汉民族社会必然推移发展的结果，而是侵入中原的北方民族大团结所带来的。②

> 唐王朝的盛世没有长期延续，到了中叶以后，离心的割据势力再度抬头，令中世的形像变得浓厚。到了跟着的五代，彻底大分裂来临，连从来保持统一比较成功的江南地区，也出现了历史上最初也是最后的一次大分裂。中世的分裂极点到达后，再统一的机运重现，东洋的近世亦和宋王朝的统一天下一起开始。③

宫崎市定这里的看法是，唐代因为中后期的地方割据造成了国家分裂，因此这是中国中世纪的最后的表现形态，随着宋朝的统一，中国的近世才真正开始了。宫崎市定在这里有一个重要的结论：

> 中国社会在成为经济的统一体后，新文化普及，国民的自觉亦

---

① 〔日〕宫崎市定：《东洋的近世》，《日本学者研究中国史论著选译》（第一卷），中华书局，1992，第158页。

② 〔日〕宫崎市定：《东洋的近世》，《日本学者研究中国史论著选译》（第一卷），中华书局，1992，第158页。

③ 〔日〕宫崎市定：《东洋的近世》，《日本学者研究中国史论著选译》（第一卷），中华书局，1992，第158~159页。

变得显著。在周围和中国平行发展的异民族中，可以看到国粹主义的勃兴。东洋很早便有以民族和国民作为单位的国际关系运作，并非等到宋才出现，但宋代以后出现了一种特别的形式，就是彼此有强烈的自觉和意识的国民主义相互对立。宋以后的汉族王朝，并不是和中世一样亡于篡夺，而是亡于对立的异族国民主义。宋王朝、明王朝都是例子。宋代以后，再没有见到和亲的例子。由于王朝不再是一家的私有物而是民族的象征，中国王室和外国王室的和亲，再没有政治意义。①

他认为，中国从宋代以后，国家意识甚至是民族国家意识急剧上升，王朝的覆亡不再是国家内部的阶级斗争的结果，而是国家与异族冲突的结果，而且民族之间的国民主义意识也都十分浓厚。这种基于统一与裂变或离散的历史分期只是日本学者的看法，而在中国历史学家如钱穆看来，士人政治才是宋代政治和文化的独有特色，也是文化繁荣的条件。钱穆认为，汉代是士人直接从政的郎吏时代，从唐代科举制施行才进入真正的士人政治的时代。宋代与唐代不同的是，一个儒家形态的政治中国真正呈现出来，这里突出的表现是士人政治的兴起，儒家思想在政治和社会领域开始占据统治地位。王权的统治性初露端倪，到明清儒家思想依旧占统治地位，士人政治的理想依然存在，但是王权逐渐占据统治的最高地位。

我们若把握住中国历史从春秋封建社会崩溃以后，常由一辈中层阶级的知识分子，即由上层官僚家庭及下层农村优秀子弟中交流更迭而来的平民学者，出来掌握政权，作为社会中心指导力量的一事实，我们不妨称战国为游士社会，西汉为郎吏社会。②

① 〔日〕宫崎市定：《东洋的近世》，《日本学者研究中国史论著选译》（第一卷），中华书局，1992，第159~160页。
② 钱穆：《国史新论》，生活·读书·新知三联书店，2012，第18页。

钱穆认为宋代以后的中国社会，开始走向士治政府。第一是中央集权更加强化，第二是社会阶级间更具流通性。魏、晋以下的门第势力，因公开考试制度长期实行，已被彻底消灭，商业资本难于得势，社会上更无特殊势力存在。我们若把分裂性及阶级性认作封建社会之两种主要特征，则宋代社会可说是距离封建形态更远了。①

钱穆认为，自唐以下的中国社会可以称为"科举社会"，与先秦的游士、西汉的郎吏有一脉相承的关系，即由有理想的学术知识分子主持政治，科举制是其核心。但是，宋代的政治的积极方面在其精神，这应该是自宋代以后才愈益显赫的："范仲淹并不是一个贵族，亦未经国家有意识的教养，他只在和尚寺里自己读书。在'断齑画粥'的苦况下，而感到一种应以天下为己任的意识，这显然是一种精神上的自觉。然而这并不是范仲淹个人的精神无端感觉到此，这已是一种时代的精神，早已隐藏在同时代人的心中，而为范仲淹正式呼唤出来。"②宋代士大夫成为政治主体或已经具有政治主体意识是近年来一些学者论述的重点，虽然有些夸张，但是也反映出宋代儒学回归进程中士人对政治目标有了自觉性的追求，在政治活动中更加积极主动，这也是当时的一个社会境况。③

所谓宋代近世说还有一个重要的内容，那就是宋代思想文化与艺术的发展，被日本京都学派和中国一些学者概括为"文艺复兴"。京都学派从宋代的国民主义转到文化与文艺的层面，这正是他们的核心观点之一。内藤湖南的"宋代近世说"本身就是政治和文化观点④，这些说法都有一定的根据。⑤陈来关于宋以后可以联系欧洲文艺复兴的说法，可以在宫崎市定那里找到踪迹："东洋也有文艺复兴和宗教改革，但没有这

① 钱穆:《国史新论》，生活·读书·新知三联书店，2012，第27~28页。
② 钱穆:《国史大纲》，商务印书馆，1997，第558页。
③ 但是，它究竟达到了一个什么样的结果，士人的政治理想是否合乎实际，我们后文还要叙述。
④ 宫崎市定将内藤湖南的观点拓展到经济等领域，既深化了内藤湖南的观点，同时也带来了基于论证的完满性诉求给自己造成的困境。
⑤ 但是"国民主义"这个词的运用却未必得当，因为这在欧洲历史中具有非常特殊的含义。

两个革命。从这个立场来说，我主张把工业革命以后的欧洲作为最近世史，文艺复兴阶段则作为近世史，以资区别。"①宫崎市定认为，东洋世界早就达到了文艺复兴的历史阶段，但是长期停滞于此。②所以他认为中国在宋代就进入了文艺复兴的历史阶段，但是没有进入由文艺复兴和启蒙运动促成的工业革命阶段，宫崎市定反复强调，"宋代社会可以看到显著的资本主义倾向，呈现了与中世社会的明显差异"。③

宫崎市定等学者把宋代视作文艺复兴的一个重要原因是他们把宋明理学看作文艺复兴的运动组成部分，譬如宋代朱子学兴起，《四书集注》被他看作对汉代经学家的反动，而正是如此宋明理学才被视作一个革命性的发展，是对拘泥于古代经学的一次革命："这种对儒教的认识的变化，是一种思想解放。……是从唐末开始的一种倾向，到了北宋仁宗时代，特别成为盛大潮流。"④陈来指出，中唐以后，中国文化领域的变化是出现了新禅宗、新文学运动（古文运动）和新儒家的兴起，这个思想与文化运动推动中国文化的新发展，尤其是构成宋以后的新文化形态。"有些学者认为唐代的中国已经进入'近代化'，这个说法虽然有失准确，因为一般理解的近代化的经济基础——工业资本主义尚未出现，但从文化上看，这个提法对于唐宋之交的历史演变的深刻性实有所见。与魏晋以来的贵族社会相比，中唐以后的总的趋势是向平民社会发展。中唐以后的'文化转向'正是和这种'社会变迁'相表里。"⑤陈来认为，上述三种运动体现了与前朝历史不同的文化变革：宗教改革、古文复兴和古典思想的重构与西欧的文艺复兴有相类似之处，虽然不是以工业文明和近代科学为基础，但是可以理解为摆脱了中国中世纪贵族等级思想

① 〔日〕宫崎市定《东洋的近世》，《日本学者研究中国史论著选译》（第一卷），中华书局，1992，第161页。
② 参见〔日〕宫崎市定《东洋的近世》，《日本学者研究中国史论著选译》（第一卷），中华书局，1992，第161页。
③ 〔日〕宫崎市定：《东洋的近世》，《日本学者研究中国史论著选译》（第一卷），中华书局，1992，第168页。
④ 〔日〕宫崎市定：《东洋的近世》，《日本学者研究中国史论著选译》（第一卷），中华书局，1992，第220页。
⑤ 陈来：《宋明理学》，辽宁教育出版社，1991，第16页。

的进步，"我们可以把它称为'近世化'"。^① 陈来一方面援引日本学者的说法，强调"以北宋为典型的政府组织、军队及新儒家的合理精神完全是一种近代式的"。同时，又说，"这个近世化的文化形态可以认为是中世纪精神与近代工业文明的一个中间形态，其基本精神是突出世俗性、合理性、平民性"。"理学不应被视为封建社会后期没落的意识形态或封建社会走下坡路的观念体现，而是摆脱了中世纪精神的亚近代的文化表现。"^② 这里的中世纪精神主要指魏晋以后至中唐时期的贵族化的社会等级制度。从文化上来说，道学的发展也被近世论者认为是一个历史进步，宫崎市定认为：

> 东亚地域的文艺复兴，在儒教方面确实表现得最为显著。由朱子集大成的所谓宋学，试图破除中世训诂学对注释的尊重，直接从儒教经典著作中汲取孔子的教训。如果对他们的所谓道统加以考察，便可了解：从古代圣王开始的儒教学统，经过孔子到孟子而中断，晚唐的韩愈继承下来，再至宋代方由周、程诸子又复兴起来。从宋学的立场来看，中世史儒教的黑暗时代，在这期间被认为是真儒的只有韩愈一人。他们参与过的这种宋学的建立，正是中国近世的具有代表性的文艺复兴运动。^③

这个说法还是从儒学或儒教自身的变革来说的。即儒教由孔子创立，形成一个独立的有生命力的思想及宗教流派，但是汉代以后注经家占据了这个思想与宗教流派的主流地位，换句话说，儒学或儒教僵化，从那个时候直到唐代韩愈所处时期，儒教都没有活力，是韩愈重新开启了儒教革命，但是它的发展与完成是由北宋诸子实现的，从而结束了儒教的暗淡历史时期，此可比拟欧洲基督教的中世纪的改革历程。但是，

---

① 陈来：《宋明理学》，辽宁教育出版社，1991，第16~17页。
② 陈来：《宋明理学》，辽宁教育出版社，1991，第17页。
③ 中国科学院历史研究所翻译组编译《宫崎市定论文选集》，商务印书馆，1965，第26页。

不同的是，欧洲宗教改革同时结束了宗教对政治和社会的统治，但是，朱子以后，他的注解思想成为后世中国人的新的生活准则，更重要的是成为科举选拔官员的准则，同时成为帝王和官僚统治集团统治普通民众的工具，所以这里面的内在矛盾也是显而易见的。因为，儒学自始就不是一个纯粹的个人身心修养的价值体系，它具有社会治理和政治治理的内涵，而且把世俗价值的最高点寄托于可能出现的圣王身上，这是与基督教的超越精神及其对王权的制约大相径庭的。儒教在教化民众、培育士大夫的优秀品质的同时，也抑制束缚他们的思想，使社会发展的活力受到压抑乃至丧失。汪晖对这个问题有一个折中的看法：

> 在一种历史类比的意义上，如果将宗族伦理关系视为一种外在于人自身的权威主义约束，那么，理学就是"中世纪的"；如果将心性哲学视为内在性（自我）观念的起源、将理学倡导的宗法关系视为对抗绝对王权的社会条件（或中国式的"市民社会"的形成）、将"格物致知"的理学命题视为实证主义的科学方法的起源，理学又可能蕴含了"早期现代性"的因子。[1]

汪晖将宋代理学的核心内容做了一定的拆分，把理学中诉诸宗法伦理的部分看作传统社会对人性压抑的延续，但是，同时把程朱理学中的格物致知内容单独提炼出来看作中国后世"道问学"（做学术、研究科学）的先声，这样"格物致知学说"又成了现代性的早期准备；同时，汪晖把心学的自我意识和理学的宗法伦理的地域化看作近世的一个表征，于此我们在一定程度上是认同的，这也是宋代理学家思想中比较可贵的方面，其在明代得到极大发展。

我们从宋朝以及之后的明代中国反复被生产力落后的民族征服的历史看，很难将宋代的变革和欧洲中世纪以后的文艺复兴相比拟。在欧洲，文艺复兴、宗教改革以及启蒙运动开启了资产阶级革命的先声，虽然随之

---

① 汪晖：《现代中国思想的兴起》上卷第一部，生活·读书·新知三联书店，2008，第110页。

欧洲经历了几百年的历史性动荡与变革，但是总体趋势是扩张性的，这反映了生产力发展以及制度变革的进步性，而不再为落后文化或制度所征服。如果单纯从政治文化的视角看，宋代只是中国政治文化具有自觉性的确立期，尤其是儒家政治文化的真正理性化的阶段，但是可能很难说这是一个近世化的历史阶段，至少与欧洲很难比类。当然，如果把这个概念的内涵聚焦于"王权专制"层面或官僚政治层面，也有与前代历史较大不同处，但是，由于日本学者的"近世化"一词的含义模糊，中国学者产生了一个"近代化"或"近近代化"的错觉，所以，这个用语需要澄清，或者使用应当较为慎重。当然，对于从思想学术和文艺发展维度进行的考察，我们也许还有其他一些判断，但都是需要做出一定分疏的。

二 宋代近世论述的分歧与认同

如果将宋代作为一个统一的集权体系的近世国家看待，它应该是一个王权强大的国家，也应该是在一定历史阶段力量强大的国家，譬如和欧洲中世纪以后的法国与英国相比即可知，但是问题是两宋政权又是中国历史上典型的积弱政权。仅就中国历史学家来看，譬如钱穆自己的论述即是如此，这也是他论述中的一个矛盾之处，我们从中可以看出宋代近世说的一些潜在的不圆融的问题。钱穆认为，唐中叶以后贵族体系的解体和平民社会的到来给士人政治提供了空前的契机，它的有利之处在于社会流动性、无阶级差等，但是它不利于工商业阶层的发展。它的最大的弊端是社会平铺散漫，无组织、无力量。

因此，宋代社会在中国史上，显得最贫弱，最无力。一个中央政府高高地摆在偌大一个广阔而平铺的社会上面，全国各地区，谁也没有力量来推动一切应兴应革的公共事业，如水利交通、道路交通、教育宗教等一切文化事业的兴革，若没有社会力量的支持，全要依赖中央，是不可能办到的。一到金人南下，中央政府崩溃，社会上更无力量抵抗或自卫，其所受影响，较之晋代五胡乱华之时更严重。[①]

---

① 钱穆:《国史新论》，生活·读书·新知三联书店，2012，第27~28页。

钱穆指出："这样一个平铺散漫、无组织、无力量的社会，最怕的是敌国外患。北宋为金所灭，南宋的学者们已深切感觉到中央集权太甚，地方无力量，不能独立奋斗之苦，而时时有人主张部分的封建制度之复兴。"① 明末清初的顾炎武、王夫之、颜元都相对认可古代的封建，"他们在大体上，还是注意到一般平民在制约经济下之均衡状态，但更偏重的，则为如何在社会内部，自身保藏着一份潜存力量，不要全为上层政治所吸收而结集到中央去"② 钱穆这里自相矛盾的是，他前面说的意思和京都学派相类似，即中国自宋代进入现代型或准现代型社会，但是，他又指出，宋代是中国古代历史上力量最显薄弱的一段时期。他认为，中央集权的真正实现是中国进入现代型社会的一个标志，但是，对于社会的散漫与软弱、缺乏组织他又找不到思想和政治根源。③

近世这个词的模糊性、多义性导致很多历史学家很难轻易接受这个学说。宋史专家漆侠认为："欧洲诸国自产业革命后社会面貌发生了显著的变化，从而自中世纪走上近代，有了近世说。如果同欧洲近代情况进行比较研究，宋代与之差距甚大，很难具有近世的含义。因此，宋代近世说之含义难以说得清楚，当即在此。"④ 其实，这就是对"近世"概念的理解歧义所导致的认识差异，漆侠先生很自然地认为"近世"是接近现代的表征。但是，仅就唐宋时期的历史变动而言，他又认为，唐宋之际在经济和文化领域的确是发生了重要的历史性变化。在土地关系的演变方面，北魏的均田制进一步被破坏，均田制下的农民成为名副其实的自耕农，唐代的屯田逐渐私有化。从经济关系上说，封建的租佃制关系取代农奴制，开始居于支配地位，中下层地主阶级获得了上升的空间；中下层社会分子由于陇东豪族与山东士族的衰落以及科举制度的发

---

① 钱穆：《国史新论》，生活·读书·新知三联书店，2012，第 32 页。
② 钱穆：《国史新论》，生活·读书·新知三联书店，2012，第 33 页。
③ 我们在第二部分的官僚政治和王权政治的讨论中会就此做一些发挥。
④ 漆侠：《唐宋之际社会经济关系的变革及其对文化思想领域所产生的影响》，《中国经济史研究》2000 年第 1 期。

展，在政治领域和文化创造领域都有了较大发展。[①]漆侠此文的真正用意是提出，唐宋时期的变化主要发生在唐代中期，而不是唐宋之际。漆侠又认为，士大夫在两宋时期的政治参与及其作用是和他们的经济地位联系在一起的，到南宋，中下层地主阶级的经济力量在被削弱，因此，他们很难像北宋时候的士人那样有力参与政事，这个解释是有一定说服力的。[②]从宋史专家漆侠的视角看，其认为唐宋之际有较大的历史性变化，并将这种变化推到唐代中叶，这是史家认为比较可靠的论断；并且认为，理学家很难取得实际的成果，因为他们还是以空谈居多。[③]这里面虽然有一些历史事实的认定，但是也有不同学派之间的基本观点的分歧，譬如王安石在宋学中的地位。但是他们基本认同的是，宋学已经不同于此前的学说，它是儒学的再兴，士大夫政治参与意识比较高。

目前看，对宋代近世说的质疑之处有以下几点：唐宋经济变革集中在中唐时期而不是唐宋之际；唐代已经不是士族或贵族集团，门阀士族的衰落在魏晋时期已经开始；内藤湖南的近世说是欧洲中心论的产物；内藤湖南的宋代近世说提出的动机不纯。[④]那么，现在意见比较一致的是，宋代尤其是北宋是官僚政治或士人政治最发达的历史阶段，这一时期对近世说持不同主张的包弼德和美籍华裔学者刘子健亦持此看法。包弼德在《斯文——唐宋思想转型》中划分"士"，十六国南北朝到九世纪为"门阀"（aritocrat），九世纪到北宋晚期为"学者官员"（scholar offical），北宋晚期以后是"文人"（literatus）。[⑤]而刘子健在《中国转向内在——两宋之际的文化内向》中则指出，宋代是中国官僚政治最发达

① 漆侠：《唐宋之际社会经济关系的变革及其对文化思想领域所产生的影响》，《中国经济史研究》2000 年第 1 期。
② 漆侠：《宋学的发展和演变》，《文史哲》1995 年第 1 期。
③ 漆侠弟子李华瑞的说法，载邓小南等《历史学视野中的政治文化》，《读书》2005 年第 10 期。
④ 李华瑞：《唐宋史研究应当翻过这一页——从多视角看"宋代近世说（唐宋变革论)"》，《古代文明》2018 年第 1 期。
⑤ 〔美〕包弼德：《斯文——唐宋思想转型》，刘宁译，江苏人民出版社，2000。

的时期，同时，从南宋开始，中国开始内向化。① 李华瑞在《唐宋史研究应当翻过这一页——从多视角看"宋代近世说（唐宋变革论）"》一文中提出对这个问题的重新理解。其中有两点我认为值得重视。第一，宋代近世说的视野相对狭窄，局限于北宋和南宋的地域，局限于君主制、科举制和士大夫的精英层面，容易忽略更广阔的空间。第二，是关于近世说的根源问题。唐朝是否是门阀社会？李华瑞依据田余庆先生的观点认为东晋南朝三百年是皇权政治而非门阀政治。唐长孺先生的说法是南北朝后期旧门阀的衰落是一种趋势。② 但是，这些论述可能对唐宋变革论的某些提法有所修正，但是还不是颠覆性的。尽管有这些差异，但仍有一个共同的意见，即唐宋是一个历史变革期，但是历史变革并没有大到如同内藤湖南及宫崎市定所认定的那个程度，如此说，我们仍然可以缩小它的研究范围，在特定领域或话语体系中把握这个命题，譬如从文化性因素来考察这个变化。

和一部分学者类似，李华瑞认为："毋庸讳言，'唐宋变革'论是按西方分期法划分中国历史，又按西方的话语来诠释中国历史的文献资料，把中国的发展列入西方文明发展的大链条中，以为西方的近代化是人类世界共同的发展道路。"③ 他认为要分清两条线索，一是西方发展道路，它成为人类发展的一种方向，一是此前不同文明各自的演进历程，

---

① 〔美〕刘子健：《中国转向内在——两宋之际的文化内向》，赵冬梅译，江苏人民出版社，2012。一个不同观点："Robert.M.Hartwell 在一长时段意义上，详细地考察了中国人口、政治等方面的变化及原因。其认为宋代的官僚阶层逐渐没落，地方性士绅家族日渐崛起，所谓君主独裁的说法并不恰当。"（妥建清、赵建保：《重视内藤湖南的"宋代近世说"——以思想文化面向为中心》，《人文杂志》2012 年第 4 期）我们抛开君主独裁的看法，大致能够认同的是科举制和官僚政治的强化与发展，官僚体系既包含士大夫的理想主义群体，也包含普通的做官牟利的官僚集团，这是宋代以后直到清末中国社会的一大显著特征，我们将在下一段中继续阐述。（需言明，官僚制度在京都学派那里是中性词，但是，在我这里则是贬义词。）

② 李华瑞：《唐宋史研究应当翻过这一页——从多视角看"宋代近世说（唐宋变革论）"》，《古代文明》2018 年第 1 期。

③ 李华瑞：《"唐宋变革"论的由来与发展（代绪论）》，李华瑞主编《"唐宋变革"论的由来与发展》，天津古籍出版社，2010，第 22~23 页。

这是两个问题，不能混淆。^①换句话说，不能将西方模式的发展历程套用到中国这个不同于西方历史的个案上，也就是说，不能用西方发展阶段论推证中国发展阶段论。其实，另一个"唐宋变革说"的中国代表钱穆则是完全从中国历史本身立论的，所以，持唐宋变革论之说者中只是内藤湖南以及宫崎市定的思想有依傍西学的味道，而中国历史学家则不然。当然，马克思主义历史学家侯外庐等人之说则是借用马克思主义的分析方法即通过分析土地占有情况及其演变而得出的，也是一种西学论的类型。

张邦炜在他的论文中试图确认下面几个问题：第一，唐宋变革论并非内藤湖南一个源头，在此之前中国史学家即有类似的观点，如近代钱穆及其之前的夏曾佑和吕思勉已经有类似观点，其他还有雷海宗等人；第二，马克思主义学派的侯外庐和胡如雷是根据经济分析而得出类似结论的代表；第三，在20世纪80年代以前，侯外庐、胡如雷等人的观点产生了重要影响，而内藤湖南等人的"唐宋变革论"则是在20世纪80年代以后才产生重要影响的。^②张邦炜介绍，肯定唐宋变革论的看法又可以分成若干侧面：钱穆将唐宋转变看成从门第社会向平民社会的转变；与此类似的是黄宽重将宋代界定为"科举社会"的看法；从经济分析角度，漆侠认为是从庄园农奴制向封建租佃制的转变，胡如雷认定宋代是中国封建社会末期的开始；林文勋新提出宋以后是一个所谓的"富民社会"。张邦炜认为，上述论断各有所长，各有所偏。例如科举不能左右整个宋代社会，其他特权阶层不容忽视。关履权更是否定所谓的科举社会、平民社会的说法，认为科举不曾改变中国社会性质，中国封建社会从没有出现一个所谓的"平民阶级"。^③

就唐宋变革的程度，张邦炜介绍了三种观点。第一，高估论。将

---

① 李华瑞：《"唐宋变革"论的由来与发展（代绪论）》，李华瑞主编《"唐宋变革"论的由来与发展》，天津古籍出版社，2010，第23页。

② 张邦炜：《"唐宋变革"论与宋代社会史研究》，李华瑞主编《"唐宋变革"论的由来与发展》，天津古籍出版社，2010，第1~11页。

③ 张邦炜：《"唐宋变革"论与宋代社会史研究》，李华瑞主编《"唐宋变革"论的由来与发展》，天津古籍出版社，2010，第14~15页。

唐宋之际的变革等同于类似春秋战国之际的变化。第二，低估论。认为唐宋之际有一定变化，但是只是一个小的变革期。第三，中等论（介于过高估量与过低估量之间）。就这一派而言，张邦炜介绍了自己的看法，他认为，唐代是一个从魏晋南北朝向两宋转变的桥梁，显然，他认为这个转变十分重要，是不可以忽略的。但是，他又重申两点。第一，这场变革是封建社会内部的变革；第二，说宋代取代贵族社会而形成平民社会或取代中世纪进入近世时代，都是缺乏根据的主观想象。[①]

从行文的叙述来说，我们虽然对"宋代近世说"有很多质疑，但是它可以作为一种理论框架，作为对宋代变革的论述与对宋代政治特性的论述，我们大体接受日本学者伊藤贵之的观点："无论'唐宋变革论'，还是'宋代近世说'，都有着十分清晰的思路，即从世界史的视野观察中国政治与社会的相对'先进'性时，将科技官僚制的巩固与强化作为重要的评价标准，认为该体制是维持社会开放性与流动性的强大保障。而广义的宋学成为人们精神上的支柱，是导致上述状况出现的关键原因。当然，宋学本身在北宋以后也经历了相当曲折的过程。还有一点，就是道学的力量在不断增强，到元朝时期，朱子学在正统教学以及官方意识形态上占据了统治地位。"[②]

从上述不同论述看，人们聚焦的问题是"宋代近世说"，尤其是"近世"的含义究竟为何？它在日本学者心目中的含义究竟是什么？转到中国学者眼中的含义又是什么？其间存在许多需要澄清的问题。大体来看，从内藤湖南和宫崎市定的视角，他们将宋代定位于欧洲各国自身资产阶级革命前的王权时代，即中古晚期时代，所谓的封建王朝时期，同时他们基于文化维度的考察，又把宋代看作中国文艺复兴的历史阶段，这样二者之间交叉重合，但是也引发了理解上的歧义。他们的基本论据有四点。第一，魏晋南北朝到唐代是中国历史的贵族阶级阶段，而

---

① 张邦炜：《"唐宋变革"论与宋代社会史研究》，李华瑞主编《"唐宋变革"论的由来与发展》，天津古籍出版社，2010，第17页。

② 〔日〕伊藤贵之：《我们是如何认识传统中国的：学术论争与儒教之影》，《社会科学战线》2017年第4期。

自宋代以后随着科举制的全面实施，进入平民主义阶段。第二，唐代中期藩镇割据导致了政权分裂，宋代强化了中央集权和实施官僚制度以后解决了地方割据问题，自此以后，没有再出现类似情况。第三，国民主义形成，宋代开始，汉民族与其他民族之间的冲突加剧，这在京都学派看来是各民族国民主义觉醒的体现。第四，儒家文化世俗化的发展。从中国历史学家来说，钱穆的观点是与京都学派比较能够对接的。无论是中央集权的发展，还是官僚制度的发展等。钱穆更加强调儒家思想在政治领域的统治地位，尤其是士大夫政治的活跃性。从这些特征来说，我们的确可以说宋代与前述历史阶段有了较大的转变。如果认同这是一个比较显著的历史性变化，则需要对其加以界定。这个转变我们仍然可以概括为中国进入了一个以儒家思想为核心的中央集权的官僚主义统治的历史阶段，而且由此一直延续至明清两代中国传统社会结束。在我们看来，士人政治与官僚政治研究同时也包含与此密切相关的儒家思想的关联性等问题，这是需要进一步思考的对象。[①]

唐宋时期从经济、政治、文化各方面都有一定的变化，尤其是士人政治与官僚政治一体化的崛起以及与之相应的文化变迁的确证明该时期是一个历史变革时期。从最新的演进看，对唐宋变革的支持与反对都各自持续存在，也有试图平息这种争论的设想。从批评看，杨际平《走出"唐宋变革论"的误区》主要批评了内藤湖南的主张，论点有三点。第一，内藤湖南将魏晋门阀士族定义为"贵族"不伦不类；第二，自秦汉到明清，中国都是君主独裁社会，说隋唐科举依然有贵族色彩直到王安石所处时期才为之一变，结论靠不住；第三，内藤湖南和宫崎市定对这

---

① 这个问题的关注点是中国政治发展的历史沿革以及官僚政治的进一步存续的空间，科举制的利弊得失以及中国士人（或知识分子）在未来社会生活与政治生活中的走向。从这个维度我们继续审视宋代政治发展的特性以及政治思想家的思想特征。钱穆的官僚政治即士人政治，他的用词含义是一样的，是从完全积极的意义上来评价宋代以后的官僚政治，但是我们近代以来，对这个问题的思考往往是从批判的维度对它进行分析。基于眼下的新一轮儒学复兴热潮，宋代士大夫成为今天我们特别重视的一个政治人格类型，对士大夫的理想主义与其在政治生活中官僚身份的二元性需要做出清理，我们这里不拟做历史考察，而是仅仅从理论层面做简单剖析，把相关内容放到本书中去观照。

一历史时期的生产关系分析不对，主要是贯穿他们思想的地方士族和地方影响的论点站不住脚。[①]

　　总体看，杨际平的观点有一定道理，但是论证失之简单，说服力不强。第一，秦汉虽然确立中国郡县官僚制的政治制度，但是一直到唐代初期，地方士族、豪强（含各种类型的地主）与中央集权的关系错综复杂，这个过程一直持续到唐中叶以后才发生重要转变，这一点不容忽视。第二，从唐代建立科举制度一直到宋代，中国政治制度和社会形态发生了重要变化。宋代士人和官僚政治制度确立，明清延续之并衍生了与之相关的士绅政治体系。自宋以后，确立了儒家思想的宗法家族、皇权专制、士人政治三位一体的政治和社会体系，这在宋代以前是不明朗的。第三，从唐代以后，经济关系也发生了一系列重要变化。这三点足以说明唐宋变革论在一定程度上是成立的。但是笔者也不完全同意京都学派所谓"近世说"的看法，这个观点的确有套用西欧社会演进图式的问题，不能完全反映中国历史自我演化的特殊性。但是，以之比拟欧洲近世前后的封建王权主义时代也有一定的合理性。

三　天理修德与宋代理性主义政治伦理的开启

　　沟口雄三认为，从唐到宋，经历了一个从天人相关到天人合一的变化，这是从天谴事应到天谴修德到天理修德的进程，是从主宰者之天到理法之天的划时代转变，困扰沟口雄三的是："为什么中国人如此不断地执着于在社会、王朝的结构外侧树立另一个权威——天呢？有什么必要非如此不可呢？"[②]沟口雄三自己为此列举了五项原因：

　　（一）比起以义合、以人合的君臣关系，更重视以天合的父子关系的传统社会环境。

　　（二）基于君臣、君民关系的结构方式（人合）的脆弱性，强

---

① 杨际平：《走出"唐宋变革论"的误区》，《文史哲》2019 年第 4 期。

② 〔日〕沟口雄三：《中国的思维世界》，刁榴等译，生活·读书·新知三联书店，2014，第 30 页。

调君等同于天。

（三）为政者阶层对民乱的恐惧，因而把民心作为天心而尊重。

（四）中国民众缺乏道德性，所以强调道德教化。

（五）为政者对于王朝存在的非永恒性的历史认识。[①]

沟口雄三显然看到了中国传统社会尤其是儒家基于自然血亲伦理的所谓"自然性"也即先天性的价值凸显，这是儒家天道中的题中之义。当然，沟口雄三先生这里的问题可能是忽略了中国古代政治伦理价值的复合性：从先秦甚至更早的中国传统政权起源的维度以及后世皇帝自己的天命观审视，中国古代政治伦理价值中既有当权者对权力得之亦可失之的戒慎恐惧，也有儒家知识分子在自己分享权力中所强调的天道下贯的挺立感，但是也有天命在我的优越感，当然更有皇权势力让自己家族享尽权力而独尊的强烈意愿。所谓"天道下贯"的意识在士大夫有其意义，对王朝更替中的家族其实意义不大，他们很少为了天下道义而推翻一个前朝的暴力政权，这正是中国传统政治中君臣观在权力关系的错位和理念错位上最突出的表现，譬如士大夫的以天下为己任思维与皇帝的打天下坐天下之间的交集与极端错位，但是，传统士大夫除了像黄宗羲之外，从来没有人借助天理论证过这种天理天道的合法性或不合法性，反而很少对现实的最高权力通过天理天道提出质疑，这是最大的问题。

沟口雄三提出了两个有趣的问题，即王朝更替的忧虑在日本是一个神话式的说法，几乎不存在，但是中国的历代王朝都以此为最大忧患。[②]另外一个问题是，中国的天理观是如何得到延续乃至深化的。

宋代的天理观把条理作为自然与社会共通的本质来看待，完成了对于作为世界本质的条理的发现，以及客观地认识这种条理的

---

① 〔日〕沟口雄三：《中国的思维世界》，刁榴等译，生活·读书·新知三联书店，2014，第31页。
② 〔日〕沟口雄三：《中国的思维世界》，刁榴等译，生活·读书·新知三联书店，2014，第31~32页。

方法论的确立。这两点，是从此前为止天谴性的，换言之就是被动性的世界观向主动性世界观的巨大转变，但是这里一定不能忘记的是，尽管发生了如此巨大的变化，作为本质的条理，即至善，因为是作为本质而被发现的，所以反而会借助于人们的主动性意愿（它是否符合统治阶层的利益，在此是第二位的），在主观上被视为难以从自然与社会那里分割开来的对象了。①

宋代理学的特征就是强化了人们价值观念中的"理序"与"礼序"的统一。在沟口雄三的解释中，第一是条理性，即世界规律的内在性、天然性和普遍性的统一；第二是主动性，这是沟口雄三的一个创见，他认为，宋代理学的认识使得儒家天理从被动性的存在变成了自觉性的存在。虽然他把是否符合统治阶层的利益看作第二位的，但是，元代以后的统治者之所以将之作为科举取士的典范考量，是因为其把它作为统治阶层的工具。它同时也是士大夫、普通人超越意识形态和人身束缚的共同的价值和修养规范，但是很明显，这种普遍性已经构成社会伦理和政治价值的同构性。沟口雄三认为，这种天道的外在性框架一直在延续，直到近代为止，在近代的民权意识的浸润下，"天＝公＝理"在价值上的优先地位并没有随之消失。②

　　沟口雄三注意到，程颐将《易传》"一阴一阳之谓道"改成"所以一阴一阳"，③笔者认为，这句话的改写意味着考察角度从阴阳变化的过程性提升至阴阳变化及其结构的构成性及根据上了，也即提升到原理层面来考察了。沟口雄三强调为了讨论方便和统一，他将被界定为主宰之天的天观与政治思想观统称为天谴观，不论是占星或天谴事应，即主宰者的天观时代，这个时代在他看来持续到南宋初期，这样北宋五子和李

①　〔日〕沟口雄三：《中国的思维世界》，刁榴等译，生活·读书·新知三联书店，2014，第38~39页。

②　〔日〕沟口雄三：《中国的思维世界》，刁榴等译，生活·读书·新知三联书店，2014，第39~40页。

③　〔日〕沟口雄三：《中国的思维世界》，刁榴等译，生活·读书·新知三联书店，2014，第41页。

靓、王安石等政治家都处在这个历史阶段之中了。沟口雄三说，他所说的理法的天不仅仅是指天的自然科学的法则性，也不是天人分离的自然法则性，而是贯穿于"天人"的天理。他说，中国的天，可以分成自然、政治和道德三个领域，即作为自然法则的天，作为人的政治秩序的根据的天和作为个体的道德根据的天，三者由一个法则性统摄，而这是宋代以后的事了，这个特质形成在中国历史上是一个划时代的事件。它将政治领域中的外在决定性否定了，人的领域之中的天成为执行主体的天理，即理法的天。用谢上蔡的话是：天，理也，人亦理也，循理则天下一。是内在框架向外在框架的拓展，并进而涵盖外在框架，而不再是双重架构。①

> 如上所述，程朱的"所以"，内在性地包含了一个向量（向量的德文为 Vektor，原为物理学名词，指具有大小和方向的量；在此转义为左右事物发展方向和态势的力量。——校改者注）：在《中国的理》中我也讨论过，这一向量使得这个"所以"向明清时期的万物一体之仁，或者共和式的仁所具有的先验性·先天性，或者向清末民权中的天赋性发生转变。这个"所以"因其具有赋命性，把人的道德性定命为人的本质，虽然有时这强制了人们对君臣制度的服从，但是另一方面，人把天作为所以（道德）而在自身使其内在化，并以其内在性为根据从而获得了当为的主体性。②

沟口雄三举了吕坤的话作为例证。朱子云："天者，理也。余云：理者，天也。"③以此说明明末的状况："到了这个时候，连宋代的理之天（所以）都消失了，只有理单一地成了世界的原理，天则只是变成了理

---

① 〔日〕沟口雄三:《中国的思维世界》，刁榴等译，生活·读书·新知三联书店，2014，第43~44页。
② 〔日〕沟口雄三:《中国的思维世界》，刁榴等译，生活·读书·新知三联书店，2014，第47页。
③ 吕坤:《吕坤全集》（中册），中华书局，2008，第772页。

的背景和权威。"① 可以概括为"天理"之"天"的流失进程，即先验性、必然性，尤其是既定事实状态的必然性的丧失或必然性根据的丧失的进程。但是，这种表现形式的变化在沟口雄三看来，从实质来说，其实没有什么变化，即从对天的敬畏或谨慎恐惧来说是一致的："即使发生了从主宰到理法的变化，但实际上严格来说，什么变化都没有发生，更不要说是进化了。"②

道德的天从外在框架转向内在框架的变化，或者说从天的天向人的天的转变，这个变化意味着，例如对于政治的"正确性"和自然功用的那个某种东西，人确立了自己的理性认识、实践的主体性。为什么呢？因为在理法的天中，道德的天与政治的天和自然的天勾连起来，这一中国的特质使得与政治的天相联结中所见的道德的人之天，成为以大同、公理等正确性为命题的独特的中国式共和思想的母胎，而这一道德之天与自然之天相联结，则可以说至少应该原理性地催生出诸如正确的自然科学，所谓应该，是因为直到现在的自然科学还是被欧洲原理所独占，基于亚洲原理的自然科学并没有被自觉地追求，就连过去和现在的中国也是一样，不要说追求这种自觉，实际情况是中国在积极地引进欧洲原理的（把发展的基础反倒设置在那种不问某种东西的一般观念之上）自然科学而唯恐不及。③

沟口雄三这里强调了两点。第一，理法之天与道德、自然的统一构成一个新的可能性，即公理的实现，是可以在天或天道的框架下接驳的；第二，中国人能够借助于"天道"的自然属性强化对理论本身的认

---

① 〔日〕沟口雄三:《中国的思维世界》，刁榴等译，生活·读书·新知三联书店，2014，第48页。
② 〔日〕沟口雄三:《中国的思维世界》，刁榴等译，生活·读书·新知三联书店，2014，第50页。
③ 〔日〕沟口雄三:《中国的思维世界》，刁榴等译，生活·读书·新知三联书店，2014，第51页。

同，但是，这不是一个先验性原理追求的本能，说它是一个后验的功利原则也是可以的，因此，我们可以看到中国人对自然科学的学习热情与西方人认识论的观念大异其趣。中国的科学家几乎很少表现出对形而上学的兴趣，但是西方科学家大都或多或少对形而上学具有兴趣，而哲学家也有很多是科学家出身。

在沟口雄三看来，外在之天即主宰并施加谴责与惩罚的天向内在之天即法理的内在的普遍的天也即必然的天的转变是一个长期的过程，南宋高宗禁止关于祥瑞的上奏是一个重要的转折点，而实质上天谴论在历史上又是一直存在的，到明朝以及清朝并未消失踪迹。但是，沟口雄三认为，这个转变也是历史事实，正是这种转变导致了天的逐渐的形式化、象征化，而理更加实在。而沟口雄三又认为，中国古代思想中存在着两种理：一种是上下等级的理，一种是水平调和的"公有""公化"的理，二者之间有调和与摩擦，直到近现代这个问题仍然以不同方式呈现：

> 但是，我请读者留意的是，民国时期的城市知识青年标举的所谓反儒教（鲁迅"吃人的礼教"等）口号，专门是针对宗族内家长制的上下等级秩序的伦理；而可称为儒教主流的前述横向调和（即天和公）则以人民公社的形态一度获得成功；且目前还处在寻求不是"破私"而是"公"与"立私"的调和这一摸索阶段。也就是说，无论政治的天、道德的天还是自然的天，它们在中国应该都没有失去其现代的意义。①

沟口雄三有一个有趣的发现，他认为，对于日本人来说，中国的理概念有其不明或令人不解之处，那就是它将自然法则（日月寒暑屈伸往来之理）、人伦秩序和政治规范（亲小人、远贤臣弗理而世以衰乱）、人伦道德（同居共财乃天性人心自然之理）等视为一体，譬如从"仁"的贯通之处延伸开来贯通社会与个人，同时，此仁又归根于宇宙生成法

---

① 〔日〕沟口雄三：《中国的思维世界》，刁榴等译，生活・读书・新知三联书店，2014，第58~59页。

则，故宇宙而一理。[①]沟口雄三认为，这样的理念出现在宋明时期，而此前没有，至清代末的谭嗣同止，此后不再有，其实，我们今天又在继续讨论这个问题。[②]

---

① 〔日〕沟口雄三：《中国的思维世界》，刁榴等译，生活·读书·新知三联书店，2014，第97页。
② 从牟宗三的良知坎陷到陈来的《仁学本体论》的尝试展开，都在做这样转化的尝试，当然，牟宗三强调的是良知的"曲通"而不是"直通"，陈来只是讲的自然和道德法则，还不是政治原理。

第二章　天人一本：周敦颐的政治伦理思想

以周敦颐、二程、张载为代表的北宋理学派，承三代之政治理想，开宋明之道学谱系，他们的政治伦理思想带有明显的理性主义和理想主义色彩。周敦颐将礼乐、教化等作为"立人极"的重要途径，希望社会回归三代之治，达到天下至公的理想状态。二程，把政治伦理的本体确认为"理"，并且以"理"作为政治伦理的本体基础，因而现实的政治伦理实践应该以"天理"为依据。张载创造性地提出了"太虚即气""一物两体"等观念，将形而上与形而下融会贯通的同时，提出了一条矛盾双方互相协同的上升之路，在家国同构中阐明"民胞物与"的政治伦理思想。

周敦颐（1017~1073），道州营道（今湖南道县）人，字茂叔，原名敦实，因避宋英宗讳，改为敦颐，世称濂溪先生。周敦颐出生于书香门第，曾祖父周从远、祖父周智强，皆未仕。父亲周辅成，大中祥符八年（1015）赐进士出身，终任贺州桂岭（今广西贺州）县令，累赠谏议大夫。周敦颐少承家学，志趣高远。营道有濂溪，少年周敦颐常钓游其上，吟诗作赋。濂溪西十里，有月岩洞，随入洞深浅，反观洞口形状的变化，如月相之消长。据宋代度正的《周敦颐年谱》，相传周敦颐十三岁时在此游玩，观此而悟"太极"之理。宋仁宗天圣九年（1031），周敦颐十五岁，父亲去世，随母亲赴京师投奔时任龙图阁直学士的舅舅郑向。郑向器重周敦颐的道德与学识，爱之如子，悉心教导。周敦颐二十岁时，行为端正、才学出众，颇有令名，郑向奏请周敦颐荫补将作监主簿。一年后，母亲郑氏去世，周敦颐以丁忧离职。康定元年（1040），周敦颐二十四岁，服丧期满，调任洪州分宁县（今江西修水县）主簿。在分宁县主簿任上，周敦颐展现出卓越的断案才能，迅速审明一起久疑不决的案件，邑人惊诧而叹"老吏不如也"，亦得到当地士大夫的盛赞。不久被征调至袁州庐溪镇（今江西萍乡市）摄市征局。虽然主职是负责市集的管理事务，但周敦颐亦以促进教化为己任，在袁州设学斋，学者甚众。对周敦颐的政治伦理思想进行分析不难发现，其显著特征就是以天命流行和天人统一为论据展开论证，通过"由天地以立人极""立人极以合天道"循环往复的方式实现双向性论证，这就防止出现天人合一单向性的问题，开辟了宋代儒家天人合一理论的全新研究视角。

一　周敦颐"天人合一"理念与政治伦理思想的天道观

对于周敦颐的理论研究贡献，王夫之予以极大的肯定："抑考君子之道，自汉以后，皆涉猎故迹，而不知圣学为人道之本。然濂溪周子首为《太极图说》，以究天人合一之原，所以明夫人之生也，皆天命流行之实，而以其神化之粹精为性，乃以为日用事物当然之理，无非阴阳变化自然之秩叙，而不可违。"[①]王夫之指出周敦颐在《太极图说》中非常讲究天人合一，得出人之生命是天命流行这一结论，人事变换要遵守自然秩序和客观规律，这其实就是对将天人合一提升到理论高度展开的论证。对周敦颐的政治伦理理论进行分析可以知道，这种天人合一的观念呈现出来的是一来一返的回路。在人极本身的挺立上周敦颐逻辑清晰思维缜密。他第一步选择从本体上对天人合一进行论证，弥补存在于天与人之间的缝隙。他指出"无极而太极"中的太极本体是可以连接天和人的，"太极动而生阳，动极而静；静而生阴，静极复动。一动一静，互为其根。分阴分阳，两仪立焉"[②]。太极本身就是一个动态机制，在天地万物中都有所体现，"'乾道成男，坤道成女'，二气交感，化生万物"[③]。人处于天地万物当中，所以也可以作为太极本体而出现。在这里，周

---

① 王夫之：《张子正蒙注》，中华书局，1975，第313页。
② 周敦颐：《太极图说》，《周敦颐集》，中华书局，1990，第3页。
③ 周敦颐：《太极图说》，《周敦颐集》，中华书局，1990，第4页。

敦颐选择了太极本体对万物的统一性进行研究和论证，很好地将之前理论中存在的天人之间的裂缝弥补好，这在其理论研究中是第一步，也是至关重要的一步。尤为可贵的是，周敦颐对人在万物中的特殊性予以重视，指出人和万物都不同，虽"万物生生，而变化无穷"，但"惟人也得其秀而最灵。形即生矣，神发知矣，五性感动而善恶分，万事出矣"①。在万事万物当中人最有灵性，所以也应该受到尊重，人的意义可以在天地当中得到挺立。人具有道德观念，能分别善恶，这是人独有的秉性，也使得人的道德性和意义性得到了挺立，就是因为具有独特的社会性和道德性，人的挺立才和万事万物都不相同。因此，周敦颐在论证人的共性与特殊性时选择了天地万物一体的角度，真正意义上实现人极挺立，突出了人的道德性，这是理论向度的一种体现方式，即"由天地以立人极"。

　　在周敦颐的天人合一理论中还有一个"立人极以合天道"的向度。周敦颐在天地背景中对人极进行挺立之余，还对人极的内涵进行了深入的分析与研究，"圣人定之以中正仁义而主静，立人极焉"②。在上述内容中我们了解到，中正仁义的人极标准所体现的是太极本体的真实状态。中正仁义是对太极本体的一种体现，其阐释的角度是人事领域。圣人在设定人极标准时之所以选择了中正仁义，正是因为这样可以上升到和天地相同的天道状态。从人事道德领域来看，如果严格按照这种标准行事就能达到圣人的境界，可以符合天地之道和太极本体的状态，实现"立人极以合天道"。在上文的论证中不难发现，周敦颐的"天人合一"有着独有的特色，和诸如"天人合德""天人合道"等理论的思路完全不同，后者更多呈现了一种单向性，"天人合一"主张凡事从天地以立人极，对天人合一的观点进行论证，这就把之前天与人之间的裂缝很好地弥补起来；该主张还能以天道为目标而从人道出发，做到"立人极以合天道"，这样的回路就更加圆满，对存在于道德领域的本体问题予以解决，同时兼顾了实践问题，既捍卫了人事道德的权威，也对之前道德理

①　周敦颐：《太极图说》，《周敦颐集》，中华书局，1990，第5页。
②　周敦颐：《太极图说》，《周敦颐集》，中华书局，1990，第6页。

论的本体性缺陷进行克服，为展开后续的道德理论和实践研究打下了良好的基础。宋明儒家道德理论其实就是建立在天人合一基础上的，以此为框架形成了各门各派的理论体系。周敦颐赋予各种理论独有的特色，后世的很多理学家研究都受其影响。周敦颐的本体论有效改变了在论证中单向性不足的问题，为道德本体论的论证做好了铺垫工作，夯实了其在政治伦理思想史上的基础性地位，这也是其这个领域所取得的极大的成就。

关于周敦颐"诚"的思想，黄宗羲给出了自己的评价："周子之学，以诚为本。从寂然不动处握诚之本，故曰主静立极。本立而道生，千变万化皆从此出。化吉凶悔吝之途而反覆其不善之动，是主静真得力处。静妙于动，动即是静。无动无静，神也，一之至也。天之道也。千载不传之秘，故在是矣。"①这一论断基本上是公正的，同时也对周敦颐思想中的特点进行了体现，即建立在"诚"的基础上的道德本体论、人性论、修养论的统一。周敦颐所秉持的"诚"的思想其实是对《中庸》中"诚"的思想的一种补充和解释。针对这个理论进行研究其实就是为了从本体论角度出发反击当时佛道理论给传统儒家学派带来的消极影响，让儒家学派走出"不绝如带"的尴尬境地。本体论信奉以诚为本，这是阐释"诚"论思想的第一个步骤。《中庸》提到"诚者，天之道也；诚之者，人之道也"②。虽然这种理念希望通过"诚"完成天与人之间的互通，不过却没有针对天道和人道之间的相通提出足够的依据和理论支撑。正是因为没有足够的逻辑前提，所以在进行天人合一境界阐释时也会说服力不足，受到佛道的冲击也是不可避免的。在我国古代传统文化体系当中，人们经常从生成论的角度对本体论进行思考，希望找到解释万事万物生成之源的依据，而周敦颐也多多少少受到这种理论的影响。在上文的分析中我们了解到，周敦颐对"太极"和"诚"进行了详细的论述，对道德本体论也研究颇深，在这里就不再重复。众所周知，周敦

---

① 《濂溪学案下》，黄宗羲原著，全祖望补修《宋元学案》（第一册），中华书局，1986，第 523 页。

② 《十三经注疏》整理委员会整理《礼记正义》下册，北京大学出版社，1999，第 1446 页。

颐的本体论一直想要避开来自生存论本体论的影响，但是事实上却难以真的回避。为了摆脱这种尴尬境地，周敦颐对本体的对象进行了调整，转向万事万物的发生机制上，希望以此作为形上本体对天人进行统一，这种本体也被称为太极本体或诚本体，形成于乾元生化、乾道变化的过程当中，"'大哉乾元，万物资始'，诚之源也。'乾道变化，各正性命'，诚斯立焉"①。论证到这个阶段，周敦颐只是对天人合一的问题进行了解决，至于"诚"在人道领域该如何体现尚未展开研究。在周敦颐看来，诚是既善且纯的，所以对其进行规定也十分有必要，可以作为后世研究道德性命理论的基础和标准，不管是人事善恶还是道德善恶都包含在内。具体到人本体上，诚的展开其实就是性命的展开，"一阴一阳之谓道，继之者善也，成之者性也"②，从这里可以知道，所谓一阴一阳的发生机制其实指的就是道，包括了天道和人道两个方面，其中天道可以作为诚本体出现，因为诚至善，所以天道也至善。具体到人的身上，这种天道就可以称为性，因此天道诚体的演化使得人道性命得以延伸。"大哉《易》也，性命之源乎！"③在周敦颐的本体论论证中，天道诚体可以在天和人的领域之间贯通，因而也可以在人事政治领域中延续，彰显诚本体所具有的道德意义。"诚"可以作为道德本体而存在，演变成人伦纲常："诚，五常之本，百行之源也，静无而动有，至正而明达也。五常百行非诚，非也，邪暗塞也。故诚则无事矣。"④于是，在周敦颐的理论体系中，"诚"可以在天道人道贯通之后，进入人伦纲常乃至政治伦理的讨论。

二 学、道、政合一：政治伦理思想的展开

周敦颐溯源"诚"之天道，是为了确立政治伦理的"人道"。在《太极图说》中他提到"圣人定之以中正仁义，而主静。立人极焉"⑤。这句话

---

① 周敦颐：《通书·诚上第一》，《周敦颐集》，中华书局，1990，第12页。
② 《十三经注疏》整理委员会整理《周易正义》，北京大学出版社，1999，第315~317页。
③ 周敦颐：《通书·诚上第一》，《周敦颐集》，中华书局，1990，第13页。
④ 周敦颐：《通书·诚下第二》，《周敦颐集》，中华书局，1990，第15页。
⑤ 周敦颐：《太极图说》，《周敦颐集》，中华书局，1990，第6页。

突出了其阐释政治伦理思想的核心内容，那就是"人极"，其后续在《太极图说》和《通书》中，对这一理念进行了进一步阐释。在对这一理念进行分析时需要格外重视一点，周敦颐关于"人极"思想的提出是建立在天、地、人并立的背景当中的，在这三极当中人是最为根本和基础的一极，其理论致思处处从天地顺化入手，其运思旨归处处于人处呈现。他想要在对人给予尊重的基础上塑造一个顶天立地的形象，通过道德意识的挺立烘托人极的影响，这也是其思想中所包含的人文关怀以及政治特征的一种体现；"学颜子之所学，志伊尹之所志"是周敦颐学、道、政合一的体现，也是他道德政治学说与人格修养学说合成的标志。总体而言，周敦颐的政治伦理思想主要从以下三个方面展开。

道德主体的挺立。周敦颐在这个层面的论证主要是通过道德本体论证来实现的，其中的道德本体建立在以诚为本的基础之上。众所周知，周敦颐在论证道德本体时有一个逻辑前提，那就是天人合一理念。在这个逻辑的基础上，天地人并存的逻辑思考才能展开。在"无极而太极"的本体论证中，周敦颐对研究视角进行了调整，实现了从注重实体性本体到研究过程发生机制的转变，从这个过程中提炼抽象性的共性，这也是"太极"的含义，作为一种本体，太极并不具有实体意义，也不是生成论上的形上本体，具有很强的抽象性。不过这种本体是客观存在的，不是"无"。因为人和天地从根本上说是一致的，因此也符合逻辑关系，在人的方面，太极本体发生了转变，成为"诚本体"。在道德层面上，只要是符合这种本体"诚"的就是道德的。第一，人以"诚"为道德之本。第二，人具有灵性，可以对这种诚进行灵活的把握和体现。在对这种道德主体意识的论证中，人的特殊性也得以体现。在周敦颐看来，人之所以具有特殊性就是因为人有道德意识，而这种意识的萌生、发展与体现也是人道德主体性的展现。这一发现在论证人极时提供了逻辑思考的依据，也可以作为人极挺立的前提。回顾宋明理学各个学派的政治伦理思想，其在创建和发展过程中都以此理论为基础。

德性动源的开发。在以挺立人的道德意识论证挺立人的主体性时，周敦颐对德性的动源进行开发。对周敦颐的道德理论体系进行分析不难发现，不管是探究道德产生还是以道德为标准区分善恶都不是以社会现象为阐述角度，道德问题体现的是人的本质属性，而不是泛泛的社会现象。这种标准是在对天地人的背景经过斟酌与考虑之后构建的，是对天地人的属性进行抽象和区分后的产物。在周敦颐看来，只要是"诚"的，在道德层面就属于"善"，反之就是"恶"。周敦颐提到："圣人定之以中正仁义而主静，立人极焉。"①，在《通书》中又接着论述："圣，诚而矣。""圣人之道，仁义中正而已矣。"② 因此可知，在周敦颐的认知当中，圣人将中正仁义当成道德行事的标准，其实也是以诚为本的一种体现。当然，也不能就此认定圣人就是制定中正仁义标准的人，但圣人是践行和体现这个标准的人。在道德层面上，"中正"这个标准是"诚"在人当中的具体朗现，而不是作为一个标准被制定出来，这个自我朗现的过程也能烘托出人的高尚与可贵。周敦颐在研究的过程中多多少少受到华严宗心识理论的影响，既认识到"诚"的完美和纯粹，也认识到想要实现"诚"，就要经历一个从不完善到完善的过程，对自己进行体现，在这个追求完美的过程中，人的高贵也得到淬炼。因此，对圣人来说，他们需要将"诚"和"中正"的行事标准体现出来，并在以后的发展中朝着这个标准无限接近。在道德层面上，这体现了人对完美德行的一种追求与向往，具体到现实当中，也会为了德行事业而孜孜不倦地努力。这是一种源自德性的追求，是内在的动源，无穷无尽。这种源于人本身的德行动源思考与上文所提到的道德主体挺立在本质上可以保持一致，周敦颐极力主张进行自我追求，从德行动源出发对人的意义性进行思考，这个过程具有非凡的意义，因此从政治伦理体系中将其定义为"圣人是可修而达致"。这种思考有利于德性修养的提高，也让修养更有目标性和方向性。有关德行动源的论证为后续论证人之为人提供了大量的理论依据。

德性人格的塑造。对周敦颐的论证特点进行分析可知，不管是道德主体的挺立还是德性动源的开发最终都会归到德性人格的塑造上。毕

---

① 周敦颐：《太极图说》，《周敦颐集》，中华书局，1990，第6页。
② 周敦颐：《通书·道第六》，《周敦颐集》，中华书局，1990，第18页。

竟，在道的问题上不能弄虚作假，理也不能凭空设置，需要通过"德性人格"加以体现。周敦颐认为，圣人之所以为圣人就是因为体现了道德人格。上文已经就圣人人格的内容、特点等进行了论述，在此就不再多言。要特别强调的是，周敦颐的道德理论虽然重点在心性方面展开研究，但没有忽视对德性事业的践行，其实在某种意义上，德性事业和社会事业没有差别，社会事业需要通过德性事业来体现。而周敦颐所谈及的圣人人格其实是对儒家内圣外王型人格的一种拓展和体现。虽然从整体趋势上看，宋明理学侧重于内圣思考，不过其对外王也非常关切，并体现在对德性人格的追求当中。一般来说，一个完整的道德理论体系主要包含三部分内容：一是道德主体的挺立，二是德性动源的开发，三是德性人格的塑造。这是对周敦颐理论体系的一种呈现，更是对哲学立场的明确，体现出儒家学派的政治伦理态度。周敦颐标新立异地提出了立人极的思想。中国传统思想所关注的核心问题是人，讨论和研究人该如何安身立命，而西方思想则不同，它更多关注外在客观世界的变化。孔孟创立的儒家学派因为积极发现人的价值并对其进行弘扬而彰显了无限的人文魅力。不过这种儒家思想所关注的对象是人，一切从人出发，深入人的内心对人进行剖析，去挺立人，不过并没有将人放置到广阔天地中对人的意义进行凸显。子贡曰："夫子之言性与天道，不可得而闻也。"① 孟子继承孔子的衣钵重点探究恻隐之心并在此基础上创立仁义学说，荀子也是在先哲的基础上选择将仁和礼作为审视角度，对人的道德性进行一一论证。汉儒其实已经知道应该对人的道德性进行论证，不过其最终呈现出来的是一种比附式说明，这种天人感应的神学形式在遇到现实的质疑之后，再加上王官学地位的下降，理论的感召力也不再强大，因为没有了合理性，所以合法性也逐渐消失。周敦颐对人予以了极大的关注，不仅从理论上展开了本体论证，还从哲学角度对理论的系统性和科学性予以捍卫。对宋明理学的政治伦理进行分析不难发现，其核心依然是围绕人极的问题展开，不同宗派的人本意识都非常强烈，其根

---

① 程树德撰《论语集释》，程俊英、蒋见元点校，中华书局，2014，第411页。

本目的就是探寻"为人之方"。其中较为著名的派系有以张载为代表的气本派，以二程和朱熹为代表的理本派，以及以陆九渊和王阳明为代表的心本派，他们的理论框架及立论内容概括起来都包含三个部分：一是道德本体的挺立，二是德性动源的开发，三是德性人格的塑造。它们最终都被囊括在周敦颐的人极论理论框架当中。如果按照这样的说法，则周敦颐的人极思想对宋明理学各个学派的理论体系进行包容与涵盖，称之为学宗也毫不为过。

三　人伦与修养：立人极以合天道

为圣是周敦颐政治伦理思想的主轴，其修养论的创立目的和意义是促使人为圣，而德性政治的实现也必须以人的为圣为基础。而周敦颐的人性论体现了鲜明的个人特色，那就是以诚为本。概括起来，周敦颐的人性论建立在以诚为本的本体论基础之上。所谓天道本体、"易"之"生生不息、大化流行"等都植根于这个形上本体。这个概念当中的人性之产生其实是属于本体层面而非生成意义上的。因为不管是天道本体还是诚本体都既善且纯，所以以此为根源的人性也是如此。换句话说，建立在人性基础上的天道和诚本体其实都具有至善至纯的特点，这也是周敦颐在人性论中反复强调的地方。不过周敦颐的人性论也经常在阴阳生化、混兮辟兮的才性资性上说，呈现出明显的气质之性的特征，如"性者，刚柔善恶，中而已矣"[①]。"刚善刚恶，柔亦如之，中焉止矣。"[②] 其实在人性论当中，周敦颐对两种人性并没有进行清晰的区分。由诚本体的理论可知，只要是起源于"诚"的人性就应该是纯善的，这才符合诚的特点与状态。不过在现实当中，人性具有复杂性和多样性，该如何对各种各样的人性一一进行解释，怎样对人性善恶进行诠释都是周敦颐需要解决的问题。周敦颐给出了这样的处理方式：以天地人为背景对人极进行挺立，之所以做这样的设计是因为人可以继承天道的纯

---

① 周敦颐：《通书·师第七》，《周敦颐集》，中华书局，1990，第 19 页。

② 周敦颐：《通书·理性命第二十二》，《周敦颐集》，中华书局，1990，第 30 页。

善，也能对这种"诚"进行体会和朗现。而圣人就是这种状态的很好代表，正所谓"圣，诚而已矣"。不过圣人的境地也不是那么容易就可以达到，每个人对"诚"的朗现能力各不相同，程度也大相径庭，"诚"只是作为一个目标出现。人之所以崇高就是因为具有认知和朗现"诚"的能力，也正是因为具有这种能力，他们对"诚"的认识与朗现也各不相同，周敦颐选择用"几"对这种差异性进行诠释。通过这种方式，周敦颐以本体论为基础找到了解释人之善恶的依据。

在周敦颐看来，以诚本体为基础流露出来的状态就是纯善的，如果和这种状态背道而驰，那就可以称为"恶"。从这个角度来分析，人性到底是善还是恶其实就是看是否能够和"诚"的状态相吻合。周敦颐所秉持的观点在"以中论性"中也得到了体现。在上文中已经提到，周敦颐的人性论其实是融合了以孔孟为代表的以孝悌人道为本、重在人性之人文之蕴和以《易》《中庸》为代表的以万物一体、重生生化育之道等多种理论。周敦颐坚信诚本体具有一致性，希望在天地万物中对这种一致性和纯善性进行诠释，不过他最想突出的还是人性，将人性中的复杂性与特殊性展示出来，找出恶存在的根源。所以周敦颐在坚持"诚"至纯至善的基础上提出了"中"的观点对人性进行论述。事实上，周敦颐以"中"论人性的方式还是以诚为本的具体体现。周敦颐在这里提到的"中"和"诚"其实是同一个概念。"中"的状态也与"诚"相符，即天道诚体在人性上的一种反映，称得上是本体之中。其中的"中"也可以被视为为了实现"诚"而做出的努力，体现了人性的特殊性，是人之所以为人的灵性的一种展示。同时，也可以将"中"理解为一种德性方法，对诚的状态进行体现，有效地传承和发扬"中庸作为至德和方法"这一思想认识。

在之前对道德本体和人性之"诚"思想的研究基础之上，周敦颐将这种理念和主张贯彻到德性修养方面。他认为"诚"是修养需要达到的目标，同时也体现为一种修养的方式与能力。周敦颐的修养论主要的特点有两个：一是"主静"，二是"无欲"。这都和"诚"的思想有着密不可分的关系。在上文对人性进行讨论时已经提到："寂然不动者，诚也。

感而遂通者，神也。动而未形，有无之间者，几也。诚精故明，神应故妙，几微故幽。诚、神、几，曰圣人。"①在这里还涉及诚、神和几等几个概念，其中"诚"的状态是寂然不动的，不过如果和现实的政治伦理联系起来，那么"诚"就可以做到"感而通"，通微的功能也就具备，这就达到了"神"的境界。"几"所呈现的是"诚"虽动但没有成形的状态，处于有无之间，指的是意念刚刚萌发时的状态。这种状态多体现于外在，所以要对意念萌发时的状态予以足够重视。之所以要这样做其实就是为了让意念萌发时就能够和诚的状态相吻合，这样一来，意念的外在之形也就符合诚的真实状态，与道德意义上的善可以保持一致。道德修养的用功之处也正在于此，如果能够合理运用，那么"诚"之"感而遂通"功能就能得到充分发挥，落实到现实当中就是"善"，而具有了这样人格的人基本上就接近了圣人的状态，因此可以说"诚、神、几，曰圣人"。在整个分析和论证的过程中，周敦颐先是选择将"几"的状态作为道德修养的起点展开分析，具体修养方式有两个：一是惩忿窒欲，二是迁善改过。其实惩忿窒欲之忿和欲所指代的是"几"的状态下和诚不相吻合的忿和欲。在周敦颐的认知当中，忿和欲都属于情的范畴，而这里提到的情则和"诚"存在一定程度的偏差，所以带有恶的意味。所谓惩忿窒欲就是要对这种情进行约束和规范，保证"诚"可以达到完美的境地，也就是"善"。另外周敦颐还提到了"慎动"的概念，这和惩忿窒欲之间有着紧密的关系。事实上从本质上讲，"惩忿窒欲"和"慎动"所论述的是一回事，都需要在"几"上进行努力，对情可能产生的形予以密切关注。另外，还需要特别强调的是，周敦颐所提倡的"无欲"并不是要摒弃掉所有的欲望，而是要和"惩忿窒欲"进行联系，如果是符合"诚"之状态的需求，那便没有去除的必要的，"无欲"主要指的是需要消除那些和"诚"之状态不相吻合且有可能发展成恶的欲望。这种观点在后世的理学政治研究当中逐渐演化，也被应用到政治领域当中，后来就演变成"存天理、灭人欲"的观点，经常被理学界所攻

---

① 周敦颐：《通书·圣第四》，《周敦颐集》，中华书局，1990，第17页。

击和诟病。其实这并不是周敦颐的本意，将其完全归罪于周敦颐也并不公平。其实，现实道德修养的形成是一个长期而复杂的过程，其中充满了艰难险阻，人在这个过程中可能会犯下这样或那样的错误，周敦颐也提出了补救的方法，那就是"迁善改过"。这对于提升人的道德修养水平也有很大帮助，在君子人格论述过程中，周敦颐也特意提到了这种观点，并和现实进行联系对改过的行为予以赞誉和肯定。事实上，周敦颐在对这些方法进行论述时也运用了"诚"的修养方法，让其贯穿于道德修养的整个过程当中。当被问及"圣学之要"时，周敦颐的回答是"一为要。一者，无欲也"①。所谓的"一为要"其实就是将"诚"作为根本与前提，从字面上看，"无欲"等同于"一"，其实"无欲"所表达的是以诚为贵，寂然不动，呈现出饱满的状态。不管是惩忿窒欲、无欲还是"一"，其最终目的都是实现"诚"，也可以说这些状态本来就是"诚"。具体到修养的范畴当中，"诚"的概念与思想是贯穿始终的。

程颐曾说，在周敦颐门下学习时，要求寻"孔颜乐处"，而达到乐的方式就是"无欲主静"。周敦颐"主静"，理学家都重视"静中体验"。"圣人定之以中正仁义，而主静"②就是要去杂念，依中正仁义来上体天心，在静中修性，故又说："圣可学乎？曰：可。有要乎？曰：有。请闻焉。曰：一为要。一者无欲也，无欲则静虚动直。静虚则明，明则通；动直则公，公则溥。明通公溥，庶矣乎！"③这说明圣人还是可以学的，与孔子之主张无异，但是他强调要在"静中体验"，"无欲故静"。理学家和其他儒家学者一样，其根本主张就是成为圣人，故其学又称为"圣人之学"。成圣人之后，可以教化民众，进入大同世界，故而他们总是修己以安人。周敦颐受道家和佛家的影响，将这个"静"，转化为"纯一"，也就是"无"，这个"无"也不是纯佛道的"无"，主要是"无欲"，清除杂念，追求纯粹。

周敦颐的一生虽未做过显赫的大官，但他品格高尚，胸中洒落，如

---

① 周敦颐：《通书·圣学第二十》，《周敦颐集》，中华书局，1990，第31页。
② 周敦颐：《太极图说》，《周敦颐集》，中华书局，1990，第6页。
③ 周敦颐：《通书·圣学第二十》，《周敦颐集》，中华书局，1990，第31页。

光风霁月。作为宋明理学的开山祖，他的一生都在为光复儒学、阐明圣人之道而努力，他思想当中"太极""动静""诚""孔颜之乐"等思想都成了宋明理学的重要课题，在中国哲学史上起到了承前启后的作用。他从"太极"的本体论出发，通过"因太极立人极"的逻辑推演方式，沟通"天""地""人"三才，为"圣人之道"找到本体论依据。他认为圣人"因太极立人极"，通过制礼作乐，以"中正仁义"和"诚"教化万民，让社会回归到正常的人伦秩序当中，从而达到"万民顺"的理想状态。

第三章 以道导政：二程政治伦理思想研究

　　程颢、程颐两兄弟，世称二程。程颢，字伯淳，生于宋仁宗明道元年（1032），卒于宋神宗元丰八年（1085），世称明道先生。程颐，字正叔，生于明道二年（1033），卒于宋徽宗大观元年（1107），世称伊川先生。二程是北宋理学的重要奠基人。二程出身于官宦世家。高祖程羽，在宋太宗朝官至兵部侍郎，赠太子少师、礼部尚书。曾祖程希振，官至尚书虞部员外郎。祖父程遹，赠开府仪同三司吏部尚书。父亲程珦，至太中大夫。二程兄弟出生时，父亲程珦在黄陂（今武汉市黄陂区）县尉任上。由于程珦历官多地，二程兄弟少年时亦随父亲辗转。宋仁宗庆历六年（1046），程颢十五岁，程颐十四岁（均为虚岁），程珦代理南安军（今赣州市大余县和南康区）通判，认识了时任南安军司理参军的周敦颐。程珦见周敦颐气貌非凡，认为他是有高深造诣的学者，于是交为朋友，并使二程兄弟师事之。周敦颐对二程的教育，"每令寻孔、颜乐处，所乐何事"①。二程由是"遂厌科举之业，慨然有求道之志"②。

　　程颢与其父亲一样，历官多地。宋仁宗嘉祐二年（1057），程颢进士及第，次年任为京兆府鄠县（今西安市鄠邑区）主簿；嘉祐五年（1060），以避亲调任江宁府上元县（今江苏南京）主簿；英宗治平元年（1064），调任泽州晋城（今山西晋城）令。神宗熙宁二年（1069），经御史中丞吕公著推荐，任太子中允、监察御史里行，参与关于王安石新法的讨论，亦多次受到神宗召见，进宫讲论。熙宁三年（1070），因与

---

① 程颢、程颐：《二程集》，中华书局，1981，第16页。
② 程颢、程颐：《明道先生行状》，《二程集》，中华书局，1981，第638页。

王安石新法政见不合，程颢请辞，调任镇宁军（今河南浚县？）节度判官。后历任澶州（今河南濮阳）判官、监汝州酒税、扶沟知县。元丰八年（1085），哲宗即位，召程颢为宗正丞，未行而卒。赐谥纯公，封河南伯，宋理宗淳祐元年（1241），从祀孔子庙廷，元至顺元年（1330），加封为豫国公。

程颐自十四五岁起与兄程颢一同跟随周敦颐学习，十八岁时，就以布衣身份上书仁宗，呼吁废弃杂论，专用儒学。二十四岁时，程颐在太学游学，当时太子中允、天章阁侍讲胡瑗正在太学讲学，向诸生出试题，问"颜子所好何学"。程颐作答，指出性、情有别，为学宗旨应正心养性，以至诚达于性与天道，颜子非礼不动、不迁怒不贰过，其根本在此。胡瑗阅卷之后非常赞赏，特意邀请程颐见面，并授以学职。程颢、程颐在宦海浮沉中坚持为学，在传承孔孟儒学的同时，汲取儒、道思想，反思流行于宋初的词章训诂之学，创立了洛学学派，为宋明理学的创建夯实了学理基础。

一 天理与理学概念形成

北宋中期，内外矛盾日益尖锐，军事、政治、经济、文化、社会等各个领域的矛盾日益加剧，真可谓"强敌乘隙于外，奸雄生心于内，深可虞也"[①]。从北宋内部来看，由于宋朝上层权贵对百姓的剥削日益严重，诸多平民的生计无法维持，流亡、居无定所成为部分底层劳苦大众的生活常态。面对王朝内部的乱象，二程心怀忧思："今天下民力匮竭，衣食不足，春耕而播，延息以待，一岁失望，便须流亡。"[②]而北宋的外部环境亦不容乐观，敌国的威胁与压迫与日俱增，"戎敌强盛，自古无比"[③]。程颐指出当时的政治状况是"今天下之势所甚急者，在安危治乱之机"[④]，因此其与兄长程颢开创洛学学派，创建以"天理"为本的理论

---

① 程颢、程颐：《二程集》，中华书局，2004，第511页。
② 程颢、程颐：《二程集》，中华书局，2004，第511页。
③ 程颢、程颐：《二程集》，中华书局，2004，第512页。
④ 程颢、程颐：《二程集》，中华书局，2004，第519页。

体系，以建构一套普泛四海、人人可学的社会心灵秩序和直面现实的政治危机，阐释政治伦理的秩序。

二程理学体系建构的宏观背景是宋朝士、农、工、商内聚的一种理性意识推动了对各行各业规律的探赜索隐。李泽厚指出："在北宋，中国科技正达到它空前的发展水平，对事物的认识一般都进入对规律的寻求阶段。"[1] 这从一个侧面反映出在北宋科学技术的发展达到了一个高于历史水平的新阶段的背景下，生产力的发展要求人们更加注重对客观事物背后的规律的寻求。在当时的社会生产和自然科学的推动之下，宋代兴起了研究"万物之理"的学术思想潮流，这种思想潮流也冲破了传统的学术发展的束缚，逐步得到了发展。因此，宋人在各个方面犹其重"理"，二程"天理"观就形成于这样一种时代思潮之中。

二程在洛学体系内对于天理等理学概念的阐发的理论背景是儒家正统学说受到了佛教和道教学说的"会通性融合"的思想的影响，这也促成了道学在北宋的兴起。隋唐时期的"三教汇流"为宋代儒学的道学化奠定了历史基础，从隋唐而至宋代，儒、佛、道的冲突融合逐渐形成了以儒学为主而涵化佛、老的学术思潮，在儒家士大夫批判佛、老的过程中，释老之学往往在士人的分析中成为士人无法摒弃的文化资源。正如日本汉学家荒木见悟所言，"众所周知，宋明的儒家为了保持其纯洁性，通常是狂热的反佛论者，但是，所谓纯洁并非切断与外部的交流，在封闭的空间中安营扎寨才能保持，而是纵身跳入敌群，薅住对方的前襟，缚住其手脚，将其置于自己的控制下，只有这样才能算是坚决彻底地捍卫了其纯洁性"[2]。"道学"就是在批判佛老的基础上建立起来的，宋代的道学具有会通三教的文化使命，而宋代士大夫重塑人心、重构政治伦理的学术事业也就此展开。

而在政治环境上，北宋君王对儒家士大夫的礼遇，激发了大臣"以道导政"的道统意识，并在现实政治体制上逐渐形成君臣良性互动的二元结构。在道统与政统的并立与交融中，儒家自先秦以降所存在的教

---

① 李泽厚：《中国思想史论》，安徽文艺出版社，1999，第234页。
② 〔日〕荒木见悟：《佛教与儒教》，中州古籍出版社，2005，第1页。

化与政治并重的双重思维模式与实践逻辑在北宋愈发得到凸显，不仅朝臣积极地通过"格君心之非"、改革政制来展现自己"先天下之忧而忧，后天下之乐而乐"的政治责任，社会领域在宋代政策的帮扶下也出现了"学校兴起、书院林立"①的现象，这样就为理学的发展营造了良好的环境。

二程所建构的关于"理"的系统理论体系以及对于客观世界的新的理解和诠释对于整个中国哲学产生了深远的影响。陈来曾在其《宋明理学》一书中强调"他们以'理'为最高的哲学范畴，强调道德原则对个人和社会的意义，注重内心生活和精神修养，形成了一个代表新的风气的学派"②。当今学界经常将程颢和程颐并称为"二程"的原因就是他们对于整个宋明理学的贡献以及他们都将"理"作为其哲学的最高范畴，二程兄弟所讲的"理"涵盖了包括人在内的万事万物，创新了中国哲学的新的思维方式和理论建构，使得二程以后的哲学家们能够站在一个新的角度去认识世界。二程对于"理"是十分重视的，程颢曾经讲："吾学虽有所受，天理二字却是自家体贴出来。"③"天理"二字在二程洛学中具有独创性的意义，钱穆指出："天理二字，是他学问的总纲领、总归宿。"④在"天理"概念的统摄下，二程建构了以具有稳定内涵的心、性、情、理、道为基础概念的政治伦理思想体系，开创了宋代理学的新风气。

二　道与理的本体论

二程的政治伦理思想体系以理融道，构建了以天理为理念原点的本体论，其内容结构由以下三个内容构成。

首先，二程从物之"所以然"的角度阐释了"天理"的"实然"性。二程讲万物都有其理，此理便是事物之所以然者，"穷物理者，穷

① 周兵：《二程"理"学思想新探》，《中州学刊》2017 年第 7 期。
② 陈来：《宋明理学》，华东师范大学出版社，2004，第 59 页。
③ 程颢、程颐：《二程集》，中华书局，2004，第 424 页。
④ 钱穆：《宋明理学概述》，九州出版社，2010，第 56 页。

其所以然也"①。"凡物有本末，不可分本末为两段事。洒扫应对是其然，必有所以然。"②将"理"的含义定义为物之"所以然"也是二程的"理"所不同于前人之处。在这里需要注意的是，二程的著作多次讲到"道"，在《河南程氏粹言卷第一》中就讲道"上天之载，无声无臭之可闻。其体则谓之易，其理则谓之道，其命在人则谓之性，其用无穷则谓之神，一而已矣"③，在此种解释上，二程强调"理"与"道"是可以等同的两个观念，道即是理，理即是道。二程的"理"的含义为事物之所以然，而"道"是指事物之所以为物的依据，二程讲"治蛊必求其所以然，则知救之之道。又虑其将然则知备之之方。夫善救则前弊可革矣，善备则后利可久矣。此古圣人所以新天下垂后世之道"④。由此可见，"道"与"理"的含义是一样的，都是讲物之"所以然"者。另外，二程讲到"道外无物，物外无道"⑤，强调"道"与"理"一样都是事物存在的内在性依据，因此，二程多次将"理"与"道"换用。成中英等在其《二程本体哲学的根源与架构》一文中也讲"道就是从现实的深层提取并显示出来的普遍之理，实际上就是阴阳、善恶依据一消一长法则所表现出的相互对待、相互补充的普遍之理。在此意义上，道即是理"⑥。也就是说，道就是现实层面的"理"，"理"落实到现实层面所体现出来的规律性就是"道"。因此二程在基于万物一体的基础上多次将"理"与"道"换用，强调"理"与"道"的含义是相同的。

其次，二程从事物的自身存在的内在性角度阐释了"天理"为万事万物的根据。二程所讲的"理"是事物自身之所以成其物在的最终依据，因此二程在《河南程氏粹言卷第一》的首篇中最先讲"道外无物，物外无道"⑦。强调"道"即"理"是万物存在的最根本性的依据。在此

① 程颢、程颐:《二程集》，中华书局，2004，第1272页。
② 程颢、程颐:《二程集》，中华书局，2004，第148页。
③ 程颢、程颐:《二程集》，中华书局，2004，第1170页。
④ 程颢、程颐:《二程集》，中华书局，2004，第1212页。
⑤ 程颢、程颐:《二程集》，中华书局，2004，第1169页。
⑥ 成中英、杨注材:《二程本体哲学的根源与架构》，《南昌大学学报》（人文社会科学版）2003年第1期。
⑦ 程颢、程颐:《二程集》，中华书局，2004，第1169页。

之前，"理"仅仅是指事物所表现出来的所具有的外在形式，因此在二程这里将"理"的含义做了进一步的提升，不再仅仅局限对于事物的外在形式的描述，并且将其归结为物之所以成其物的最根本依据。在二程看来，事物之所以能够存在就在于其自身之中具有成为其自身的内在性依据，也就是说"理"作为一种内在性的依据保证了事物的存在。

最后，二程所讲的"理"实现了"道"的实然状态和应然趋向的合一。在这里，二程的"理"的含义则是对于前人的一种借鉴，"理"的本义是指事物所具备的外在的形式，也指事物的一种法则，而这种外在的形式则是事物的一种自身的外在表现形式，而这种法则是指事物自身所遵循的一种法则。在二程看来，万事万物的发展都依据其作为内在性的根据"理"，"理"的存在保证了万事万物存在的合理性，为其提供了存在的必要性依据，而在另一方面这个"理"就是对于事物发展的一种内在的规定性，即强调事物应该如何体现和发展自身。也就是说二程一方面将"理"内化为一种万事万物所得以发展其自身的内在性根据，另一方面将"理"作为事物得以发展其自身的内在的规定性。但是需要注意的是，这种所谓的事物之理，并不是指客观经验事物所遵循的一种外在的客观性的规则，而是具有形而上学的特性，即二程所讲的"理"并不是一种外在的客观的表现形式，而是一种内在的规定性，这种规定性内含于事物之中。在这里，二程对于"理"和"义"进行了区分。二程讲到"在物为理，处物为义"①，"理"和"义"的最大差别就在于"理"是事物本身所具有的，是先天的存在，蕴含在事物之中，是事物存在的一种内在性根据，而这种内在性的根据又规定着事物发展的表征，我们只能通过"格物穷理"的思辨的方式来认识"理"，而不能依靠我们的感官直接地经验地去把握；相反，"义"是我们在处理事物中应该遵循的一种原则，是一种经验的认识。

二程所构建的"理"的本体论将"理"界定为一种先天的、先验的存在，从而有效阐发了其政治伦理中的"道"。一方面，它先天地存在

---

① 程颢、程颐：《二程集》，中华书局，2004，第 1175 页。

于我们的万事万物之中以确保万事万物存在的合理性；另一方面，它是先于经验的，是不能被我们的经验所认知的存在，但是在这里，需要注意的是，二程所强调的"理"虽然看不见、摸不着，是无法客观把握的形而上的存在，但是二程所讲的"理"是实实在在地存在的，只是不用我们平常的感官所把握而已。谢良佐与程颐曾经探讨过"理"的虚实问题，程颐回答说："亦无太虚。……皆是理，安得谓之虚？天下无实于理者。"①程颐还曾讲过"实理者，实见得是，实见得非。凡实理，得之于心自别。若耳闻口道者，心实不见"②，在这里程颐一方面强调"理"是实实在在存在的，另一方面又强调对于"理"的把握不能依靠感官，而是需要心的参与。另外，程颢也曾多次提及"理"的实在性问题，"忠信者以人言之，要之则实理也"③，"皆实理也，人知而信者为难"④。因此，二程所强调的"理"尽管是形而上的存在，但是它是实实在在存在的，只不过不能用我们经验性的感官所直接把握而已。因此，二程所讲的"自家体贴出来"的"理"并不是强调其所讲的"理"字在出现时间上的先后，而是强调其所赋予"理"的特殊性，即二程所赋予"理"的新的含义，他们将"理"的含义主要分为三个方面，即"理"是物之"所以然"者，是事物其自身所以存在的内在性依据，是事物表现和发展其自身的一种方式。"理"的含义由最早的"对玉进行加工雕琢"引申为"事物的形式和性质"，这种对于"理"的新的诠释和建构对于整个中国哲学的发展产生了十分重要的影响。

三 先王之道的历史发展

建立理想的政治秩序是构建理想的政治伦理的前提，二程认为政治伦理首先需要帝王君主具有一颗公心，要建立起一套可以损益的礼乐制度，这样就能完整地展现天理。在程颐分析历史时，他主要是从两个方

---

① 程颢、程颐：《二程集》，中华书局，2004，第66页。
② 程颢、程颐：《二程集》，中华书局，2004，第147页。
③ 程颢、程颐：《二程集》，中华书局，2004，第121页。
④ 程颢、程颐：《二程集》，中华书局，2004，第123页。

面入手，一是从王朝的兴衰中寻找治乱之理，二是从圣人的言行中探索王者之道。在研究的过程中程颐找到了王者之道中的传承之脉，并对自己的王道思想进行了拓展和延伸。

在程颐看来，治之事源自伏羲，直到尧才开始探索治之道。程颐对《尧典》进行了分析，指出其治道方略大致包括四方面内容：一是尧本人之德，也就是"一出于公诚"的圣人之心；二是尧治天下之道，也就是"治身齐家以至平天下"和"以择任贤俊为本，得人而后与之同治天下"；三是尧治天下之法，也就是"建立治纲，分正百职，顺天时以制事，至于创制立度，以尽天下之事"；四是尧之知人之明，不管禅让给什么类型的人，尧都会进行公议，也就是"当其大臣举之，天下贤之，又其才力实过于人，尧安得不任也"①。尧建立了治道的规模，舜对治道内容进行了明确。②在这个方面，王道的体现主要包括两方面内容，一是五典和五礼所建立起来的人伦秩序，二是礼乐制度。

在《春秋传序》当中程颐分别对三代圣王进行了总结，即"人道备，天运周"。在三代之间也有很多不同，比如"子、丑、寅"，"忠、质、文"等，"三王虽随时损益，各立一个大本，无过不及，此与《春秋》正相合"③。孔子对三代之道进行了概括，也就是"随时损益"。在北宋时，学人都信奉孔子因"尊王"而作《春秋》的说法，但是程颐并没有过多地表示赞同，在他看来，孔子之所以要著《春秋》其实是因为"夫子之道既不行于天下，于是因鲁《春秋》立百世不易之大法"。孔子将先王之道奉为"百世不易之大法"，在这里，先王之道所体现的并不是理想秩序，更多的是程颐口中的"圣人之学"。程颐在很多地方都反复强调了《春秋》的属性："《春秋》之书，百王不易之法。三王以后，相因既备，周道衰，而圣人虑后世圣人不作，大道遂坠，故作此一书。"④程颐一直认为"王道"其实就是三代之治之道；他认为孔子作

---

① 程颢、程颐：《二程集》，中华书局，1981，第1033~1039页。
② 程颢、程颐：《二程集》，中华书局，1981，第1040页。
③ 程颢、程颐：《二程集》，中华书局，1981，第309页。
④ 程颢、程颐：《二程集》，中华书局，1981，第283页。

《春秋》其实是为了"虑后世圣人不作"，其含义是，即便在以后的社会中不再有圣人出现，也仍有大道可行。程颐的这种认知方法带有很强的现实性，也是对"王道"实现的极大肯定。在程颐看来，孔子治学的目的是"人理立"："王道存则人理立，《春秋》之大义也。"①换句话说，孔子的贡献在于其言明在王道传承过程中即使没有建立理想秩序，先王之道也可以通过"学"的形式得到保存，而后世所延续的礼乐制度的根在于三代的"损益"，另外还在王道中增加了"人理"的因素。

程颐在对孔子之后道的传承进行叙述时这样说过："孔子没，曾子之道日益光大。孔子没，传孔子之道者，曾子而已。曾子传之子思，子思传之孟子，孟子死，不得其传，至孟子而圣人之道益尊。"②程颐对曾子的评价是其对孔子之道进行了理论上的传承与实践，在此之外就没有过多进行论述。在程颐看来，子思所著的《中庸》是很好的对《春秋》的解析："《春秋》以何为准？无如《中庸》。"③程颐对王者之道的发展有着自己独特的见解，他认为这是一个生生不息的传承过程：尧对王者之道的发展做好了整体铺垫，舜在其中增加了有关人伦秩序的具体内容，之后的帝王也都做了多种发展，孔子的《春秋》对王者之道进行了高度的总结和提炼，即不管是制度上的损益还是人理制度的确立，都属于"百世不易之大法"。在传承的过程中，曾子将其落实到实践当中，子思从《中庸》的角度进行了诠释，而孟子则引申出王霸之别与仁心仁政，同时还对帝王之心的原则进行了详细解释。从这个传承中可以发现，"帝王之心"的作用逐渐凸显，而程颐则顺势而为，以"圣人之心"为基础对王道和天理进行了有机联系。

程颐对孟子的"王道之说"进行了继承与发扬，并围绕天理展开了形而上的论证。有学者提到，儒家思想有关社会政治规则体系的学说主要是以人的性情为基础，其牢固性不强。"因此，原始儒家是需要给日用伦理基础上建构起来的社会政治规则体系以更强有力的论证。这一

---

① 程颢、程颐：《二程集》，中华书局，1981，第1091页。
② 程颢、程颐：《二程集》，中华书局，1981，第327页。
③ 程颢、程颐：《二程集》，中华书局，1981，第164页。

需要将儒家的伦理政治论证推向了引入天人关系以为之强化论证的境地。"① 随着董仲舒"天人感应"学说的提出，这个问题有了合理解释。不过随着世事变迁和历史的发展，北宋一直陷入连绵不绝的战火，百姓对上天的信任已经不复当初。因此急需一种新的形而上的证明，所以程颐提出了"王者之政"，这就为"法其用"打下了坚实的基础。

在程颐看来，王者在推行仁政时虽然秉持的是"百世不易之大法"，不过也不是按照经书逐字逐句去落实，而是对其"用"进行效法，程颐曾经对《春秋》有过这样的评价："予悼夫圣人之志不明于后世，故作《传》以明之，俾后之人通其文而求其义，得其义而法其用，则三代可复也。"② 在这个"法其用"的过程中，其根本意图是对孔子所提倡的损益以及立人道的追求进行确立，其中"损益"也被称为"中"。程颐提到："先识得个义理，方可看《春秋》。《春秋》以何为准？无如《中庸》。欲知《中庸》，无如权，须是时而为中。"③

程颐以《中庸》来解读《春秋》，同时也将《中庸》的精神和理念概述为"权""时中"，此即要先识的"义理"的要义。准此，《春秋》的损益精神就被纳入"中"的范围之内，损益即"时而为中"的中庸之道。程颐对"先识义理"进行分析，其中"本人之性情"指的就是"人之秉彝"，而后世如果想要随时损益，就要严格遵守"学"的原则。所以，王者之政的主要内容包括礼乐制度的建立以及采取的政治措施，这也属于"义理"的范畴，而"中"则是最为核心的内容。程颐指出："中者，只是不偏，偏则不是中。庸只是常。犹言中者是大中也，庸者是定理也。定理者，天下不易之理也，是经也。"④ 不管是中还是中庸指的都是天理，而义理则是万事万物于中的具体体现，需要通过人实现，所以，在程颐看来这"中"所代表的是"圣人心要处"，《中庸》之说，其本至于"无声无臭"，其用至于"礼仪三百，威仪三千"。自"礼仪

① 任剑涛：《天道、王道与王权：王道政治的基本结构及其文明矫正功能》，《中国人民大学学报》2012年第2期。
② 程颢、程颐：《二程集》，中华书局，1981，第584页。
③ 程颢、程颐：《二程集》，中华书局，1981，第164页。
④ 程颢、程颐：《二程集》，中华书局，1981，第160页。

三百，威仪三千"，复归于"无声无臭"，此言"圣人心要处"①。在上
述论述当中提到的"无声无臭"指的是天理，属于"体"的范畴，而
"礼仪"和"威仪"指的是礼乐制度，属于"用"的范畴。体必发为
用，用必合乎体，圣人是由体至用的关键，此即"圣人致有为之事"②。
程颐指出："王者奉若天道，故称天王。其命天命，其讨曰天讨。尽此
道者，王道也。"③王者之所以被称为天王，就是因为其言行符合天道要
求，之所以能够实现"王道"是因为遵循"天道"，并在现实生活中体
认和践行"天道"。所以对儒家学派来说，对三代之治进行恢复，对理
想秩序进行重建，其实指的就是体贴天理，并在现实中予以展现。

四　责任政治与师道理想

对个体来说，天理所产生的影响蕴藏在个体的各种社会角色之中，
每个人都恪尽职守，那么天理就可以得到实现。因此程颐才说："夫物
必有则，父止于慈，子止于孝，臣止于敬，万物庶事莫不各有其所，得
其所则安，失其所则悖。圣人所以能使天下顺治，非能为物作则也，唯
止之各于其所而已。"④而天理在现实政治中的展现就是政治伦理秩序，
二程阐释"天理"时，他们试图重建理想的政治秩序，而君臣关系是二
程政治伦理思想中最为关键的部分。

1. 天分与义合：人伦秩序的成立原因

程颐对《中庸》的思想进行了继承和延伸，将人伦关系分为"五
伦"，"五典谓父子有亲，君臣有义，夫妇有别，长幼有序，朋友有信。
五者，人伦也，言长幼则兄弟尊卑备矣，言朋友则乡党宾客备矣"⑤。所
谓"五伦"也各有自己的特点，一般而言可以分为两个部分：一是天
分，这是父子、夫妇、兄弟三伦得以存在的基础和前提；二是义合，这
为君臣以及朋友的存在奠定基础。在上文的论述中已经提到，存在于现

---

① 程颢、程颐：《二程集》，中华书局，1981，第307页。
② 程颢、程颐：《二程集》，中华书局，1981，第440页。
③ 程颢、程颐：《二程集》，中华书局，1981，第1243页。
④ 程颢、程颐：《二程集》，中华书局，1981，第969页。
⑤ 程颢、程颐：《二程集》，中华书局，1981，第1040页。

实社会当中的礼乐制度其实是"理一分殊"在现实社会中的体现，其本质是"上下尊卑之序"。随着制度层面的递进，"上下尊卑之序"也表现为不同的形式，其中在父子、夫妻、兄弟之间更多体现为尊卑，而在君臣上则着重体现为贵贱。其中的差别也就是"天分"和"义合"。

在程颐看来，"礼只是一个序"的序指的是天地之序，其主要内容包含"上下之分，尊卑之义"。程颐提到："人往往见礼坏乐崩，便谓礼乐亡，然不知礼乐未尝亡也。如国家一日存时，尚有一日之礼乐，盖由有上下尊卑之分也。除是礼乐亡尽，然后国家始亡。虽盗贼至所为不道者，然亦有礼乐。盖必有总属，必相听顺，乃能为盗，不然则叛乱无统，不能一日相聚而为盗也。礼乐无处无之，学者要须识得。"①

如果追根溯源的话，程颐对礼之本的思考源于《礼记·乐记》"乐者，天地之和也；礼者，天地之序也"。其弟子亦举此句发问。孔颖达疏云："此一节申明礼乐从天地而来，王者必明于天地，然后能兴礼乐。乐者，调畅阴阳，是'天地之和也'。'礼者，天地之序也'，礼明贵贱，是'天地之序也'。"孔疏在定义天地之序时将贵贱确定为其主要内容。那么，为什么程颐最终选择的礼之本是"上下之分，尊卑之义"而不是"贵贱"呢？

在古代，尊是一种酒器，徐铉注《说文解字》云："今俗以尊作尊卑之尊，别作樽，非是。"②从这里可以看出，尊卑的尊一开始指的并不是"尊卑"之"尊"。"卑"有两种解释。第一为低贱，如《说文解字》所云"卑，贱也。"在这里尊卑的含义等同于贵贱。第二为卑下，如《中庸》所云："譬如登高，必自卑。"在这里尊卑和贵贱各自表示不同的含义。在古人的用词当中，虽然两个词语并没有过多的区别，但是显然尊卑之义应用得更为广泛，不过其含义主要指的是高下之分。

从天地自然的效法规律来看，尊卑之间的区分在于天地自然，而贵贱之序更多体现的是人事。程颐对胡瑗的本意进行了继承，同时也对"天尊地卑"给出了自己的解释："'天尊，地卑。'尊卑之位定，而乾坤

---

① 程颢、程颐：《二程集》，中华书局，1981，第225页。
② 许慎：《说文解字》卷一四，中国书店，1998，第600页。

之义明矣。高卑既别，贵贱之位分矣。"① 关于乾和坤，程颐也有自己的见解："夫天，专言之则道也……以性情谓之乾。"② 以乾为天之性情，即所谓乾健坤顺之类。"乾坤之义明"即是说，乾因其健，故尊、高，坤因其顺，故卑、下，乾坤之义显于尊卑之位之中。尊卑之别既明，则是天地已分、万物已形之后，此时贵贱之位方可分而显。

按照这番解释，程颐在确定礼之本时最终选择的是"尊卑"而不是"贵贱"，就是因为尊卑所代表的是自然之理，体现的是天地之性情，而贵贱其实是由天地之性情所演化出来的具体形象，也属于自然的范畴，但是并不是根本之所在。两者之间的区别是自然和人为的区别，也是"天分"与"义合"的区别，程颐曾说："君臣以义合，有贵贱，故拜于堂下。父子主恩，有尊卑，无贵贱，故拜于堂上。若妇于舅姑，亦是义合，有贵贱，故拜于堂下，礼也。"③ 在程颐看来，君臣与父子之间的恩义各有不同，父对子的恩在于生育之恩，来自血缘，属于自然的范畴。程颐在设定礼之本时选择的是"尊卑"，也就相当于将父子之恩上升到"尊卑"的层面，这样体现了父与子之间的差别，也重视了父子之间的恩情，可说是用心良苦。而夫妇之间的关系属于"人伦"，程颐将其视作"分定"，而非"义合"④。

程颐做出这样的设定的主要依据是夫妇之间不存在天然的血缘关系，男女结为夫妇所依照的是心中的相互感应，程颐对此有过解释："夫阴阳之配合，男女之交媾，理之常也。"⑤ 所以男女之间具有明显的尊卑之别，也有夫唱妇随一说。总之，不管是夫妇、父子还是兄弟，都只有尊卑之别，没有贵贱之分，乃"自然相应"，而君臣与朋友之间则因为包含"人为"的因素，所以存在尊卑和贵贱两种关系，他们虽然"相求而后合"，但也是"天性"使然，没有矫揉造作的成分。程颐指出"君臣兄弟宾主朋友"源自天性，但是不同的天性也有不同的内容，比

---

① 程颢、程颐：《二程集》，中华书局，1981，第 1027 页。
② 程颢、程颐：《二程集》，中华书局，1981，第 695 页。
③ 程颢、程颐：《二程集》，中华书局，1981，第 244 页。
④ 程颢、程颐：《二程集》，中华书局，1981，第 945 页。
⑤ 程颢、程颐：《二程集》，中华书局，1981，第 979 页。

如父子的天性在于孝、君臣的天性在于义、兄弟的天性在于悌、朋友的天性在于信，而且这些天性之间不会区分孰轻孰重。所以，程颐认为，兄弟之子和自己的子女没有区别，因为自己和兄弟拥有同一个父亲。不过虽然同出于"天性"，君臣与父子还存在着较大的区别。

对上述关系进行比对可以将其概括为两种类别：第一，根据存在原因的差别可以将父子、夫妇以及兄弟划分到"分定"当中，君臣和朋友则属于"义分"；第二，根据组成方式存在的差异划分，前三者的组成方式是"自然相应"，而君臣与朋友的组成方式是"相求而后合"。正是因为这些差别的存在，君臣之间与父子之间的礼也有着明显的区别，核心就是"贵贱"。在后文中会从程颐的国家起源论入手对君臣以及朋友之间的"义"进行阐释。而第二节将会重点分析君臣以及朋友的组成方式。

程颐在《序卦》的基础上对国家（君主）的起源进行了总结和概述。其中包含了很多人伦关系的要素。《周易》以《屯》《蒙》继《乾》《坤》之后，程颐在分析中指出，初生之人的状态有两种，一是"屯"，二是"蒙"，"屯者物之始生，物始生稚小，蒙昧未发"①。此时人类既"草乱无伦序"又"冥昧不明"。这种状态下的人类是无以自养的，所以"夫物之幼稚，必待养而成"②。如果存在需求，就有可能出现各种各样的争端，即"人之所需者饮食，既有所须，争讼所由起也"③。既有争讼，当有人出以平之，人类实已有群体所聚，已有上下之分。故以《师》次之。师者，众也，聚也。众聚而成群。至此人类聚集成群的基本条件已经满足。然此时居上之人只是"丈人"："所谓丈人，不必素居崇贵，但其才谋德业，众所畏服，则是也。"④ 所谓"畏服"即明此人可以得人而未必得人心，盖得王道之人必使人"心悦诚服"方可。此时群体亦未必得安，故《师》后次之以《比》。此时居上者能得上下之应，方可谓之"君"。

---

① 程颢、程颐：《二程集》，中华书局，1981，第718页。
② 程颢、程颐：《二程集》，中华书局，1981，第723页。
③ 程颢、程颐：《二程集》，中华书局，1981，第727页。
④ 程颢、程颐：《二程集》，中华书局，1981，第733页。

72

程颐指出："凡生天地之间者，未有不相亲比而能自存者也。"① 所以天地万物才会聚集成各种群体。程颐认为，百姓没有充分自保的能力，所以需要祈求来自君主的恩德，君主存在的原因也正在于此。所以历代君王只有实现了"保民而王"才可以称为真正的君主。不过，虽然君能保民、安民，但是群体得以稳定的根源并不在于此，故《比》之后为《小畜》。"畜，止也，止则聚矣。"在《师》人已成群，至《小畜》则君民所组成的群体因上下之情通而趋于稳定，即所谓"志相畜"② 是也。君能通上下之情，又须"定"此情方可成就天下之务，故《小畜》之后为《履》，履者，礼也。程颐提到："物之合则必有文，文乃饰也。如人之合聚，则有威仪上下，物之合聚，则有次序行列，合则必有文也。"③ 群体的类型多种多样，根据大小、美恶等可以分为不同的群体，在这个基础上也会形成"礼"。所以要想"定民志"，就一定要做到"上下之分明"，在此之后群体才能实现稳定，进而建立理想秩序。程颐有关国家起源的阐释包含了较多的内容，从乾坤生物到物畜成礼都包含在内。

对程颐的思想观点进行分析可知，君民关系得以确立的基础就是百姓对"安宁"的渴求。君民关系得以建立很大程度上源于经验，和"天分"的关系并不大。在君臣关系中有一个重要因素就是，单凭一个人的力量不足以对天下进行治理。程颐曾经说过："夫以海宇之广，亿兆之众，一人不可以独治，必赖辅弼之贤，然后能成天下之务。"④ 不管天下是否得治、君主是否有德，这个事实都不会有所改变。其在《程氏易传》中也对此举例做过分析：当人君名位虽存，但威权已不在的时候，人君非修德用贤无以保位存权（《屯》卦）；当人君才能不足的时候，若能信任贤辅，则仍可以有为（《睽》卦）；当人君本身没有才德的时候，有赖于师保匡正，亦足服众（《颐》卦）；当人君为继体之君的时候，若能任用贤人，亦可成就善治（《蛊》卦）；当人君有才能时，

① 程颢、程颐：《二程集》，中华书局，1981，第738页。
② 程颢、程颐：《二程集》，中华书局，1981，第743页。
③ 程颢、程颐：《二程集》，中华书局，1981，第807页。
④ 程颢、程颐：《二程集》，中华书局，1981，第522页。

亦不能独治天下（《坎》卦）；当天下已经实现一定程度的治理，需要
继续保持的时候，此时君臣同德，但必须主于臣方可（《泰》卦）；当
天下处于困难的情况下，人君必须至诚求贤以克服困难（《困》卦）。诸
如此类的说法还有不少，所以对君来说，臣具有不可或缺的作用。至于
非政治关系就需要从各种常识中寻找答案。总体而言，只要人生活在社
会当中，就会和其他人发生各种各样的联系，就会有朋友，有乡党。所
以，个体对"自存""安宁"的需求是形成人际关系的重要原因，这在
"义合"当中属于"义"的范畴，可以以此对君臣以及朋友之间的关系
进行判定。

2. 正家之礼：宗法制度的安排

在社会当中，如果制度良好，通常人们的德行也能得以成就，其
中礼乐制度也起到了极为重要的作用，而教化则是制度发挥作用的主
要途径。程颐在分析中指出，在之后的发展中，礼乐制度的教化作用
逐渐减弱，只有具有自觉意识的学者才有可能成为人才。因此需要对
良好的制度进行重建。关于"五伦"，程颐也对其进行了区分，同时还
将制度分为宗法制度和政治制度两种，其中宗法制度以父子、夫妇、
兄弟三伦为核心，而政治制度则以君臣为核心。下文先围绕宗法制度
展开分析。

经历过五代十国的战乱与动荡，北宋的政治秩序和社会秩序都需要
重建。庆历儒者一直致力于在政治上励精图治、实施新政改革，同时也
为经济秩序的建立付出了很多的努力。范仲淹就提出要建义庄，并对欧
阳修以及苏洵家族的族谱进行重新整理。从史料中无从得知程颐是否支
持修义庄，但是他对修族谱的态度较为积极，这个做法非常符合他重建
社会秩序的提议，这都是宗法制度方面的内容。细致探究起来，程颐对
《礼记·大传》《仪礼·丧服记》中所说的"大宗—小宗"制度进行了继
承，并以此为基本的宗法制度框架，他较为推崇"立宗子法"，并将其
视作天理。其实宗法制度和宗族在很大程度上存在着必然的联系，程颐
曾经提到："凡人家法，须令每有族人远来，则为一会以合族，虽无事，
亦当每月一为之。古人有花树韦家宗会法，可取也。然族人每有吉凶

嫁娶之类，更须相与为礼，使骨肉之意常相通。骨肉日疏者，只为不相见，情不相接尔。"① 在程颐看来，只要属于一族，那么就属于一家，因此，宗法也就等同于家法。再加上"花树韦家"的实际案例可以得知，程颐所支持和赞同的并不是小宗法，而应该是大宗法。这和北宋当时的社会现实并不相符，但是因为大宗法对人情进行了很好的维护，所以达到了程颐心中的理想境界。程颐指出，就算是家法也要崇尚法度，不能为了顾忌人情而有失严谨："家人者，家内之道；父子之亲，夫妇之义，尊卑长幼之序，正伦理，笃恩义，家人之道也。"②

吕祖谦曾说："伊川云：'正伦理，笃恩义'，此两句最当看。常人多以伦理为两事，殊不知父子有亲、夫妇有别，所谓'伦'也；能正其伦，则道之表里已在矣。"③ 吕祖谦在这里提出了"正伦理"的说法，而程颐则是希望以礼仪规范重建宗族秩序，两者可谓不谋而合。在"正伦理"方面，程颐为宗族利益制定了各种规范，为当时的社会秩序确立法度。他认为最为关键的问题有四个，那就是冠、昏、丧、祭，也打算以此为基础制作六礼（冠、昏、丧、祭、乡、相见），不过却因中途入朝而未能如愿。关于乡礼、相见礼等具体资料已经散佚，后人无从得知其具体内容；从冠礼相关具体资料中可以了解到，程颐对此重视度极高："冠礼废，则天下无成人。"④ 其原则为"用时之服"⑤。现在还可以了解到的有三礼，即祭、丧、昏。

程颐对宗法制度中的"祭礼"非常重视："凡言宗者，以祭祀为主，言人宗于此而祭祀也。"⑥ 要想实现祭祀的作用就要建立"家庙"："古所谓支子不祭者，惟使宗子立庙，主之而已。支子虽不得祭，至于斋戒，致其诚意，则与主祭者不异。可与，则以身执事；不可与，则以物助，

---

① 程颢、程颐：《二程集》，中华书局，1981，第7页。
② 程颢、程颐：《二程集》，中华书局，1981，第884页。
③ （宋）吕祖谦撰、吕祖俭搜集，吕乔年编《丽泽论说集录》卷二，《景印文渊阁四库全书》第703册，台湾商务印书馆，1986第324页。
④ 程颢、程颐：《二程集》，中华书局，1981，第146页。
⑤ 程颢、程颐：《二程集》，中华书局，1981，第180页。
⑥ 程颢、程颐：《二程集》，中华书局，1981，第242页。

但不别立庙为位行事而已。后世如欲立宗子，当从此义。虽不祭，情亦可安。若不立宗子，徒欲废祭，适足长惰慢之志，不若使之祭，犹愈于已也。"① 在程颐的思想体系当中，"主祭祀者"指的就是宗子，别子为了表示诚意也要从旁协助；后者"以物助"。从这里可以看出，祭祀对全族来说都是一件大事。要祭祀的对象是所有祖先，同时男女要分开进行。程颐还对祭祀的细节进行了规定，其主要原则是"事死之礼，当厚于奉生者"②。程颐指出，"木"一定要明确，祭祀最好有"尸"，不过不适用于三代之后，要设立祖先牌位。程颐认为最好的材料是栗，实在不可得，也要"木之坚者"③。程颐还对祭祀的仪式进行了详细的规定，共计分为四种类型："四时祭"、"冬至祭"、"立春祭"和"季秋祭"。此外，程颐也规定了"祭酒""扫墓"等细节，不过在此不详细说明。

在宗法制度中程颐最为看重的就是葬礼。他对很多葬礼的形式进行了猛烈的批判，特别是佛教倡导的火葬，在程颐看来已经成为一种悲哀："古人之法，必犯大恶则焚其尸。……今有狂夫醉人，妄以其先人棺椁一弹，则便以为深仇巨怨，及亲拽其亲而纳之火中，则略不以为怪，可不哀哉！"④ 对流行的风水之说，他认为并非"孝子安厝之用心"⑤。程颐认为，"葬只是藏体魄，而神则必归于庙，既葬则设木主，既除凡筵则木主安于庙，故古人惟专精祀于庙"⑥。葬埋需要考虑水的腐蚀和虫的侵咬，所以制作棺材可以对遗体进行很好的保护。有关葬地的选择需要注意"不为道路，不为城郭，不为沟池，不为贵势所夺，不为耕犁所及"⑦。另外，按照礼法规定，丈夫只能和原配妻子合葬。

程颐指出，夫妇是人伦中非常重要的一个部分，男女之间的感应来自自然和天理，不过在现实当中如果男女想要结为夫妇就要完成相应的

① 程颢、程颐：《二程集》，中华书局，1981，第165页。
② 程颢、程颐：《二程集》，中华书局，1981，第241页。
③ 程颢、程颐：《二程集》，中华书局，1981，第241页。
④ 程颢、程颐：《二程集》，中华书局，1981，第58页。
⑤ 程颢、程颐：《二程集》，中华书局，1981，第623页。
⑥ 程颢、程颐：《二程集》，中华书局，1981，第241页。
⑦ 程颢、程颐：《二程集》，中华书局，1981，第623页。

仪式，这也是自然感应和现实生活的一种结合。所以他对昏礼进行了细致的描述。在程颐看来，"结发夫妻"属于夷礼，不值得推崇。他指出男人选择妻子和女人选择丈夫都非常重要："世人多慎于择婿，而忽于择妇。其实婿易见，妇难知，所系甚重，岂可忽哉！"① 在双方的选择过程中都要重视"德"，比如男方选妇要看对方是否"性质甚茂，德容有光"，女方选夫则要看对方是否"性质挺立，器蕴夙成"。② 程颐还对昏礼的程序进行了规定，主要包括"纳采""问名""纳吉""纳征""请期""成婚""奠菜"，对每个程序都说明得较为详细。③

好的宗法制度能够发挥和三代礼乐相当的作用，可以让个人更容易修德。从社会的层面上讲，好的宗法制度具有很强的现实意义。程颐经常将宗法和谱牒制度融合在一起论述，修谱也是为了让后人更清晰地了解"来处"："宗子法废，后世谱牒，尚有遗风。谱牒又废，人家不知来处，无百年之家，骨肉无统，虽至亲，恩亦薄。"④ 确立了宗子法，才可以实现"上下尊卑之分"。从这个角度来说，有效的宗法制度能够对朝廷的稳定起到积极作用，同时可以让"朝廷之势尊"。

北宋士大夫都希望以建立以家族为中心的宗法制度的方式对当时的社会秩序进行重建，包括程颐也是持有类似的态度。比如"世臣"，程颐之所以热心地发挥宗法制度的作用培养人才，维护政治稳定，其根本目的是为朝廷服务。在程颐看来，宗法制度虽然旨在朝廷，但是也未脱离家庭的范围。比如他就致力于制定六礼，但是因为中途被宣召入朝而不得不停止，关于这个问题他这样说："既在朝廷，则当行之朝廷，不当为私书。"⑤ 享有士人的身份至关重要，这样就可以为官，按照国家的制度行事，私家之礼就能得以废止。这就说明程颐所提倡的六礼其实并不是政治制度，而是"正家之礼"，"家"与"国"的界限泾渭分明。程

---

① 程颢、程颐：《二程集》，中华书局，1981，第 7 页。
② 以上两条引文分见《定亲书》《答求婚书》，见程颢、程颐《二程集》，中华书局，1981，第 619 页。
③ 程颢、程颐：《二程集》，中华书局，1981，第 620~622 页。
④ 程颢、程颐：《二程集》，中华书局，1981，第 162 页。
⑤ 程颢、程颐：《二程集》，中华书局，1981，第 239 页。

颐认为，宗法制度是对朝廷制度的合理补充，是其中的一个部分，而不是和朝廷相抗衡的工具。程颐认为乡约这种制度处于"家"与"国"之间。程颐致力于制定宗法制度其实是为了建立一套有序的社会秩序，为此他付出了很多努力，制定了很多细致的规定。不过，他将宗法的范围限制在"家"的格局之内，这就说明宗法制度只对政治制度起到补充作用。在程颐的心里，政治制度的建设高于一切，其中最为关键的则是君臣关系问题。

3. 君臣一体：政治制度的安排

在政治制度方面程颐有过很多的评论，比如他对科举制度的评论是，这种方法并不能从真正意义上招募到人才，最适宜的方式是改成荐举制度[①]；另外，他也不认同来自王安石的太学制度，对此颇有微词，朱熹曾经指出"以为学校礼义相先之地，而月使之争，殊非教养之道，请改试为课，有所未至，则学官召而教之，更不考订高下；制尊贤堂，以延天下道德之士；镌解额，以去利诱；省繁文，以专委任；厉行检，以厚风教；及置待宾吏师斋，立观光法，如是者亦数十条"[②]。再有，程颐对礼官、乞奉妻子等制度是否有存在的必要都进行过议论。不过，这些对程颐来说都是细枝末节，在他心里至关重要的其实就是君臣关系，下文会就这个问题展开详细的分析。

在程颐的认知当中，百姓要安居乐业，社会要稳定发展都离不开君主的作用，这也是国家和君主存在的重要意义。不管是君臣关系还是朋友关系，都因此而存在，这与"相求而后合"并不矛盾，这种人伦关系不是"自然相应"的形式，在后面的论述中还会专门围绕君臣关系展开讨论。需要特别提到的是，后续的讨论需要围绕君臣之分展开，这就是说，需要对程颐提出的君主求贤思想进行深入研究。程颐认为君臣的存在具有先天性和绝对性，不过具体到个体身上，其形成也离不开人为的作用："阴阳相应者，自然相应也，如夫妇骨肉，分定也。五与二

---

① 程颢、程颐:《二程集》，中华书局，1981，第 513~514、523~524 页。
② 程颢、程颐:《二程集》，中华书局，1981，第 340 页。程颐的一系列文章收在《河南程氏文集》卷七之中，见《二程集》，中华书局，1981，第 562~576 页。

皆阳爻，以刚中之德，同而相应，相求而后合者也。如君臣朋友，义合也。"① 这段话是程颐对《困》卦进行的解释，《困》卦的爻画九二与九五都是阳爻，因此程颐说"五与二皆阳爻""同而相应"，"同"一方面是说九五、九二皆阳爻，另一方面也是同为"刚中之德"的意思。因为其"同"，所以"相应"的方式是"相求而后合"。"求"在本质上就是个体之间的相互感应。

在程颐看来，天地万物之间都存在感应："天地之间，只有一个感与应而已，更有甚事?"② "寂然不动"，万物森然已具在，"感而遂通"，感则只是自内感。不是外面将一件物来感于此也。牟宗三先生指出，"统天地万物而言之，是就气说，而于'人分上'则是属于心，并不属于性，而于形而上之理、道、性，更不可说'感与未感'也"。不过程颐的很多话并没有言之凿凿，朱子对此进行了确认。③ 就像牟先生说的，程颐所谓的"感应"其实具体指的是心和气。在他将"感"解释为"动"时，其真正的意图就是在说"气"。程颐认为，万事万物之所以"动"都是"气"作用的结果，相比较而言，"理"的含义较为简单。所以，感应就是和"气"相关。至于能不能有所感应，则取决于人心，如果人心拒绝与外物产生交流，那么也就不存在感应的问题。

既然程颐将感应定义为万物发生关系的基础，也就将感应视作组成君臣关系的要素。所以他才会说："君臣道合，盖以气类相求。"④ 所谓"气类相求"其含义是君臣意气相投，同心同德，程颐曾经在解释《睽》卦时将初九和九四之间的感应说成是"自然同德相应"，并提到了"同德相遇，必须至诚相与交孚"⑤，在这里"孚诚之心"指的就是至诚之心，也就是上文的"虚中无我"。君臣相处时，因为互相感应，所以自然能够亨通："凡君臣上下，以至万物，皆有相感之道。物之相感，则

---

① 程颢、程颐:《二程集》，中华书局，1981，第945页。
② 程颢、程颐:《二程集》，中华书局，1981，第152页。
③ 牟宗三:《心体与性体》中册，上海古籍出版社，1999，第218~226页。
④ 程颢、程颐:《二程集》，中华书局，1981，第797页。
⑤ 并见程颢、程颐《二程集》，中华书局，1981，第893页。

有亨通之理。"① 达到这种境界的君臣关系才堪称理想的"君臣道合"。

在程颐看来，如果诚之未至，臣下和君主之间的交流就只限于言辞，那么想要实现和睦就有很大的困难，更不要提达到"通于神明，光于四海"的境界。为了很好地解答这个问题，程颐对王安石和宋神宗的关系进行了细致的观察。在当时的情况下，王安石一向深得神宗之心，宋神宗说道："自古君臣如卿与朕相知极少，岂与近世君臣相类？……卿，朕师臣也。"② 程颐认为，如果从真正意义上做到君臣相知，那就不必每件事都要辨明。王安石当时的做法是"事必待于自明"，显然算不上是君臣相知，只能说是王安石因为有"智识"，才能得到神宗的信任。随着时间的推移，到了熙宁初年之后，王安石和宋神宗之间逐渐出现了较大的隔阂，在八年之后，二人的关系彻底崩塌。③

在程颐的认知当中，稳固的君臣关系实际上是君臣之间都以至诚之心相待，并形成心灵上的感应。这里的感应也不是指君王和臣子个体而言，其实指的是"君臣道合"的"道"、"君臣义合"的"义"，也就是上文提到的建立理想的社会秩序。程颐曾经说过："天地不相遇，则万物不生；君臣不相遇，则政治不兴；圣贤不相遇，则道德不亨；事物不相遇，则功用不诚。"④ 如果君臣关系融洽，那么就能实现"政治兴"，而理想的政治秩序也能因此而建立。

在君臣关系当中最为理想的状态就是至诚感应，上古的圣君贤臣之间都是这样的关系，所以如果圣君和贤臣相遇，就会出现"政治兴"的社会局面。不过程颐的这种说法也不是对其他君臣关系的全盘否定，其实他在现实生活中可以接受多种君臣相处模式，他在《程氏易传》的卦爻结构中多次阐释了"中常之君""刚明之臣"等君臣相处形式。在北宋年间，君臣之间较为常见的相处模式就是科举制度，有才华的士人会参加科举考试，得中者就能和君主建立起一定的关系，而上文列举的程

---

① 程颢、程颐：《二程集》，中华书局，1981，第 854 页。
② 李焘：《续资治通鉴长编》卷二三三，中华书局，2004，第 5662 页。
③ 邓广铭：《北宋政治改革家王安石》，生活·读书·新知三联书店，2007，第 252~259 页。
④ 程颢、程颐：《二程集》，中华书局，1981，第 925 页。

颐提到的两种关系在现实中更为常见，也更加符合实际情况。虽然程颐对君臣关系的理想形式非常推崇，但是他内心更重视的其实是君臣的相处方式，而他认为最好的状态就是推诚共治。

对程颢的经历进行分析可以知道，终其一生，他的为官宗旨就是"推诚心与之共治"，程颐对此也是深信不疑。他在《明道先生行状》中说过："为守者严刻多忌，通判以下莫敢与辩事，始意先生尝任台宪，必不尽力职事，而又虑其慢己，既而先生事之甚恭，虽莞库细务无不尽心，事小未安，必与之办，遂无不从者，相与甚欢。"并说"方监司竞为严急之时，其待先生率皆宽厚，设施之际，有所赖焉"①。后一句是对程颢为官生涯的概括。至于程颢的"特别表彰"，不管是在《遗书》附录，抑或《程伯淳墓志铭》②，都未明确提及，所以作者分析，这可能是程颐从自身的角度出发给出的评价。关于"推诚共治"需要进行深入的思考。程颐认为君臣一体和共治之间是相互依存的关系，其中君臣共治是基础，而君臣一体则是具体的表现形式。

4. 共治：君臣一体的实现形式

关于古代的君臣关系的主流思想就是"君臣一体"，如果需要追根溯源的话，那就可以直接追溯到《尚书》。在古人看来，君臣一体和君臣共治互为表里，相互依存，比如"君臣相与共事，有一体之意"③。张分田先生指出，在中国古代"人们普遍认为君臣关系基于道义，君无为而臣有为，君主必须任贤使能，臣下必须服从君主。君臣一体及相关联的君主无为驭臣之道是超越学派的共同理论命题"。在承认君尊臣卑的前提之下，"君不可独治"、"君臣道合"、"君臣师友"、"君臣利害攸关"和"君主臣辅"是古代思想家在思考君臣一体时的共同论点。④程颐对上述观点都持支持的态度。在当时也存在"君主臣辅""君心臣体"等

---

① 程颢、程颐：《二程集》，中华书局，1981，第634、637页。
② 韩维：《程伯淳墓志铭》，《南阳集》卷二九，《全宋文》第76册，巴蜀书社，1988，第243~247页。除了此事之外，程颐在《行状》中所述程颢为官的事迹在韩维那里都有叙述。
③ 杜佑：《通典》卷九〇，中华书局，1988，第2477页。
④ 参见张分田《中国帝王观念》，中国人民大学出版社，2004，第459~472页。

观点，这些理念都是将臣子定义在附属的地位上，这就和程颐所主张的君臣互动、事权平等的观点背道而驰。他曾经提到过"一体""心一体"等，其实就是对"君臣一体"的一种隐喻。之所以选用身体来做这个比喻就是为了体现君臣之间密不可分的关系，同时也强调了君主对臣子具有绝对的主宰权。[①] 不过在程颐的观念当中，借助身体的隐喻不多，如《外书》卷一所记："'羔裘豹祛'不是相称，犹君臣民须一体，今反不相恤，民则惟惠之怀，言'岂无他人，惟子之故'。"[②] "羔裘豹祛"语出《诗·唐风·羔裘》，《诗序》解此章："晋人刺其在位不恤其民也。"程颐的用意就在于此，没有用身体来做隐喻，也没有刻意强调臣子的被动地位。

程颐在阐释"一体"时通常以"理一"为基础和前提，其目的就是表达"与理合一"的内涵，在这里"一体"指的是"一个整体"，并不是指代"身体"。在这种观点当中，君臣之间的关系可以上升为"宗子—家相"，并不是简单的"心一体""元首—股肱"的关系。《西铭》曾经将君臣关系比喻成"宗子—家相"。程颐与程颢都极为推崇《西铭》，同时程颐又强调"宗子法"的重要性："立宗子法，亦是天理。"[③] "宗子有君道。"[④] 在后来朱熹为《西铭》辩护时也引用天理和君道做论据，《西铭》的思维以比喻性为主，不过关于"乾父坤母"的表述更多体现的是万物本质上的一致性，否则，朱子对比喻的强调就无从印证。在"宗子—家相"的君臣一体思想影响下，君主和臣子各司其职，同时也要坚持"相须为用"，这就很好地体现了"理一分殊"的政治思想。

程颐的主要君臣观就是"君臣一体"，其含义是君臣之间为了共同的政治目的，为了建立理想的政治秩序而形成的模式。所谓"共治"其实就是君臣一体的一种表现形式，程颐曾经对君道和臣道做过很多解

---

① 这种身体的隐喻同样可以扩大到君、臣、民的关系上。参见王健文《国君一体：古代中国国家概念的一个面向》，杨儒宾编《中国古代思想中的气论与身体观》，（台湾）巨流图书公司，1997，第 227~260 页。
② 程颢、程颐：《二程集》，中华书局，1981，第 358 页。
③ 程颢、程颐：《二程集》，中华书局，1981，第 242 页。
④ 程颢、程颐：《二程集》，中华书局，1981，第 180 页。

释，都是在"共治"的范围内展开诠释。在程颐的思想体系当中，君道和治道的概念类似，他围绕君道进行的诠释和治道很相近。所以在下文中要对臣道展开具体的分析。

所谓臣道，程颐在解释《坤》卦六三"含章可贞，或从王事，无成有终"时说："为臣之道，当含晦其章美，有善则归之于君，乃可常而得正。……或从上之事，不敢当其成功，惟奉事以守其终耳。守职以终其事，臣之道也。"①程颐持臣可为、当为之事由其"位"来决定的思想："士之处高位，则有拯而无随；在下位，则有当拯，有当随，有拯之不得而后随。"②其含义是，臣子不论职位高低都要恪尽职守，如果身居高位，就要为建立理想秩序而奋斗，这种说法隐隐透出打破"位"对"人臣无不能之功"的束缚与限制。在笔者看来，这种思想也许和程颐对"士"的看法有直接关系。在《遗书》卷四中有一条归属不明的话，后人也将其作为程颐的言论来对待。在讨论《礼记·檀弓》中所记载的孔子称赞工尹商阳"朝不坐，宴不与，杀三人，足以反命"的时候程颐说："夫君子立乎人之本朝，则当引其君于道，志于仁而后已。彼商阳者士卒耳，惟当致力于君命。而乃行私情于其间，孔子盖不与也。所谓'杀人之中又有礼焉'者，疑记者谬。"③商阳的行为被孔子称为"杀人之中又有礼焉"，《礼记正义》疏工尹商阳事曰："《左氏传》戎昭果毅，获则杀之。商阳行仁，而孔子善之。《传》之所云，谓彼勍敌与我决战，虽是胡耇，获则杀之。此谓吴师既走而后逐之义，故云'又及一人'，则是不逐奔之义，故以为有礼也。"认为孔子是在对商阳网开一面做法的赞叹。在程颐看来，商阳本身也就是个"士卒"，关于这一点可以参照"朝不坐，宴不与"之说。身为"士卒"，"致力于君命"就是其本身的职责，需要"君令臣行"，但是商阳却反其道而行之，过于强调"私情"，而违背了君命，所以这种做法会为孔子所不齿，可见《檀弓》中的记载并不准确。这个观念等同于上文中"随位而行"的说法，其目的

① 程颢、程颐：《二程集》，中华书局，1981，第709页。
② 程颢、程颐：《二程集》，中华书局，1981，第907页。
③ 程颢、程颐：《二程集》，中华书局，1981，第72页。

就是证明"无不能为之功"只是来自大臣的一种说法。

对大臣来说，臣道的最根本体现就是履行大臣之任，先天下之忧而忧，为君主尽忠职守，同时也不居功自傲，将所有的功劳归到君主身上。程颐之所以会有这样的思想是因为当时北宋的政治局面是皇帝和士大夫共治天下，其思想的核心就是对"士大夫"提出道德上需要遵守的标准，那就是成为君子。不管大臣在治理天下方面多么努力，也需要君主用人有方。程颐说过："贤智之才，遇明君则能有为于天下。上无可赖之主，则不能有为。"① 这从本质上讲就是对当时政治形势的支持与赞同。在程颐看来，君道的最根本要求就是可以任人唯贤，即"帝王之道也，以择任贤俊为本，得人而后与之同治天下"②。再者，大臣济天下事也能体现出君主职责的落实情况，程颐说"人君之道，不能济天下之险难，则为未大，不称其位也"③。其隐藏的含义是，假如理想的秩序最终未能建立起来，那就是君主的责任。所以程颐认为："为人君者，苟能至诚任贤以成其功，何异乎出于己也。"④ 臣子所能取得的功劳都要归功于君主，同样，君主能够建功立业也离不开臣子的鼎力相助。

二程作为北宋杰出的理学家、洛学的代表，其政治伦理思想，回应了北宋时期治道衰微的社会现实，以挽救汉唐五代以来的伦理危机与道德危机、实现政治清明为目的。二程政治伦理思想是在特定的历史条件下，受到有识之士对政治危机的焦虑与关切的影响而产生的。二程把政治伦理的本体确认为"理"，并且以"理"为政治伦理的本体基础，因而现实的政治伦理实践应该以"天理"为依据。在"天理"的框架下，程颐对人伦关系的性质、宗法制度的安排等政治伦理问题做出说明，而其中最核心的是君臣关系问题。二程的政治伦理思想的逻辑：由道而始，由道而进，由道而治，由道而平，其间不能否定的是治道依仁。二程力主"恢复"三代之治。仁之理念始终孕于道中，

---

① 程颢、程颐：《二程集》，中华书局，1981，第986页。
② 程颢、程颐：《二程集》，中华书局，1981，第1035页。
③ 程颢、程颐：《二程集》，中华书局，1981，第848~849页。
④ 程颢、程颐：《二程集》，中华书局，1981，第722页。

仁与道不可分离。仁乃二程政治伦理之核心理念与枢机，离却了仁，其政治伦理思想无从谈起。

二程的政治伦理思想把政治伦理的本体确认为"理"，因而现实的政治伦理实践应该以"天理"为依据。在"天理"的框架下，程颐对人伦关系的性质、宗法制度的安排等政治伦理问题做出说明，而其中最核心的是君臣关系问题。程颐认为，君臣关系的形成不是基于自然家庭和血缘，也不是基于现实性的利益和暴力，而应该是基于对"天理"的体认，在"理一"之下，君臣各自承担其"分殊"的职责。而且，君臣关系依据的是"天理"框架下的阴阳关系，而阴阳二气本质相同，也无先后之分，只有生发顺序之别，因此君臣关系中的权力秩序也没有本体上的依据，而只是出于政治实践中的发用顺序。"君臣共治"是二程政治伦理思想中的核心，是中国思想史中的一大创见。

第四章 太虚即气：张载的政治伦理思想

张载（1020~1077），字子厚，祖籍大梁（今河南开封），凤翔府郿县（今陕西眉县）人，世称横渠先生，北宋五子之一，理学的重要奠基者。张载出生于士大夫世家，祖父张复，为宋真宗朝给事中、集贤院学士，后赠司空；父亲张迪，为仁宗朝殿中丞、涪州知州，赠尚书都官郎中。宋真宗天禧四年（1020），张载生于长安。后来父亲张迪任涪州（今属重庆）知州，张载随迁。仁宗嘉祐二年（1057），张载三十八岁，是年欧阳修主持进士考试，张载与苏轼、苏辙、程颢、吕大钧同登进士。前后数年，张载在汴京大相国寺讲《易》，又与同在京师的二程兄弟论学。吕大钧虽与张载同年登进士，但叹服于张载的学问，拜师执弟子礼，轰动一时，从张载学者甚众。张载及第出仕，先后担任祁州（今河北安国）司法参军、云岩（今陕西宜川县）县令等职。在各地任上，张载始终坚持以儒家道德教化的方式进行治理。神宗即位时张载升任为著作佐郎，被任命为渭州（今甘肃平凉）军事判官公事，与知州蔡挺一同致力于巩固边防。神宗熙宁二年（1069），王安石为参知政事，开始行新法。御史中丞吕公著向神宗推荐张载，神宗遂召见张载，问以治道，张载"皆以渐复三代为对"。[1]神宗有意重用张载，张载则认为自己刚从外地调进京，对新政的情况尚未熟悉，希望先观察一段时间，再为朝廷效力，神宗任命张载为崇文院校书。张载与王安石见面，王安石邀请张载参与新政的推行，张载认为新政未"与人为善"，持保留意见。

---

① 张载：《张载集》，章锡琛点校，中华书局，1978，第382页。

于是王安石奏请派张载前往浙东处理苗振案。苗振案及与之相关联的祖无择案，都是官员行为不当的案件，尤其是祖无择案，更涉及与王安石的私人恩怨。张载由此看到朝廷政治斗争的复杂，加上张载之弟张戬上书批评王安石新法，被贬为江陵府公安（今湖北公安）知县，后为陕州夏县（今山西夏县）知县，张载感到无法在朝廷实现自己的抱负，遂辞官，归隐横渠镇。回到横渠镇后，张载专心于学问，形成自己成熟的思想体系。张载还对古代典章礼仪进行深入研究，并在现实生活中加以推广践行，要求家人及弟子遵照古礼行事。这种做法得到人们的认可，"一变从古者甚众"[1]，而更值得留意的是，张载尝试将三代之制付诸实践，与弟子在横渠买田，以三代井田的模式将田分给农民耕种，试图验证井田制的可行性。神宗熙宁九年（1076），弟张戬被贬为凤翔（今陕西宝鸡）司竹监，并在三月暴疾而卒。张载大受打击，到九月，"感异梦"，遂整理自己的历年思考所得，著为《正蒙》，授予弟子门人。

一　太虚即气与气化为道

清代王植说："'太虚'二字，是看《正蒙》入手关头。于此得解，以下迎刃而解矣。"[2]历代学人都将"太虚"视为张载政治伦理思想中最重要的范畴。就目前可见的文献资料，载有"太虚"一词最早的原典是《黄帝四经·道原》："恒先之初，洞同太虚，虚同为一，恒一而止，湿湿梦梦，未有明晖。"[3]根据李学勤的考证，这句话中"'湿'疑为'混'字之误，'梦梦'犹云'茫茫'，《庄子·缮性》崔注：'混混茫茫，未分时也。'而这一混混茫茫的太虚也就脱胎于《老子》的'有物混成，先天地生，寂兮廖兮，独立而不改，周行而不殆，可以为天下母'。"[4]据此，这句话可解释为在最初一切皆无的渺茫时代，宇宙天地还处于混同混沌的状态。空虚混同而形成先天一气，除此恒定的一气之外，宇宙天

---

① 张载：《张载集》，章锡琛点校，中华书局，1978，第383页。

② 王植：《正蒙初义》，《景印文渊阁四库全书》第697册，台湾商务印书馆，1983，第418页。

③ 陈鼓应：《老子今注今译》，商务印书馆，2003，第399页。

④ 李学勤：《古文献论丛》，上海远东出版社，1996，第163页。

地别无他物。先天一气混混沌沌，没有光辉。"太虚"最早是道家哲学的一个范畴，是用来描写天虚空、混沌的状态的。张载借用了道家哲学中的"太虚"范畴进行新的诠释，把它作为心性论的本体，它共有两个主要性质，即"气之本体"和"性之渊源"。

"太虚"的第一个主要性质是"气之本体"①。在《正蒙》中，张载指出："太虚无形，气之本体。"②体现了张载对"太虚"和"气"的关系认定。学界对此大体有两种观点。一种观点来自张岱年③，他认为"太虚"是一种"无形之气"，是"气"的本然状态。另一种观点来自牟宗三，他认为"太虚"不是"气"，而是"气"的本体，太虚不是物质状态，而是本体根据，故而无形无象④。对于上述两种观点，笔者赞同前者，即"太虚"是一种无形的气，"无形之气"是"太虚"的第一个重要属性，原因有以下两点。第一，张载在《正蒙》中提到："气之聚散于太虚，犹冰凝释于水，知太虚即气，则无无。"⑤他把宇宙中的"气"凝聚成"太虚"之气比作水凝聚成冰，把"太虚"之气扩散为宇宙中的"气"比作冰融化成水，张载的比喻所要表达的是"太虚"之气与宇宙中的"气"在质上是一样的，只是在存在状态上有所不同。实际上，张载所提出的"太虚即气"是针对道家"有生于无"的观点而阐发的，他说："若谓虚能生气，则虚无穷，气有限，体用疏绝，入老氏'有生于无'自然之论。"⑥他认为虚空产生"气"的理论是荒谬的，因为虚空是无限的，而"气"是有限的，"虚能生气"的观点使"虚空"和"气"两相分割，这就陷入了道家"有生于无"的认知范式。张载对"气"的观点不同于道家的"有生于无"，而是"有生于有"。在他的心性论中，"太虚"是一种无形的物质，唯有如此，由"太虚"生发的整个世界才具有物质性，这是其思想的一大特色。第二，宋明道学典籍中的"本

---

① 张载：《张载集》，章锡琛点校，中华书局，1978，第7页。
② 张载：《张载集》，章锡琛点校，中华书局，1978，第7页。
③ 张岱年：《中国哲学大纲》，中国社会科学出版社，1994，第43页。
④ 牟宗三：《心体与性体》上册，上海古籍出版社，1999，第393页。
⑤ 张载：《张载集》，章锡琛点校，中华书局，1978，第8页。
⑥ 张载：《张载集》，章锡琛点校，中华书局，1978，第8页。

体"范畴与西方哲学的"本体论"不能混同。宋明道学家经常使用"本体"一词，例如，朱熹说："才说是性，便已涉乎有生而兼乎气质，不得为性之本体也，然性之本体亦未尝杂。"① 朱熹认为"性"已经涉及生命个体，因而具有偏斜的"气质之性"，但这并不是"性"的本然状态，"性"的本然状态并没有混杂着"气质之性"。又如，王阳明说："知是心之本体，心自然会知，见父自然知孝，见兄自然知弟，见孺子入井自然知恻隐，此便是良知。"② 王阳明认为认知心是心的本然状态，心自然会认知，人见到父亲自然知道孝顺，见到兄长自然知道友爱，见到小孩掉入井中自然知道怜悯，心的认知状态即是良知。由此可见，宋明道学家所提出的"本体"为"本然状态"之意，"宋明哲学著作中有'本体'一词，其所谓本体主要是本然状况之意，并无现象背后的实在之意"③。需要强调的是，笔者认为"太虚"是张载政治伦理思想之本体，并不是在"太虚无形，气之本体"的语境下阐释的，而是通过对他心性论的全面分析而得出的观点。

"太虚"的第二个主要性质是"性之渊源"。张载在《正蒙》中提到"太虚"是"性之渊源"④。"太虚"不仅是一种无形而有质之气，亦内蕴着德性。张载指出："天地以虚为德，至善者虚也。虚者天地之祖，天地从虚中来。"⑤ 据此，可以将蕴含于太虚中之"性"称作"虚性"。"虚性"使无形之"太虚"具有了生化出有形之天、地，以至世界万物的属性。同时，"虚性"是至善的，而此至善之"虚性"具有降解成各种德性之可能，因此，张载说："虚者，仁之原，忠恕者与仁俱生，礼义者仁之用。"⑥ 据此，"太虚"之"虚性"不仅是"太虚"生化万物的属性，亦是生成德性之属性。《易传》有言："天地之大德曰生。"⑦ 这很符合

① 黎靖德：《朱子语类》卷一，王星贤点校，中华书局，1986，第2430页。
② 吴光等编校《王阳明全集》，浙江古籍出版社，2011，第7页。
③ 张岱年：《中国古代本体论的发展规律》，《社会科学战线》1985年第3期，第53页。
④ 张载：《张载集》，章锡琛点校，中华书局，1978，第7页。
⑤ 张载：《张载集》，章锡琛点校，中华书局，1978，第326页。
⑥ 张载：《张载集》，章锡琛点校，中华书局，1978，第325页。
⑦ 黄寿祺、张善文：《周易译注》，上海古籍出版社，2004，第530页。

"太虚"的这一属性。《宋史·道学传》有言，张载之哲学是"以《易》为宗"①的，这一评断极为正确。

张载以"太虚"来指代"天"，并以"气之本体"和"性之渊源"来定性"天"，董平称他的这一理论构建为"性气不二论"②。在"性之渊源"上，张载与孟子对天的认知别无二致，即都承认天是心性的价值源头。而二者的不同是孟子思想中的天是一纯粹的道德实体，并不具有物质性；而张载将"太虚"认定为一种无形而有质的"气"，因而他的思想中的"天"兼具物质性和道德属性。需要强调的是，"太虚"虽然兼含"气"和"性"两种属性，但是张载的哲学体系是"气本论"而不是"性本论"，对此刘又铭有精到的评述："在某些思想形态中，'理气合一'或'心气合一'也许是个更好的概括。但是哲学家们在论述中明明是以'气'为基底为主干来融摄理或心，而呈现了'全气是理'或'全气是心'的理路时，从'气本论'的进路去处理其实更为相应；至少'全气是理的气'或'全气是心的气'的提法比'全理是气的理'、'全心是气的心'的提法要自然多了。"③以"气"为哲学形态的本体充盈是张载政治伦理思想的特征，这一理论构造有效地避免了道家"有生于无"的虚无本根论，在道统重塑中颇具价值。

"太虚"是张载政治伦理思想中最重要的范畴，值得注意的是，他晚年撰成的《正蒙》一书将《太和》而非《太虚》或其他篇章作为第一篇。由此可见，"太和"在张载的心性论中同样重要。前文已论及，"太虚"是张载政治伦理思想的本体，而"太和"是张载政治伦理思想的宇宙论。明清之际的王夫之于《张子正蒙》之《太和篇》起首所作按语给了笔者很大的启发，他说："此篇首明道之所自出，物之所自生，性之所自受，而作圣之功，下学之事，必达于此，而后不为异端所惑，盖即《太极图说》之旨而发其所涵之蕴也。"④王夫之认为，张载的《太和篇》

---

① 《宋史》，中华书局，1977，第12724页。
② 董平：《张载心学结构发微》，《宝鸡文理学院学报》（社会科学版）2007年第6期，第17页。
③ 杨儒宾、祝平次：《儒学的气论与工夫论》，华东师范大学出版社，2008，第147页。
④ 张载著，王夫之注，汤勤福导读《张子正蒙》，上海古籍出版社，2000，第85页。

受到了道学宗主周敦颐的《太极图说》的影响，《太和篇》说明了"道"的由来，以及万物是如何生成的和心性是如何被赋予的，修身之人要想达到圣人的境界必须明晓《太和篇》中的道理，唯有如此才不会被佛教、道教等所迷惑。

张载对"太虚"的一个重要界定是"至静无感"①，这有别于张载对"太和""动静、相感之性"②的界定。周敦颐在《太极图说》中说："上天之载，无声无臭，而实造化之枢纽，品汇之根柢也。故曰：'无极而太极。'非太极之外，复有无极也。"③周敦颐"无极而太极"之言引起了后学的争执，朱陆之争的焦点之一就是对"无极而太极"的诠释。朱熹认为"无极而太极"是形容太极为无形之理，"无极"凸显出"太极"之无形、无限的性质。陆九渊则认为周敦颐此言为"床上叠床"，"无极"的存在没有任何意义，怀疑"无极而太极"非周敦颐所言。从中可以看出朱熹矮化了"无极"，而陆九渊消除了"无极"这一范畴。笔者认为，张载作为与周敦颐同时期的道学家，他对"无极而太极"进行诠释时把"无极"视为高于"太极"的范畴，并在自己的哲学中用"太虚"指代"无极"，用"太和"指代"太极"。"无极而太极"中的"而"表示的是"前后两个词或词组之间的并列、转折、相承等关系"④，张载可能是在"相承的关系"上理解周敦颐的"而"字，把周敦颐"无极而太极"的命题认定为"太极"承续"无极"，同理，在张载的心性论中"太和"承续"太虚"。周敦颐在《太极图说》中并未对"无极"做充分的界定，他主要论述的是"太极"之理，"太极"之理的一个重要性质是"动静反复"。张载根据周敦颐的形上之道，演化出"太虚"和"太和"两个范畴。"太虚"和"太和"在张载的心性论中都是"气"，"太虚"主静，是"阴""阳"两种元初气质混沌未开的状态，但是"太虚"却酝酿着宇宙万物一切运动变化的可能，因此，"太虚"在张载政治伦

---

① 张载：《张载集》，章锡琛点校，中华书局，1978，第7页。
② 张载：《张载集》，章锡琛点校，中华书局，1978。
③ 周敦颐：《周敦颐集》，陈克明点校，中华书局，1990，第4页。
④ 王力：《王力古汉语字典》，中华书局，2000，第975页。

理思想中具有本体论的性质。"太和"主动，是"阴""阳"两种元初气质的运动规律，是张载政治伦理思想中的宇宙论。

张载认为，"太和"之道即是"气化"之道，它包括"气"与"神化"两个内涵。张载以"气"通贯其心性论，从宇宙降化的层面来看，"气"分为"太虚"之气、"太和"之气和"心性之气"。"太和"之气是"太虚"之气的本然状态，聚而未散；"太和"之气是"太虚"之气散化，流行于宇宙之间的状态；"心性之气"是"太和"之气继续降化而形成的。"神化"就是"阴""阳"两种元初气质的运动之理，"化就是由阴阳之气循环迭运引起的缓慢变化，神就是由阴阳之气合一起来引起的突然的、显著的、复杂不固定的变化"[1]。"神化"的运动之理发源于"太虚"，张载说："一物两体，气也；一故神，两故化，此天之所以参也。"[2] 他认为"阴""阳"作为两种元初的气质是宇宙间"气"的内容与形式，二者的统一形成了"神"的运动之理，二者的对立形成了"化"的运动之理，"神化"之理存在于"太虚"之中。而当"太虚"之气散而为"太和"之气时，"神化"的运动之理同时赋予了"太和"，成为"太和"生化宇宙万物的运动之理。

张载政治伦理思想的本体论（"太虚"）统摄着着宇宙论（"太和"）。"太虚"之气是宇宙间"流通之气"的本然状态，"流通之气"是联结天人的载体，它使得张载政治伦理思想的本根论和现象界联系在了一起。用"气"来联系形上学与现象界是道家哲学对中国哲学的贡献之一，老子说："道生一，一生二，二生三，三生万物。万物负阴而抱阳，冲气以为和。"[3] 这句话中"一"指"阴""阳"两种元初气质混沌未分的状态，"二"指"阴""阳"二气的对立变化，"三"指"阴""阳"二气由对立而统一的变化，老子认为天地万物都是由"气"变化而来，"气"联结天地万物。张载虽然在本体论上否定了道家的虚无本根论，但是在宇宙论上吸取了道家用"气"来联系天人的观点，由此可见他对道家的思想

---

① 程宜山：《张载哲学的系统分析》，学林出版社，1989，第33页。
② 张载：《张载集》，章锡琛点校，中华书局，1978，第10页。
③ 高明：《帛书老子校注》，中华书局，1996，第29页。

是既批判又吸收的。

二 天地之性与气质之性

《正蒙》开篇有云："太和所谓道，中含浮沉、升降、动静、相感之性，是生絪缊、相荡、胜负、屈伸之始。"[①] 这就是说太和是道，其具有浮沉、上下、动静、互相感应的本性，这些本性使之能够阴阳交互、互相激荡、强弱交替、可屈可伸。联系张载"由气化，有道之名"之言，我们可以明确"太和"即是"气化"，即是张载哲学的"道"。

当"太虚"完成对"太和"的散化后，"神化"之力被赋予"太和"，"太和"的"神化"之力又继续作用，使"太和"生成了有形的天地。由于"神化"的作用内蕴着气的不规则变化，因此"太和"之气的状态就不如"太虚"之气纯粹、完美，有形的天地亦不如"太和"之气纯粹。"太和"中至善的"虚性"沾染了偏斜之性，出现了瑕疵。因此，张载用一对范畴来区分"太虚"和"太和"中的德性，即"天命之性"和"气质之性"。

"太虚"和"太和"共同构成了张载哲学的"天道"，"天道"是天地万物以及人之心性的根据和得以形成的根源。值得注意的是，张载哲学的"天道"有一个重要的特征，即它是物化的。它虽然无形，但是有"气"。张载的这一理论构建是对佛教和道教天道观的挑战，众所周知，佛教的天道观主"空"，而道教的天道观主"虚"，张载认为佛、道二家的这种天道构建会造成现实世界的"幻化""虚无"。因此，张载说："虚空即气。"他认为天道是物化的，因此天地万物和人之心性也是物化的。笔者以为，牟宗三等学者认为"虚空即气"是张载"依据'兼体无累'以存神之体用圆融（通一无二）辨佛老体用关系之非是"[②] 的结果，实没有洞察张载想要解决的核心问题。

张载的哲学体系中"天道"问题统摄着"心性"问题，他明"天

---

① 张载：《张载集》，章锡琛点校，中华书局，1978，第7页。
② 牟宗三：《心体与性体》上册，吉林出版集团有限责任公司，2013，第395页。

道"是为了立"心性"。张载说："合虚与气，有性之名。"这就意味着他哲学中的"性"得以成立是"虚"与"气"共同作用的结果。结合"四有句"的前两句，我们可以明确，"太虚"和"太和"的共同作用产生了张载哲学的"性"。他的"性"范畴兼具了内蕴于"太虚"之中的"天命之性"和内蕴于"太和"之中的"气质之性"。在笔者看来，张载对"性"的这一诠释独具匠心，因为这种诠释使他哲学中的"性"在性善论的前提下，具有导致恶的行为的可能。

张载说"性于人无不善"[①]，在他看来每个人都具有"太虚"至善的美德，人人心性本善。在中国哲学史上，"性善论"一直被儒者奉为圭臬，而立志承继孔、孟道统的宋明道学家更是将"性善论"奉为正统，这就造成了"人皆可为尧舜"的言论。但是，对于一个哲学家来说，如果只论及性善的层面，必然是片面的，因为在性的诸多面向中，与性善形成直接对立的性恶无疑占有重要的地位。其原因不仅在于恶与善的直接对立，亦在于从古至今生活中发生的种种"恶"的行为足以引发哲学家们的思考。因此，"恶"的问题意识必然是每位思想家所具有的，在他们的思想体系中必然存在着"恶"的位置。张载在任甘肃军事判官时，就称西夏的边患是"元凶巨恶"[②]。而从学理上来看，北宋之时，佛教对"性恶"的阐发臻于完善，出于重塑道统、回应佛教心性理论的目的，他亦要回应佛教的问题，阐释清楚"性恶"的问题。

耐人寻味的是，张载并没有提出"性恶"的观点，作为有志于继承儒学道统的他，坚守着性善论，这是他的哲学中"天命之性"的要旨。但是，他通过对"气质之性"的阐发说明了"行恶"的可能。他指出"人之气质美恶与贵贱夭寿之理，皆是所受定分"[③]，这就是说人的气质的好或恶是先天就决定的。而恶的气质决定了"气质之性"的道德属性的偏斜，"气质之性"降化入人心之后，人之心性就具有了道德属性，从而有了"行恶"的可能。需要指出的是，"天命之性"与"气

---

① 张载：《张载集》，章锡琛点校，中华书局，1978，第22页。
② 张载：《张载集》，章锡琛点校，中华书局，1978，第359页。
③ 张载：《张载集》，章锡琛点校，中华书局，1978，第22页。

质之性"并不是互相排斥的，相反，至善之"天命之性"要想赋予人心，必须经过"太和"的气化过程，正如朱熹所说："天命之性，若无气质，却无安顿处，且如一勺水，非有物盛之，则水无归着。"①这里，朱熹将"天命之性"比作水，将"太和"比作盛水的勺子，"天命之性"若无"太和"的承载就无法降化入人心。因此，最终赋予人性的是"天命之性"与"气质之性"的结合体，它们的统一是物理上的混合，而不是化学上的化合。

张载用"气质之性"巧妙地化解了"性恶"的问题，代之以"行恶"的可能性问题。这一理论构建能使学人更好地理解现实社会中恶行的来源，同时不否弃儒家道统中"性善"的观点。张载对"恶"的问题的阐发是宋明道学的一大创见，他创造性地提出了"天命之性"和"气质之性"这对宋明道学的基本范畴，有力地回应了佛教"性恶"的问题。不过，张载虽然一心辟佛，但他的这一理论创造极有可能是借鉴了佛教华严宗"净""染"的理论。华严宗有一个重要的理论："犹如明镜，现于染净，虽现染净，但恒不失镜之明净。只由不失镜明净故，方能现染净之相。以现染镜，知镜明净；以镜明净，知现染净。是故二义唯是一性，虽现净法，不增镜明；虽现染法，不污镜净。非直不污，亦乃由此反现镜之明净，当知真如道理亦尔。"②华严宗将至善的人性比喻为干净的明镜，将现实的人性比作受污染的明镜，现实的人性虽受污染但不失却其至善的人性，"这就在一定意义上把人性分为先天之性和后天杂染之性，并且一旦去掉遮蔽，即去迷归真，则众生为佛，清静佛性也得以彰显"③。根据笔者的理解，张载正是在这一意义上提出了"天命之性"和"气质之性"的道学话语，"天命之性"相当于佛教华严宗的"净"范畴，至善至纯；"气质之性"相当于"染"范畴，沾染了"性善"，使性的道德属性发生偏斜。张载曾"访诸释、老，累年究极

---

① 黎靖德：《朱子语类》第一册，王星贤点校，中华书局，1986，第66页。
② 法藏：《华严一乘教义分齐章》卷四，《大正藏》诸宗部卷四五，日本大正一切经刊行会，1934，第499页。
③ 王心竹：《理学与佛学》，长春出版社，2011，第76页。

其说"①，其思想应当深受佛教思想的影响。正如日本汉学家荒木见悟所说："众所周知，宋明的儒家为了保持其纯洁性，通常是狂热的反佛论者，但是，所谓纯洁并非切断与外部的交流，在封闭的空间中安营扎寨才能保持，而是纵身跳入敌群，薅住对方的前襟，缚住其手脚，将其置于自己的控制下，只有这样才能算是坚决彻底地捍卫了其纯洁性。"②因此，"许多十一世纪的士人都排斥佛教，企图驳斥佛理，可是如此一来，恰恰又显示出佛教对他们影响已经非常深了"③。

三 变化气质与礼体观念

张载"四有句"的最后一句是"合性与知觉，有心之名"，这意味着张载哲学中的"心"不仅具有道德性质的"性"，而且具有工夫论性质的"知觉"。张载的心性理论认为人生来就有"性善"的潜能和"行恶"的可能。他说："性于人无不善，系其善反不善反而已，过天地之化，不善反者也。"④在他看来，人的本然之性，即"天命之性"是无不善的，但是由于"气质之性"的混杂，人的天生之性就不会表现出纯粹的"善性"，因此，就需要变化，去"气质之性"，返回善性。因此，君子的工夫论就是变化"气质"，上达"天命之性"。在这一部分，笔者不再赘述张载哲学的"心"中之"性"，而着重讨论他的"心"之"知觉"能力，即当下宋明儒学研究的重点——工夫论。根据笔者的理解，张载主要从两个方面来赋予"心"工夫能力，即"大心穷理"和"运气交感"。

在论述"大心穷理"的工夫论之前，笔者需要先阐明张载哲学的一个范畴——"天理"。据笔者统计，"天道"一词在《正蒙》中出现20次，而"天理"一词出现了10次。可见张载对"天理"一词的阐发也是用力至深的。简而言之，"天理"就是"天道"的具体化，张载认为"天道"的运行自然包含了"天理"，"天理"是人们在伦理生活中的天

---

① 《宋史》，中华书局，1977，第12723页。
② 〔日〕荒木见悟：《佛教与儒教》，杜勤等译，中州古籍出版社，2005，第1~2页。
③ 〔美〕葛艾儒：《张载的思想》，罗立刚译，上海古籍出版社，2010，第7页。
④ 张载：《张载集》，章锡琛点校，中华书局，1978，第22页。

命法则。而认识"天理"的一种方式就是"穷理"，"穷理"的方式是通过心的感知，去体悟天下万物，达到"民吾同胞，物吾与也"①的境界，由此感知"天理"。"大心穷理"的工夫论的实践方式是体悟万物，目的是上达"天理"。张载说："大其心则能体天下之物，物有未体则心为有外，世人之心止于闻见之狭，圣人尽性，不以见闻梏其心，其视天下，无一物非我。"②张载在这里严格区分了"德性之知"和"见闻之知"两个概念。在他看来，"见闻之知"只是耳目所知，是狭小的，君子如果要上达"天理"，去除"气质之性"，实现内心"天命之性"全体朗现，就要通过心之"知觉"，也就是通过"德性之知"来体悟万物，让小我之心大而无界、无所不包，最终穷悟"天理"。

如果说"大心穷理"的工夫论是通过心的作用去穷悟天理，那么"运气交感"的工夫论则是通过心志的作用去感知天理。张载"运气交感"的工夫论的方式是"变化气质"，目的是"变化心性"。"感"在张载的心性论中是一个重要的范畴，其不仅指生命个体间心之感应，亦指各种"气"之状态相互感通，正如王英所说："天地万物同此一气，这使万物相感成为可能，也使人通达万物、陶成万物成为可能。反过来，感使得有形之气复归太虚之气成为可能。"③在张载的哲学中，从宇宙生成论的角度来看，可将"气"分为三类，即"太虚"之气、"太和"之气和"心性之气"。因此，张载的"运气交感"的工夫论就是由"心性之气"开始，层层上达，直至"太虚"之气的心性修养过程。上述三类"气"在"感气"工夫论中的作用是不同的。首先"太虚"是被感知的对象，学者通过"感气"的心性修养论对"太虚"之气进行感知，所感知到的是蕴藏于其中的至善"虚"性。而"太和"之气存在于"天""人"之间，是"太虚"之气和"心性之气"的中介，它的功用就是实现二者的互感。人作为生命个体，他与"太和"之气的感通是通过呼吸实现的，继而上达"太虚"之气，实现"天""人"互感。张载说：

---

① 张载：《张载集》，章锡琛点校，中华书局，1978，第62页。
② 张载：《张载集》，章锡琛点校，中华书局，1978，第24页。
③ 王英：《气与感——张载哲学研究》，博士学位论文，复旦大学，2010，第11页。

"动物本诸天，以呼吸为聚散之渐。"① 这就是说，人是可以通过自身的呼吸，使生命个体的"气"聚散于天地之中，最终达到除去偏斜之气质、复归全好之气质的目的。"运气交感"的工夫论，即通过气层层交感的过程，渐渐除去偏斜之气质，从而除去内蕴于偏斜气质中的偏斜之气，最终使"心性之气"完全成为天赋的"太虚"之气，使"天命之性"全体朗现。

在人和"太虚"之气天人相感的过程中，人的心志起着至关重要的作用。心志"专壹"是人发动呼吸以感知"太和"之气的前提，亦是人在感知到"太虚"之气后，承引"太虚"之气来变化自身之"气质"的准备。因此，张载说："气与志，天与人，有交胜之理。圣人在上而下民咨，气壹之动志也；凤凰仪，志壹之动气也。"② 张载所阐发的"运气交感"的工夫论需要心志"专壹"作为准备，这就必然要求工夫践履者内心要安静、平和，唯如此才能达到"专壹"的心志状态，承引"太虚"之气，变化"心性之气"。

张载"运气交感"和"大心穷理"的工夫论都是知觉体验的工夫论。工夫论在先秦儒学阶段表现出的是一种实践智慧，而在宋明儒学阶段，由于佛教工夫论的影响，渐渐表现出一种体悟的特色。张载的哲学是辟佛的，但是工夫论如果要上达天道，又必须是超验的，如何弥缝天人之间的鸿沟成了一个问题。张载在这一方面的哲学处理十分耐人寻味，正因为他建立了万物皆气的哲学体系，"运气交感"的工夫论才具有了知觉体验的特征。同时，对于"大心穷理"的工夫论，由于心是气化的结果，因此，"大心穷理"实际上也是气化的反向和气化的推扩过程。正是这种工夫论的构建，张载的知觉工夫论与佛教的体悟工夫论才得以严格区别开来。

张载政治伦理思想中的"变化气质"是心性与践礼的统一，在张载那里，"礼"与人内心本性是相一致的，张载讲："礼非止著见于外，亦

---

① 张载：《张载集》，章锡琛点校，中华书局，1978，第19页。
② 张载：《张载集》，章锡琛点校，中华书局，1978，第10页。

有无体之礼。盖礼之原在心。"[①]这里，张载提出"礼体"的概念，守礼最重要的是要守住"礼体"，止著见于外，不源于心的礼，便失去了体，变成了死物。张载又说："人情所安，即礼也。"但也并非说，人便可以随性而为了。《大学章句序》讲："有聪明睿智能尽其性，皆出于其间，则天命之以为亿兆之君师，使之治而教之以复其性。"[②]治"礼"是一件大事，如同西方对于立法者的看重一样，非圣贤不得做，张载在这里除了想强调治礼应当顺人本性外，还强调了应当将礼与自己内心的性情合一，用心去体会"礼"的精神，抱着诚挚之心去守礼，如此才能真正体现"礼"的价值，达成张载变化气质的目标。

面对北宋社会经济、政治、军事方面的多重危机，张载并没有沉溺于形而上的研究，他依据《周礼》，主张恢复三代时期的政治制度，即井田制、封建制和宗法制，在细致地说明了这些制度优越之处的同时，通过结合北宋当时的实际情况，给出了一些切实可行的实践方法，这是张载务实的一面。此外，张载对礼教的推行，对教化方法的研究以及对乡约制度的建设，又为后世儒生进行基层建设，为践行"知行合一"树立了典范。

四　民胞物与及封建论

张载在《西铭》中提出了其"民吾同胞，物吾与也"的思想，他指出："乾称父，坤称母；予兹藐焉，乃混然中处。故天地之塞，吾其体；天地之帅，吾其性。民吾同胞，物吾与也。大君者，吾父母宗子；其大臣，宗子之家相也。尊高年，所以长其长；慈孤弱，所以幼吾幼。圣其合德，贤其秀也。凡天下疲癃残废、茕独鳏寡，皆吾兄弟之颠连而无告者也。"[③]张载"民胞物与"的政治伦理理念是对先秦以来儒家"大同"思想的传承和发展，张载博爱的政治伦理思想格局将人事纳入政治治理的空间架构中，建构了"人人可以成圣"的认识论与工夫论，同时，在

---

①　张载：《张载集》，章锡琛点校，中华书局，2012，第264页。
②　朱熹：《四书章句集注》，中华书局，2011，第1页。
③　张载：《张载集》，章锡琛点校，中华书局，1978，第62页。

"万物一体"的理念中展现了生命个体与宇宙万物的紧密衔接。

从发生学意义来看，任何人与物都来自宇宙的孕育，因此，处于"生命共同体"内的每一个人在修身、齐家、治国、平天下的政治修为中都不能离"群"。在践行对父母之孝、对兄弟之悌、对朋友之敬、对君王治尊的过程中，"民胞物与"的理念演化为一个宏大的"道德政治体"，万事万物在生命个体的"道德"存在与实践中具有了政治秩序的无限空间和政治道德的永恒使命。在张载的政治伦理思想体系中，天道不仅具有先在性、恒久性、至善性，并且具有空间格局的无限性和整体性，它无所不包，赋予了人与人、人与物、物与物的一体化道德。在张载的心性论中，其"心"至善、至大、至坚，而修心的过程虽然是一个变化气质、穷达天理的漫长进程，但天道的实然性注定了成道的必然性。

在"民胞物与"理念的统摄下，张载倡导恢复"井田"，以均贫富，重塑"封建"，适当分权。张载在《经学理窟》第一篇《周礼》中，几乎花了整篇的笔墨来讲述井田制，张载认为井田制不难以实现，只需国家将所有土地逐步收回，然后给每户农业人家在城外分一百亩土地，这一百亩土地不准转卖，只能自家耕种，耕种土地的人家每户需要上缴二十分之三的税赋，比什一税稍多一些。公卿大夫可以保留其采地，但需要以什一之法上缴税赋。此外，对土地的管理可以设立专门管理这些土地和百姓的田官，开始可以由上缴土地税赋较多的人担任，其后则应选派有德者担任。在张载看来井田制的分田法，首先保证了均等和稳定，每户人家分得土地都相同，又抑制了土地兼并，孔子言"不患寡而患不均，不患贫而患不安"①，如此便可保证百姓生活的安定。此外二十分之三的税额及公田的收成又保证了国家的财政收入，有助于缓解宋朝的财政危机。

张载主张以封建制统摄井田制，他说："圣人之法，必计后世子孙，使周公当轴，虽揽天下之政，治之必精，后世安得如此？"②张载认为，

① 朱熹:《四书章句集注》，中华书局，2011，第171页。
② 张载:《张载集》，章锡琛点校，中华书局，2012，第251页。

若有如周公那样才德兼备的圣人来进行中央集权制管理是可以的，但周公之后呢？圣人不常出，出而得其位的就更少了，要实行政治上的长治久安，除了靠人，还需要靠制度上的规范，以制度来教化不同品性的执政者，使其感于天理人情，将国家治理好。封建制何以能教化执政阶级呢？或者说其何以能长久地维护政治的安定呢？张载讲："助为天下者，奚为纷纷必系天下之事？今使封建不肖者，皆复逐之，有何害？岂有以天下之事不能正一百里之国，使诸侯得以交结以乱天下？自非朝廷大不能治，安得如此？"① 张载认为，井田制解决温饱问题，封建制解决教化问题，尤其对执政者的教化，其意义是非常深远的。

张载政治伦理思想追求在"家国一体中"实现"民胞物与"，赵汀阳教授在《天下的当代性》中说："周朝天下体系的核心创意是把家化成世界同时把世界化成家的双向原则。这两个方向都设定了家与天下的同构性，但不同方向含有不同的意义：以天下为出发点，就意味着'天下—国—天下'的伦理秩序。两种秩序汇合而成'天下—国—家—国—天下'的循环结构，同时也形成了政治和伦理的循环解释。这种循环解释不是自相关的无效解释，而是政治与伦理的互相解释和互相做证：一方面，把家庭伦理外推至天下；另一方面，以天下政治庇护万家。"② 政治秩序与伦理秩序的相通，使得"家国一体"成为可能，这便是宗法制与封建制共同作用的结果。

张载强调的也是当以天子功德为号召，不能以强加的权力的限制使诸侯不得不归附于自己。张载对礼教的强调，尤其是对乡约的建设，也尤为值得注意。以彼时儒学之地位，儒生想效法古人入朝为帝师是很困难的，所以张载在罢官后的做法就很值得我们去学习。奉行礼教，推行乡约，以身作则。首先使自己周围人受到教化，有所改善，此亦是不小的功劳，实际上儒家最初的教育对象就是普通的平民，孔子弟子三千，当时之人无出其右，孔子讲"有教无类"，儒门弟子皆自洒扫应对的小事做起，所谓修身、齐家、治国、平天下，亦是从小处着手。而实际分

---

① 张载：《张载集》，章锡琛点校，中华书局，2012，第251页。
② 赵汀阳：《天下的当代性》，中信出版社，2016，第80~81页。

析起来，古代儒学之所以常受执政者青睐，其中一重要原因便是儒家更贴近平民百姓，相比于其他各家，对于百姓的教化意义更为显著。积极地投身于基层建设，是儒生奉行知行合一的重要选择之一。

张载赋予了宗法思想以"兼爱性"，并将其扩展到君臣关系上，将君比喻成父母宗子，将臣比喻成宗子家里的家相。所以在宗法制度上，我们尊祖重本，也便延伸为尊君。张载将人与天地乾坤合为一体，认为天下万物都是我们的同胞。这可谓张载宗法思想的升华。张载提倡宗法制是为了执行其倡导的封建制的教育功能。从张载倡导的封建制中，可以看出其强调长幼尊卑秩序的思想，他将宗法制度的高度提升到君臣甚至天地关系上，就是为了给封建等级制度找寻依托，让人们能够更加清晰地明白和接受这种等级秩序，所以张载所倡导的宗法制以礼为核心。

张载作为北宋五子之一，为儒学构建了一个坚实的宇宙观以应对佛老之学，为宋明理学的发展打下了基础。他又创造性地提出了"太虚即气""一物两体"等观念，将形而上与形而下融会贯通的同时，提出了一条矛盾双方互相协同的上升之路，使得形而上的"太虚"，不再显得空泛无用，也给日常生活指出了一个向上发展的路径和目标。在人性论方面，张载对"气质之性"和"天地之性"的划分，解决了长久以来困扰人们的"性善"与"性恶"问题，使得"修身复性"为更多人所接受，让"变化气质"成了后世儒生为学的一个归宿，即将"气质之性"化归"天地之性"，使人与天地相合，真正地实现道法自然。

五 "大心穷理"与"感气"工夫论

一般来说，中国古代的思想家主张心性本善，人人皆可在性善论的基础上，通过个人修养成为尧、舜一般的圣人。在中国哲学史上，孟子主张"心性本善"，并且主张"心性向善"，即人需要通过心性之修养来实现心性之善；张载则主张人所禀赋的"天命之性"是善的，但是，由于"天命之性"在降化过程中融合了"气质之性"，现实的人性表现为善与恶的混同，因此，张载提出要通过"变化气质"的心性修养来达到圣人的境界。

（一）张载"大心穷理"的心性修养论

张载说："'自明诚'，由穷理而尽性也；'自诚明'，由尽性而穷理也。"[①] 所谓"明"，是对"天理"的体知；所谓"诚"，是学者于践履工夫上，去践行人生所固有的"天理"。"自诚明"提供了一条由"诚"入"明"的工夫路径，实质上是由性"天理"而后明"天理"。而"自明诚"提供的是一条由"明"入"诚"的工夫路径，即由明"天理"而后性"天理"。在张载的心性论中，"自诚明"的工夫路径主要体现在张载"知礼成性"的心性修养论上，而"自明诚"主要体现在"大心穷理"的工夫论上。

在张载看来，学者要上达天德，必须要"知礼成性，变化气质"[②]，但"知礼成性"之心性修养方式仅仅是入门工夫而已。对于学者来说，明晓"天理"才是进入了一个更高的工夫论阶段。因为，明"天理"才能知晓"天命之性"，才能发现自己的不足。张载将明"天理"作为心性修养论的关键，他说"不知穷理而谓尽性可乎"[③]，在他看来，"诚"（穷理）不仅是"明"（尽性）的目的，更是学者必须具备的工夫论的根本意识。正是因为这个缘故，张载极其重视"穷理"和对"天理"的阐发，张载说："君子教人，举天理而示之而已；其行己也，述天理而时措之也。"[④]

那么，如何才能做到"穷理"呢？张载认为，要"穷理"就必须在"心"上下工夫。上文提到张载政治伦理思想中的"心"有两个要素，其一，"心"是"性"之所在；其二，"心"具有感知的能力。在张载的思想体系中，"心"之感知又叫"德性之知"，而与其对应的是"见闻之知"。张载明确区分了这两种感知模式，他说："见闻之知，乃物交而知，非德性所知；德性所知，不萌于见闻。"[⑤] 他认为"见闻之知"是日常人们与外物相接时的耳、目之知，而"德性所知"是学者对于"天

---

① 张载：《张载集》，章锡琛点校，中华书局，1978，第 21 页。
② 张载：《张载集》，章锡琛点校，中华书局，1978，第 304 页。
③ 张载：《张载集》，章锡琛点校，中华书局，1978，第 26 页。
④ 张载：《张载集》，章锡琛点校，中华书局，1978，第 23 页。
⑤ 张载：《张载集》，章锡琛点校，中华书局，1978，第 24 页。

理”的体察，它与“见闻之知”是两个完全不同的感知模式，学者在践行“变化气质”的工夫时，不能以“见闻之知”蒙蔽了“德性之知”。在他看来，学者最大的毛病就在于“以耳目见闻累其心而不务其心”①，即过分地凭借耳之所闻和目之所见去了解事物，而忽视了心对于天理的认知能力。因此，学者的“心之工夫”就是要“大其心”，张载说：“大其心则能体天下之物，物有未体则心为有外，世人之心止于闻见之狭，圣人尽性，不以见闻梏其心，其视天下，无一物非我。”②他认为，“大心穷理”之后，其所知则能通天人物我于一体，即所谓“能体天下之物”，“视天下无一物非我”，这样就能穷尽“天理”，使“天地之性”得以穷尽。

张载“心之工夫”是以“大心穷理”为核心的，但这并不等于张载忽视“知礼成性”之工夫。在张载看来，这两种工夫是互为补充的，学者必须对二者交相并用。一方面，学者在人生中践礼以成性时，是不可不知天的，张载说：“天道即性也，故思知人者不可不知天，能知天斯能知人矣。知天、知人，与穷理尽性以至于命同意。”③从另一方面来看，仅仅穷理知天，而不在人生实践中知礼成性，则“知”非己所有，亦非真能知天，故穷理知天的同时，必“以礼性之”，张载说：“知及之，而不以礼性之，非己有也。”④因此，对于张载来说，学者的工夫，必须是“自诚明”和“自明诚”的交相为用，而二者的目的皆是“变化气质”。

（二）张载的“感气”工夫论

孟子的“气之工夫”重在“养”，张载的“气之工夫”重在“感”与“变”。张载“感气”工夫论的方式是“变化气质”，目的是“变化心性”。“感”在张载的心性论中是一个重要的范畴，其不仅指生命个体间

① 张载：《张载集》，章锡琛点校，中华书局，1978，第25页。
② 张载：《张载集》，章锡琛点校，中华书局，1978，第24页。
③ 张载：《张载集》，章锡琛点校，中华书局，1978，第234页。
④ 张载：《张载集》，章锡琛点校，中华书局，1978，第37页。

心之感应①，亦有各种"气"之状态相互感通之义，正如王英所说："天地万物同此一气，这使万物相感成为可能，也使人通达万物、陶成万物成为可能。反过来，感使得有形之气复归太虚之气成为可能。"②在张载的哲学中，从宇宙生成论的角度来看，可将"气"分为三类，即"太虚"之气、"太和"之气和"心性"之气。因此，张载的"感气"工夫论就是由"心性"之气开始，层层上达，直至"太虚"之气的心性修养过程。上述三类"气"在"感气"工夫论中的作用是不同的。"太虚"是被感知的对象，学者通过"感气"的心性修养论对"太虚"之气进行感知，所感知到的是蕴藏于其中的至善"虚"性。而"太和"之气存在于"天""人"之间，是"太虚"之气和"心性之气"的中介，它的功用就是实现二者的互感。人作为生命个体，与"太和"之气通过呼吸的方式实现感通，继而上达"太虚"之气，实现"天""人"互感，"变化气质"。张载说："动物本诸天，以呼吸为聚散之渐。"③这就是说，人是可以通过自身的呼吸，使生命个体的"气"聚散于天地之中，最终达到除去偏斜之气质，复归全好之气质的目的。"感气"工夫在气层层交感的过程中，渐渐去除偏斜之气质，从而去除内蕴于偏斜气质中的"恶性"，使"天命之性"越发彰显。

在人、物和"太虚"之气天人相感的过程中，人、物的意志起着至关重要的作用。意志的专一是人、物发动呼吸以感知"流通之气"的意识前提，亦是人、物在感知到"太虚"之气后，承引"太虚"之气来变化自身之"气质"的意识准备。因此，张载说："气与志，天与人，有交胜之理。圣人在上而下民咨，气壹之动志也；凤凰仪，志壹之动气

---

① "感之道不一：或以同而感，圣人感人心以道，此是以同也；或以异而应，男女是也，二女同居则无感也；或以相悦而感，或以相畏而感，如虎先见犬，犬自不能去，犬若见虎则避；又如磁石引针，相应而感也。若以爱心而来者自相亲，以害心而来者相见容色自别。'圣人感人心而天下和平'，是风动之也；圣人老吾老以及人之老，而人欲老其老，此是以事相感也。感如影响，无复先后，有动必感，感感而应，故曰咸速也。"见张载《张载集》，章锡琛点校，中华书局，1978，第125页。

② 王英：《气与感——张载哲学研究》，博士学位论文，复旦大学，2010，第11页。

③ 张载：《张载集》，章锡琛点校，中华书局，1978，第19页。

也。"① 张载所阐发的"感气工夫"需要意志"专壹"作为其意识准备，这就必然要求工夫践履者内心安静、平和，唯如此才能达到"专壹"的意识状态。由此可见，张载的"感气工夫"论，是在意识平静、集中的状态下，通过有序的呼吸以达到感知"太虚"之气的目的，并在感知到"太虚"之气的同时，通过"专壹"的意识状态，承引"太虚"之气，"变化气质"的工夫过程。

如果将张载的"感气"工夫论与佛教的感应心性论做一比较，会发现二者有极大的不同，张载曾批评佛教的这一理论道："释氏以感为幻妄，又有憧憧思以求朋者，皆不足道也。"② 在张载看来，佛教感应理论的最大谬误是将世界万物建立在一个虚幻的感应系统之内，如此整个世界虚而不实。而张载的"感气"工夫论以"气"为"思想载体"将整个世界物质性地联系在了一起，万物的互相感知是通过"气"的聚散来完成的，如此，整个世界真实而不妄。张载的这一观点实际上是佛教与儒家的最大不同，佛教主出世，它视现实世界为虚妄，正因其虚妄，才要去寻找真实之西方极乐世界；而儒家主入世，儒家认为每个生命个体都应在现实世界中实现自己的价值，因此视现世为实在。而张载则把这种现世的实在定性为一个个"气化"的实体，从而与佛教对现世的认知形成巨大的差异。

---

① 张载：《张载集》，章锡琛点校，中华书局，1978，第10页。
② 张载：《张载集》，章锡琛点校，中华书局，1978，第126页。

第五章　理一分殊：朱熹的政治伦理思想

时至南宋，朱熹、陆九渊等人传承并发展了北宋的理性主义政治伦理思想。朱熹认为世界本身具有"理一分殊"的框架和秩序，而人类社会作为世界最核心的部分，则应该遵循同样的框架和秩序，由此展开其对政治伦理的探讨。陆九渊以"心即理"作为其学说的旨归，将"心"提升至道德本体的高度，作为政治伦理的根源。在南宋理学的理性主义发展的同时，南宋现实主义的功利主义学派也开始形成，以陈亮和叶适为代表的南宋现实主义的功利主义学派，以浙东学术固有的求实创新精神，努力将儒家基本理论与传统的功利思想和其他相关思想融合为一体。

朱熹，字元晦，号晦庵，晚号晦翁，祖籍婺源（今属江西），生于南宋高宗建炎四年（1130），卒于宁宗庆元六年（1200）。朱熹出生于士大夫家庭，父亲朱松以进士出仕，历任秘书省正字、校书郎、著作郎、度支员外郎兼史馆校勘等职。朱熹自小在父亲的指导下学习儒家经典。朱熹十四岁时，父亲朱松去世，朱熹遵父亲遗嘱，受学于胡原仲、刘致中、刘彦冲三人。胡原仲和刘彦冲喜好佛老，试图调和儒佛，因此朱熹年轻时亦广泛涉猎佛道之书。淳熙二年（1175），吕祖谦约陆九渊兄弟与朱熹在江西信州（今江西上饶）鹅湖寺会面，试图调和朱陆分歧。但会面并不算成功，双方只是更加明确各自的观点和与对方的分歧。淳熙四年（1177），《论语集注》和《孟子集注》编成，标志着朱熹思想体系的基本建立。淳熙五年（1178），朱熹在庐山重修白鹿洞书院，宣讲其理学思想。白鹿洞书院及朱熹为其制订的《学规》，成为各书院的楷模，书院教育成为官办学校之外最重要的教育方式之一。在白鹿洞书院之后，朱熹还创办、修建了岳麓书院、武夷精舍、紫阳书院等一批书院教育机构，传播理学思想。朱熹在被提举浙东常平茶盐公事之后，因坚持弹劾行为不当而互相袒护的权贵，一度被调任为管理宗教场所的官员，直到淳熙十四年（1187）周必大为相，才任命朱熹为提点江西刑狱公事。但由于朝廷中政治斗争不断，事实上朱熹有相当长的时间是在外调奉祠中度过。光宗即位（1189），任命朱熹为漳州（今属福建）知州。朱熹在漳州任上，废除苛捐杂税，限制地方豪强的势力，破除迷信移风易俗，取得了一定的成绩，但亦遭到了地方豪强的怨恨与不满。一年后，朱熹以子丧辞职请奉祠，主管南京鸿庆宫。未几，朝廷任命朱熹为潭州（治所在今长沙）知州，力辞不许。在潭州，朱熹劝降了扰袭郡城的少数民族，整顿武备，惩治不法官吏，限制地方豪强，又兴修学校，推行教化。宁宗即位时，由赵汝愚推荐，朱熹被任命为焕章阁待制、侍讲。事实上在朱熹出仕以来，不论在出任侍讲之前或之后，朱熹都非常重视皇帝正心诚意的道德修养，认为这是国家治道的基础与核心，在多次上书、觐见和经筵讲学中反复强调。

一　政治伦理的天道秩序

朱熹在《西铭解义》里说："天地之间，理一而已。既乾道成男，坤道成女，二气交感，化生万物，则其大小之分，亲疏之等，至于十百千万而不能齐也。"[1] 又说："盖以乾为父，以坤为母，有生之类，无物不然，所谓理一也。而人物之生，四脉之属，各亲其亲，各子其子，则其分亦安的不殊哉！"[2] 朱熹认为，事物之间只有存在密不可分的联系，政治伦理才能得以建立。虽然朱熹认为世界处于"分殊"的状态，但是依然可以建立起井然的秩序，比如上文在讨论"形化"时提到的立体差

---

① 朱熹:《朱子全书》，第13册，上海古籍出版社，2002，第145页。
② 朱熹:《朱子全书》，第12册，上海古籍出版社，2002，第145页。

异，这也可以被看成是一种政治伦理，而这种秩序因"气"的不同而产生。朱熹主要是通过"气"的差异性以及不可还原性认定世界具有显著的差异性，同时对政治伦理的真实性进行捍卫。"理一分殊"的"分"都不是分开的意思，而是等分或者本分，一和殊也指共同性和差别性。从"理一"看，万事万物包括人在内，都必须遵循共同的"理"即封建社会的道德原则。从"分殊"上看，各个人在宇宙中都占有一定的地位，对他人、对他物都有一定的义务，但由于每个人所处的地位不同，其对其他人所承担的直接义务也不同，也即道德原则中普遍与特殊的关系，从这个特定角度涉及了普遍和特殊的关系。

朱熹对"理一分殊"的政治伦理阐述真正做到了冯友兰所谓的"体用一源，显微无间"。"用"就是万事万物，而"体"指的是天理和万物之理。有了"理一"这个前提和基础，万事万物不管是"理"还是"形"都有了存在的依据，其中万事万物的"理"是本体，"理一"是发用，两者之间是体用关系；而万事万物的"形"可以理解为一种现象，体现的是本体与现象之间的关系。理一之理、万事万物、万事万物之理，这三者之间存在着密不可分的关系，世界的本来面貌也正是如此。这样一来，世界的差异性和秩序性既在"气"上成立，也在"理"上成立，其真实性也得到了印证。朱熹最具创造性的地方就是将万理融合为一理，这是宋明道学发展的内在理路。正如张岱年所说，"理一"是本根论的概念，即"一切事物之究竟所以，是宇宙的本根"①。这个"理一"会对世界的真实面貌以及发展方向起到决定作用，进而形成"万事万物各得其所"的政治秩序。其实，万事万物之理就是"理一"在万事万物上的一种合理运用。

在朱熹的思想体系当中，世界可以分为多个层面：其一，所以然的"理一"，这属于形而上的层面；其二，万事万物之理，这体现的是"理一"在世界中的广泛应用；其三，各具形态、各有特点的万事万物，属于形而下的范畴。这三个层面各自独立，而"理一分殊"对

---

① 张岱年：《中国哲学大纲》，《张岱年全集》卷二，河北人民出版社，1996，第86页。

其进行了串联。其中，通过气化和形化等各种方式，"理一"对万事万物进行"分殊"，也形成万事万物之理；万事万物既要遵循自身的人理和物理，也要遵循天理。通过分殊，"理一"和万事万物，以及万事万物之理之间的关系得到了合理解释。其实这三者之间即便存在层次上的差别，也仍旧处于一个世界当中，没有形上世界或形下世界的差别，而是同处于一个一理平铺的世界中。

朱熹从理与气的关系上，对程颐的"性即理"做了论证和发挥。程颐对心与性与情的关系，未加详论，朱熹据张载的"心统性情"说，认为理与气相合而有人之心，心为一身之主宰。其性便是心中的道理，这个道理实即居于心中，性表现于外即是情。他又说："性者心之理也，情者心之用也，心者性情之主也。"朱熹以心为环节，将性与情既联系起来，又加以区别。虽然心包含性，但不能说心就是性。因为心还包含情，既不能说心即性，更不能说心即理。向世陵先生指出："可以引出因受限所禀异形（犬、牛、人），遂各谓犬、牛、人之性之意。即性虽一而形有殊，然形既殊，则性亦别，故犬、牛之性又不同于人之性。"①换句话说，人和物的本质区别在于"形"的不同，而不在于"性"的差别。

牟宗三先生说："明道言能推不能推固直接是表示气异，然其所以能推之积极根据则在道德的实体性的本心。"②孟子曾说："人之所以异于禽兽者几希。庶民去之，君子存之。"人和禽兽之间的明显差别就在于人有天理而禽兽没有，也就是能推还是不能推的区别。其实这之间的差别不会影响天理在万物身上的存在，不过，物所行之气在本性而言要杂很多，且所行之理也被形体所遮蔽。人却不一样，人可以对自己的"本性"进行超越，追求"天命之性"。所以人比万物更加优越之处在于人可以超越形体的束缚，实现天命之性的天理。所以人之所以为人，就是人可以"推"而复其自然。现实中人与物的差别也正在于此。

---

① 向世陵：《理气性心之间：宋明理学的分系与四系》，人民出版社，2008，第48页。
② 牟宗三：《心体与性体》中册，吉林出版集团有限责任公司，2013，第58页。

二　朱熹对政治伦理的证明

在朱熹的思想体系当中，世界上的所有事物都是气化的最终结果，也就是说，"气化流行"就是气按照天理循环的原理进行聚散，最终形成天地万物的发展过程。所谓天理就是气存在和发展的基础，万事万物都必须按照天理运行。其中，万物得以成形的基础质料就是"气"。

从理论的角度来看，凡是独立存在且具有纯粹性的事物，其确定性都非常明显，而这种确定性是永恒的。在"理一分殊"中，"分殊"涵盖的范围较为广泛，宇宙中的万事万物都包含在内，其中也存在明显的差异性，因而政治伦理得以存在。在朱熹看来，所有的差异首先来自气，他对气进行了明确的划分，朱熹认为气既有清浊之分，也有善恶正邪之分，同时，纯气和繁气，天气和地气都各有不同。这也印证了著名学者蔡方鹿的说法，即"由于气的不同，所以构成事物的种类及人的素质也不同，宇宙万物之所以互相区别，就在于气化时禀受的气不同"[1]。在某种程度上，朱熹对宇宙生活的论述包含气化和形化两种类型，尤其是对气，朱熹的看法非常独到，通过对"气"的诠释人们能够发现，世界之所以存在极大的差异性主要是因为气本身差别就很大。

万物的生长都是"道"在起推动作用，万物到了一定的时间，生长条件具备以后就会自然而然地生长起来，所以，朱熹认为"道"在其中起着决定性的作用，而"气"主要是作为一种基础的质料形式存在。可以将道和气的关系定义为形而上与形而下的关系，同时两者之间也存在然与所以然的联系。道不可能在没有气的情况下独立存在，而气具有形而下的属性，要按照道的标准运行和发挥作用。"气"之所以可以幻化万物就是因为阴阳二气发生了相互作用。

朱熹指出"气"具有自生自灭的秉性，有着明显的形而下特点；朱熹对阴阳的态度是"有便齐有"，之所以称五行"是五物"主要是因为气有着明显的差异性和不可还原性，虽然万物都是"气"，但是其中的差异不可忽视。推而广之，天地宇宙中的事物皆是如此。朱熹在和杨

---

① 张立文：《中国哲学范畴精粹丛书：气》，中国人民大学出版社，1990，第141页。

时对谈时曾经提到过"分立"，这就源于"气"所存在的差异性以及不可还原性：就是因为有差异的存在，所以才会出现"分殊"；而不可还原性决定了世界上的差异真实存在且不可磨灭。朱熹在此基础上提出了"分立而推理一"的论断。在朱熹的思想体系当中，"分殊"具有明显的立体性，也就是如果类群不同，那么在性质上就存在本质差别，差别的程度由类群之间的差异性来决定。在具体表达方面，朱熹主要使用的说法有"形化""种生"。

在对世界生化过程进行分析和研究的过程中，朱熹阐述了"形化"的概念，这一概念也被称为"种生"。朱熹在对世界生化的理论进行论述时提到了两个名词：一个是"气化"，即万事万物都是由气化而产生的；一个是"形化"，即天地万物"以形相禅"。朱熹认为世界都是通过这两种方式生化而成，而且，在一种生物上不可能同时存在"形化"和"气化"两种状态。

天地万物在起源时都是由不同的气构成，在有了形状以后，就开始了形化的过程，之前的气化也不复存在。"种生"和"形化"所表述的是同一种含义，不过各自有着不同的侧重点，"种生"着重强调和"气化"之间的差异性，而"形化"指的是"以形相禅"。就算是"形化"的物也是从气起源。刘长林认为："以生物学的观点体察万物。既然有生命的个体都产生于一定的种，那么推所从来，万物的起始也应该有种，这种就是气。正是因此，无形之气才能够化育出天地万物。"[①]刘长林很细致地阐释了"种生"和"气"之间的关系，并提出"种所以生出不同之物的原因在于其中的气不同"。

朱熹认为，物与物之间的首要差别就是"形"，"形"的含义非常多样，《说文解字》云"形，象形"，段玉裁对此进行了注解："形容谓之形。因而形容之亦谓之形。六书二曰象形者，谓形其形也。四曰形声者，谓形其声之形也。《易》曰：'在天成象。在地成形。'分称之，实

---

① 刘长林：《说"气"》，杨儒宾、祝平次编《中国古代思想中的气论及身体观》，（台湾）巨流图书公司，1993，第101~140页。

可互称也。"① 其含义是，"形"在作名词时可以被解释为"形体之容"，也就是我们所说的"形象"，在作动词时可以对"形体之容"的具体情况进行描述。朱熹将"形体"和"形象"做出了具体的区分，即有"形体"的东西未必有具体的"形象"，有"形象"的也未必有具体的"形体"。客观存在的"物"在"气"的基础上具有了"形体"，进而生成了"形象"。朱熹说："且如人，头圆象天，足方象地，平正端直，以其受天地之正气，所以识道理，有知识。物受天地之偏气，所以禽兽横生，草木头生向下，尾反在上。"②

朱熹言简意赅，也对二程之意进行了很好的注解。朱熹提到人"受天地之正气"，物"受天地之偏气"。在这里首先要分析的是朱熹在"形化"方面的定位。学者刘长林从"气学"出发解释了"种生"说是"为了说明元气为什么能够和怎样转化为有形之物的问题"。指出其"是道生万物和太极八卦理论的发展"③。在北宋，"种生"指的是食物，在《东京梦华录·七夕》中有过这样的记载："以绿豆、小豆、小麦于磁器内以水浸之，生芽数寸，以红蓝彩缕束之，谓之'种生'。"④ 也可以只取"种而生"的含义，比如苏辙《记岁首乡俗寄子瞻二首·蚕市》诗云："倾囷计口卖余粟，买箔还家待种生。"⑤ 不过《太平御览》引《春秋元命苞》之文"周先姜原履大人迹，生后稷扶桑。推种生，故稷好农"注曰："神始行从道，道必有迹，而姜原履之，意感，遂生后稷于扶桑之所出之野。长而推演种生之法而好农，知为仓神所命明也。"⑥ 在这里"种生"其实指的就是所有的农作物都是从种子萌芽开始而生长的含义。

在理学体系中，朱熹的言论颇具地位，他曾经用"气化""形化"对周敦颐《太极图说》中的"乾道成男，坤道成女"进行了合理解释。

---

① 许慎著，段玉裁注《说文解字注》，中州古籍出版社，2006，第424页。
② 黎靖德：《朱子语类》卷四，王星贤点校，中华书局，1986，第65~66页。
③ 刘长林：《说"气"》，杨儒宾、祝平次主编《中国古代思想中的气论及身体观》，（台湾）巨流图书公司，1993，第101~140页。
④ 孟元老著，伊永文笺注《东京梦华录笺注》卷八，中华书局，2006，第781页。
⑤ 苏辙：《栾城集》卷一，《苏辙集》，中华书局，1990，第18页。
⑥ 李昉：《太平御览》，中华书局，1995，第3660页。

之后的陈埴就天地万物的演化进行诠释："气化谓未有种类之初，以阴阳之气合而生；形化谓既有种类之后，以牝牡之形合而生。皆兼人物言之。"[1] 理学界一直非常重视这个说法，认为它能够很好地印证"生生之理"的存在，朱熹就曾经说过："'人物之始，以气化而生者也。气聚成形，则形交气感，遂以形化，而人物生生，变化无穷。'是知人物在天地间其生生不穷者，固理也，其聚而生，散而死者，则气也。"[2] 以形化的方式对天地万物的繁衍生息进行解释，其本质就是诠释天理分殊万物的原理。

"形化"可以延伸出"性"和"气"两部分内容。"形"有着多种层次，这也决定了"性"层次的多样化。所谓"形"指的是从"形体"中独立出来的各种"形象"，比如鹿之形、牛之形等，而"性"则是说不管是鹿还是牛都有着属于本类群的"本性"。这个本性可以对"理一之性"进行束缚，同时也使得个体以独特的"形"而存在于天地之间。"形"也能特指具体个体，这里的"性"就具有显著的特殊性。任何一个层次的"性"都和"形"有着紧密的联系，会受到"形"的影响而生成实际内容。这也体现了"理一分殊"的内涵，学术界也将其称为"性一形殊"，之所以会产生这种"分殊"，究其根本还是"气使之然"，这就说明天地万物中各自所承载的"气"有着显著的差别，同时性质也各有不同。

朱熹曾经说过，人"受天地之正气"，物"受天地之偏气"，就是因为有正有偏，所以人有人形，物有物形。而"气"的差别则有程度上和性质上的两种区别，程度上的差别使得五行之气有多有寡，而性质上的差别让气有正有偏。在"理一分殊"当中，"分殊"之"立"指的就是"气"，天地万物会有如此大的区别都是由"气"引起的，不过朱熹在对"气"进行分析时将原本平面的差别转变为立体的差别。因此，"分殊"

---

[1] 陈埴：《木钟集》卷十，《景印文渊阁四库全书》第703册，台湾商务印书馆，1986，第708页。

[2] 朱熹：《答吴伯丰》，《朱子全书》第22册，上海古籍出版社、安徽教育出版社，2002，第2439页。

也从个体间的差别上升为"群类"之间的差别。而世界的"分殊"就更加的多样化，比如人与人之间、人与物之间等。其中平面差别转变成立体差别的关键要素就是"形化"。朱熹提出"分殊"主要是因为"形化"可以证明政治秩序的存在，也就是相同类群的不同个体之间有着割不断的连续性。再有，因为"以形相禅"具备合理性，所以人承担着相应的责任和义务，这是政治伦理的基本要求。关于这一点，传统气化理论的分析明显不足。

朱熹认为，做学问虽然要在理论上进行反驳和论证，但是归根结底还要是在现实社会中建立标准的政治伦理。其中"形化"的概念，其实就是最好的诠释。"形化"既强调了形体的必要性，也承认了世界的真实性。有了这个前提，个体之间、类群之间就自然而然存在差异，不同类群之间的高低之分也有了解释，正所谓"天地生物不齐"。"形化"是天地万物存的前提，也是同类繁衍的基础，因为"形化"，万物得以各有其貌，能共同创造出宇宙万物。所以说，处于类群之外的个体和类群中的成员以及天地万物都有着密不可分的关系，天地作为一个整体，个体是其中不可或缺的部分。从这个角度来说，就算万物以个体形式出现，也是存在于整体当中，任何一个个体都不能脱离整体而存在，脱离整体的这种行为违背常理，个体会因此而受到惩罚。

三 性"生于理"及其普遍性

朱熹的政治伦理思想为对政治伦理正当性的论证，从宇宙论、生成论转向本体论，为理学乃至儒学的政治伦理思想奠定了坚实的基础。朱熹的政治伦理思想从一定时代的道德规范出发，为其寻找永恒的自然法则依据，以维护当时的社会制度体系和价值标准。这是儒学的现实价值。这种论证目的最终又导致出现了一种超自然的论证模式，加强了政治伦理中人性的超社会、超人类的先验色彩。这是儒学的精神价值。

在朱熹政治伦理思想体系内，性是"在我之理"，性来源于理，朱子说："性，即理也。天以阴阳五行化生万物，气以成形，而理以赋焉，犹命令也。于是人物之生，因各得其所赋之理，以为健顺五常之德，所谓性也。"① 在朱熹看来，性与生俱来，是天理所赋予的人物之性。"无极是理，二五是气，无极之理便是性。"② 朱熹在解释"无极而太极"时，以无极为理的无形状态，性来自理，因此，性具有普遍性。在朱熹的政治伦理思想体系中，性无所不有，无处不在。朱熹指出："知性之无所不有，知天亦以此。"③ 性无所不有，无处不在，因此便具有统摄性，无人无物不具有性，无性者便不成为人不成为物。诚如朱熹所说："天下岂有性外之物哉？然五行之生，随其气质，而所禀不同，所谓各一其性也。各一其性，则浑然太极之全体，无不各具一物之中，而性之无所不在，又可见矣。"④ 天下无性外之物，万事万物都具有性，据此，朱熹对性进行了三个方面的规定。

第一，性是形而上者。性是由理所规定的，理的形上特质赋予了性以形上的属性。朱熹指出："性者，人之所得于天之理也；生者，人之所得于天之气也。性，形而上者也；气，形而下者也。"⑤ 形而上者的性是天理所赋，具有天理的整全内涵，而作为形而下者的气是天理在内化于心过程中所形成的物质。在朱熹的心性修养论中，理和性是超越形器的，而气与心是气化的形器。

第二，性无形影而不可见。性的形而本体内聚着性的无形、无影，朱熹指出："无极是有理而无形，如性，何尝有形。"⑥ 理无形，性亦无形。"性之本体理而已矣……性无形象、声臭之可形容也。"⑦ 正由于性无形影，所以性不可触摸，而成全其致广大、普遍。"天地之所以为性者，寂然至无，不可得而见也。"⑧ 性寂然而无，其无形、无影，不可摸索、言说，符合天理之无形影流行、致广大而普遍之特性。

---

① 朱熹：《朱子全书》第 6 册，上海古籍出版社、安徽教育出版社，2010，第 32 页。
② 朱熹：《朱子全书》第 17 册，上海古籍出版社、安徽教育出版社，2010，第 3132 页。
③ 朱熹：《朱子全书》第 16 册，上海古籍出版社、安徽教育出版社，2010，第 1937 页。
④ 朱熹：《朱子全书》第 13 册，上海古籍出版社、安徽教育出版社，2010，第 73 页。
⑤ 朱熹：《朱子全书》第 6 册，上海古籍出版社、安徽教育出版社，2010，第 396 页。
⑥ 朱熹：《朱子全书》第 17 册，上海古籍出版社、安徽教育出版社，2010，第 3117 页。
⑦ 朱熹：《朱子全书》第 6 册，上海古籍出版社、安徽教育出版社，2010，第 981 页。
⑧ 朱熹：《朱子全书》第 13 册，上海古籍出版社、安徽教育出版社，2010，第 512 页。

第三，性是未动之状。由于性具有寂然至无之性质，性的最初状态是不动的，诚如朱子所论："性是未动，情是已动。"① 由于性处在寂然不动的状态，因此性与情构成了静与动的二元结构，性源于无状之理，情生于有状之心。因此，性具有未动之先机，是普遍之理，性的与生俱来，赋予了人性以至善的仁义礼智之性。而在气化流行中，形状之心在已动之情的驱使下，渐成杂染之状，继而人需要穷天理、灭人欲，继而渐趋天命之性。

综上所述，性"生于理"，具有普遍性，无形影，不可捉摸、言说，不可见，它与理一样都是形而上者。朱熹认为，天下无性外之物，性的形上性与理是相同的。从发生意来说，性由理所派生，因此性之所涵则为理之所有。从宇宙论的维度来看，理与性是"空阔净洁"的本体，它们输出天地万物，需要在天地之气化流行、人心治凝气趋情中找寻载体。从实践意来论，理在现世的理性表达就是礼制的形成与推演。

四 天理与政治伦理的合一方式

朱熹把天理论和传统礼学进行了融合，因此礼之本和礼之文之间的关系就演变成天理和礼乐制度之间的关系，由"此与形影类矣"可以知道，不管是理与文还是形与影都保持着一致的关系。没有影，也可以有形，但是要成影，就必须有形。这样的关系推广到理和文上也是如此，其实不管是理和文还是形和影，表面上看是两种事物，其实就是一物。

朱熹认为，所谓天文，其实就是天理在天的层面的一种拓展和延伸；同样，人文就是天理在人的方面的具体表现。天之理是相对天文来说的，而人之道则是相对于人文来说的，不管对象是谁，理与文的关系都保持不变，朱熹的这种说法代表他突破了古人利用天文制作人文的窠臼，而改成圣人循理以作文的思路，即对人类秩序正当性的寻求，从宇宙论转向了本体论。自然规律所秉持的都是天理，而不是人为的刻意安

---

① 朱熹:《朱子全书》第14册，上海古籍出版社、安徽教育出版社，2010，第229页。

排。有关"人文"就是"人理之伦序"的说法，就是天理在人类社会的又一重体现和延展。人文的最终实现离不开圣人的教化，这主要是因为人文和天文之间还存在着明显的差别，天文的自行性很强，而人文则更多体现在礼法之上，其中礼法的最高境界就是"成其礼俗"，这也是人类社会中最理想的政治伦理。

朱熹提到的"礼乐"已经突破了人类社会的限制，泛指的是整个宇宙，徐洪兴认为"礼乐就是宇宙自然化生万物的根本原理"。其中，序与和构成了一种相须为用的关系，和是序的目标，序是和的前提。[①]从人类社会中分析，"上下尊卑之序"制度化体现的就是各种形式的礼乐制度，比如冠、丧、朝等，这些也可以被称为礼之文；而在这些制度当中，君臣之义、父子之礼、夫妻之情等则是人们需要在礼乐制度中遵循的各种规范，这些规范也可以被称为人文。无论制度和规范如何规定，都必须遵照"上下尊卑之序"来展开，这也是天理之理。其中上下尊卑之序所体现的就是天理，而各种形式的礼仪则是人文的具体表现，不同的个体组成了纷繁复杂的世界。之所以会存在礼乐制度，其实是为了实现政治上的和谐，并不是单独为了捍卫统治集团的利益。卢国龙先生曾经说过："序即秩序，和乃和谐。任何一个社会都必然有其秩序，否则不成其为社会；也必然达到一定的和谐，否则秩序难以维持。换个角度也可以说，秩序是达成和谐的途径，和谐是遵循秩序的结果。"[②]"和谐"就是社会的理想状态，在礼乐制度当中就是指每个个体都恪守本分，最终达到"德位合一"的境地。

朱熹对"礼即理"予以思考的根本意图在于解释"克己复礼"，"克己复礼"最初是孔子训导颜回的话，希望颜回可以好好修行"仁"。朱熹对"克己复礼"进行了调整，训"克"为胜，训"己"为"私"，他的这种调整是否合适暂时不做讨论。在朱熹的思想体系当中，仁和礼基本等同，所以克己复礼也就是要求人们自觉主动地对"理一"进行把握。在克己复礼的基础上，"礼即理"中的"礼"指的已经不再是具体

---

① 徐洪兴：《二程论"仁"和"礼乐"》，《云南大学学报》（社会科学版）2006 年第 4 期。
② 卢国龙：《宋儒微言》，华夏出版社，2001，第 358 页。

的礼乐制度，而是个体的价值与人道。个体需要以这个准则对自己的言行进行规范，进而实现克己复礼的价值。在"以履训礼"当中，朱熹进一步阐发了自己的说法。这也是儒家学说的一种传统思想，《说文解字》即云："礼，履也"。《白虎通》亦有"礼者，履也"的讲法。学者金景芳曾经说过，在"以履训礼"当中，"履"即个体的言行，而"礼"则是个体需要遵守的准则。①

"履"和个体的行为有着密不可分的关系。在朱熹的思想当中，"礼之本"其实就等同于"上下之分，尊卑之义"，他的真实意图其实是强调履此"常履之道"指向"上下各得其义"这一"事之至顺，理之至当"的结果。个体与礼之间是相辅相成的关系，个体要符合礼的具体规范，同时个体的行为也会对礼起到积极促进作用，让礼变得更加完善与理想。再有，在"礼即理"当中朱子还提出了"人遵循礼的规范，同时促进礼向理想状态发展"的观点，这体现的是人性的要求，人克己复礼的过程其实也是对自身的一种塑造。朱子论礼有着自己明显的特色，即其认为循性而行的行为既有善的含义，也和礼的要求相符合。关于这一点，在朱子"性即理""礼即理"的两个命题中都有所体现，换句话说，不管是礼、性还是天理，其实都是"理一分殊"的分支。由此可见，礼和性属于同一个范畴，在人的行为当中的体现也保持一致。

既然性与礼都属于理的范畴，那么不管是循性而行、循理而行还是循礼而行，其实都具有一致性。三者其实表示的是一个含义，对其进行总结即为"个体应该遵守礼的具体规范，同时推动礼向着更加完善和理想的方向发展，在这个推动的过程中，个体也能够对自身进行修炼和提升"。其实人在建立和维持政治伦理的过程中，也能很好地实现和提升自身的价值。联想到朱熹"性即理"的命题可以断定，在朱子的思想体系当中，如果想要建立理想秩序就要依靠人的作用，这是人的内在属性，也是人的基本义务和责任。

"天理"也是一种"秩序"，朱子的"理一分殊"的秩序观，其实就

---

① 金景芳：《谈礼》，《二十世纪中国礼学研究论集》，学苑出版社，1998，第1~12页。

是要将天理作为世界的本质来看待，在社会中建立一个理想的状态，让世界呈现出"天下万物各得其所"的状态，世界当中的万事万物都需要按照秩序的要求承担自身的责任。体现在人的身上，就是要遵守"上下尊卑之序"的天理内涵，进而建立起完善的礼乐制度，如果在这套礼乐制度当中可以看到君臣之义、父子之情，那么毫无疑问其具有相当的合理性；反之，则不具备合理性。在礼乐制度当中，人的作用就是"使上下各得其义"，在这个过程中个体的价值也能得到彰显，获得自身的完善与提升。

只要是在现实生活当中，"天理"就会以礼乐制度的形式表现出来，而朱熹也为礼乐制度设定了两个核心：一个是民情，另一个是民俗。其中民情体现的是人性，这可以算得上是礼乐制度的根本，而民俗指的就是各种风俗习惯，在对礼乐制度进行损益时需要以此为依据。礼乐制度的根本核心指的就是"五伦"，其中父子、夫妇、兄弟三伦可归属"天分"的范畴，其组成方式是"自然感应"，属于天定的必然；而君臣、朋友两伦则属于"义合"的范畴，组成方式是"相求而后合"，具有更强的可选择性。"义合"的本质就是在社会中建立起一种理想的秩序。在朱熹的思想体系当中，礼乐秩序当中最为核心的就是君臣关系，在朱熹看来，君臣关系的理想境界就是相互之间以诚心互相感应。朱子以君臣一体论为推诚共治的基础，同时对君道和臣道做出了详细的规定，有关这一点，通过其对臣道的诠释可以有所了解。

要想实现"天理"最终还是要依靠人的努力，其中君主的作用最不可磨灭，朱熹曾经对此提出了"圣人有心而无为"的观点，此即他所认为的建立理想秩序所必须具备的条件。其中的"有心"指的是政治主体需要有一颗公心、诚心，"公心"指的是公平之心，这是朱熹所认为的君主必须具备的条件，其表现为君主不自认其明，而以公议为尚。"诚心"就是君主的专一之心，需要符合天理的要求。而公心、诚心则是政治稳定的前提和保证，因为它们能够洞察天理，同时洞察万物之理，只有这样才能保证政治稳定，进而建立理想的社会秩序。其中"无为"指的是圣人治理国家所采取的手段。在朱熹看来，"无为"有两方面内容：

一是需要做好分工合作，二是在开展政治活动时需要按照"议论"的原则进行。朱子同时强调了"议论"的重要性，这是"天下公理"的重要体现。

五 情礼相合：朱子政治伦理的现实呈现

"情礼相合"是朱子政治伦理的现实呈现。情之正与天理、人之本心贯通为一，是真情，为天理、性的全然流露。礼为天理之节文与彰显，故与情之正之流露契合。朱熹认为礼本于天理，为天理之现实面向。其以"理"为宇宙万物之根本，云："熹窃谓天地生物，本乎一源；人与草木之性，莫不具有此理。"① 万物本源于天理，天地万物皆只不过是理之形而下的具象，万物皆秉承"理"，"礼"则为万物之一件，亦为天理之彰显与发用："这个典礼，自是天理之当然，欠他一毫不得，添他一毫不得。"② 因此，礼乃天理流行之自然，为天理之节文，是众人为人处世之仪则："礼者，天理之节文，人事之仪则。"③ 礼本于理，礼以形而下的方式含摄、体现了形而上的绝对之理。

朱熹言："盖四端之未发也，虽寂然不动，而其中自有条理，自有间架，不是笼统都无一物。所以外边才感，中间便应。如赤子入井之事感，则仁之理便应，而恻隐之心于是乎形。如过庙过朝之事感，则礼之理便应，而恭敬之心于是乎形。盖由其中间众理浑具，各各分明，故外边所遇随感而应。"④ 如此，礼不仅含摄天理，且根植于人心，为四德之一，情为性之发露，情体现为恻隐、羞恶、辞让、是非之情，其应物而发，所发皆善，洽合于礼德。据此可质言之，在应然维度上，"礼"与"情之正"皆天理，心之四德自然彰显、流露，"礼"与"情"贯通相洽。此亦为情礼互相作用的前提和应然归宿。

在现实层面，情礼关系则常常表现出矛盾和相背离的一面，由此引

---

① 朱熹：《朱子全书》13册，上海古籍出版社、安徽教育出版社，2002，第335页。
② 黎靖德编《朱子语类》，王星贤点校，中华书局，1986，第2184页。
③ 黎靖德编《朱子语类》，王星贤点校，中华书局，1986，第101页。
④ 朱熹：《朱子全书》23册，海古籍出版社、安徽教育出版社，2002，第2780页。

发情礼之间的冲突。而缘于应然维度两者相契、统一的甚深渊源，朱熹特别强调礼对情之正的抒发。在实然层面，情礼需相互调节方能相洽，礼既要鼓励合理的欲望、服膺合理的情，又要除去不合理之欲，规制不合理的情，即礼既要本于人情又不能为情所困，故此，朱熹认为礼维系人情，规制并且抒发人情，对情之正予以最大的肯认，礼之情感因素于此得到特别的重视和强调。礼之情感因素因天理的绝对至高性被拘制在"三纲五常"的伦理框架之内，在释放情的同时，一定程度上又压抑了人情。

朱熹在其政治伦理思想体系内将"克己复礼"界定为存天理、去人欲，这不仅是朱子对于帝王的修身要求，也是他为世人所开出的入"尧舜之门"的实践方式。朱熹认为："克与复工夫，皆以礼为准也。"① 因此，修身去欲的过程是以礼制的标准为"规矩准绳"，践行"三纲五常"等政治伦理。朱熹认为："有个天理，便有个人欲。盖缘这个天理，须有个安顿处，才安顿得不恰好，便有人欲出来。"② 由此可见，天理与人欲是胶着在一起的，人欲在主体主观性价值选择中会出现合于"天理"、偏于"天理"、乖于"天理"的现象。而对于修身之主体而言，其情的正与不正在很大程度上影响着人欲的当与不当，朱子指出"天理人欲，同行异情"③，在天理、人欲、性情中，朱熹尤为注重通过主观意志的情欲反思去穷达天理。

朱熹认为，既然世界本身具有"理一分殊"的框架和秩序，而人类社会作为世界最核心的部分，则应该遵循一定的框架和秩序，即政治伦理秩序。世界和人类社会之所以会形成秩序，是因为在"分殊"的过程中，"气"的不同使万事万物之间有所不同，同时"分殊"的"形化"过程又使同类群的不同个体之间有割不断的连续性，因此这些具有连续性的不同个体之间必定会产生关联和秩序，在人类社会，这种关联和秩序就是政治伦理秩序，具体体现为礼乐制度。朱熹政治伦理哲学以对天

---

① 黎靖德编《朱子语类》（三），王星贤点校，中华书局，1986，第1046页。
② 黎靖德编《朱子语类》（一），王星贤点校，中华书局，1986，第223页。
③ 朱熹：《四节章句集注》，中华书局，1983，第219页。

理的形上论证为前提，然后从天理出发，以体用一源、理一分殊两条思维原则涵摄现实政治制度与规范，为其提供天理合法性论证。朱熹政治伦理哲学是历史的产物，有其客观存在的必然性和理论价值的合理性，朱熹对社会政治的关注，体现了儒士的责任与理想。

第六章 心与理一：陆九渊的政治伦理思想

陆九渊（1139~1193），字子静，号象山，抚州金溪（今江西省金溪县）人。陆九渊出生于一个累世义居的家族。所谓义居之族，族人不分家，最年长者为家长，共有土地财产，共同生产劳动，各人分担家族事务，百人共灶而食，以诗礼传家。陆九渊是其六兄弟之中最幼者，五位兄长都是饱读诗书之士，陆九渊从小跟随兄长们学习，其中陆九龄与陆九渊年岁最近，对其影响最大。

陆九渊在少年时期即显示出其聪颖，听到人诵读程颐之书，则质疑其与孔孟之言不符；读《论语》则质疑有子之言支离；读到"宇宙"二字，则省悟"宇宙内事乃己分内事，己分内事乃宇宙内事"。乾道八年（1172），陆九渊中进士，到京师。陆九渊因为之前在乡试中表现优异，得到吕祖谦的赏识，慕名从游者甚多。陆九渊讲学不强调学规，而直指人心，听者多受感动，有甚者心有戚戚，汗流不止，"陆学"之名渐起。

陆九渊初被任命为靖安县（今江西宜春）主簿，而以母丧丁忧。除丧服后，任为国子正，教授诸生。陆九渊出生于南宋初期，少闻靖康事变及徽钦二宗被虏之事，常有复仇之志。他以论对的机会，上书孝宗，论五事："一论仇耻未复，愿博求天下之俊杰，相与举论道经邦之职；二论愿致尊德乐道之诚；三论知人之难；四论事当驯致而不可骤；五论人主不当亲细事。"[1] 在此期间，陆九渊亦参与了一些政治事件。一是与朱熹有关的事件。朱熹在南康军（今江西庐山）及浙东任职时，对地方

---

[1] 《宋史·陆九渊传》，中华书局，1985，第12880~12881页。

豪强进行严格的限制，引起非议，被指责为政太"严"。陆九渊则为朱熹辩护，指出所谓"严""宽"是相对而言，要以事实为根据，有些人"宽"是对贪吏豪户"宽"，"严"是对普通百姓"严"，这显然是恶政；而朱熹则与此相反，对普通百姓"宽"而对贪吏豪户"严"，是有益于民的善政。二是整顿税赋征收的问题。陆九渊认为当时各地方政府多有过度征收赋税的情况，超出朝廷规定征收额的部分，多被地方官员胥吏收入私囊。陆九渊甚至直接给家乡金溪的县令赵公愈写信直言此赋税征收的问题。三是关于"社仓"。陆九渊得知朱熹在福建建立社仓，认为这是一种稳定物价及应对灾荒的好措施，于是写信给自家兄弟及家乡官吏，建议他们按照朱熹的方法建立社仓。

淳熙二年（1175），在吕祖谦的主持下，陆九渊兄弟与朱熹在江西信州（今江西上饶）鹅湖寺会面，试图调和学术观点上的分歧。但会面并不算成功，双方只是更加明确各自的观点和与对方的分歧。淳熙十三年（1186），诏陆九渊主管台州崇道观。此为闲职，陆九渊得以专注于学术，授徒讲学，陆学大盛。

光宗即位后，任命陆九渊知荆门军（今湖北荆门）。陆九渊在任时政绩可观。一是修筑城墙。荆门处于与金对抗的第一线，却没有城墙。于是陆九渊组织修建城墙，只四个月即完工。二是改善法治。对民众的诉讼，则多加劝诫，使其改过自新，只有对确实不听教化者，才依法处置。又加强保伍的治安措施，严惩盗贼，不久，盗贼屏息。三是改善财政。荆门原针对商贾征收关税，又因处于边境，而禁民众使用铜钱，只允许使用铁钱。这些措施都于民大有不便，而陆九渊将之废除。陆九渊在荆门的一系列措施得到宰相周必大的盛赞。

一 "心即理"的政治伦理本体论

在陆九渊心学体系中，最根本、最具特色的是把"心"作为其哲学的核心范畴，将"心"提升至道德本体的高度，规定并代表着永恒的、普遍适用的社会伦理道德。陆九渊心学中的"理"是宇宙万物的本体论依据，决定并代表着必然的社会伦理道德。因此，就"心"与"理"的实质内涵而言，"心"与"理"是同一或合一的，正所谓"盖心，一心也；理，一理也。至当归一，精义无二。此心此理，实不容有二"①。然而，陆九渊心学中"心即理"这一命题却远远超出上述意义。

首先，"心即理"这一命题将外在于人的、具有超越性的"理"拉回到人的内心，实现了"理"从物理世界到人伦世界的融通。陆九渊心学重点强调心的道德本体地位，这是因为陆九渊的心学是做人的学问，其心学的最终目标是使人成圣成贤。陆九渊说："人须是闲时大纲思量：宇宙之间，如此广阔，吾身立于其中，须大做一个人。"②又说："今人略有些气焰者，多只是附物，原非自立也。若某则不识一个字，亦须还我堂堂地做个人。"③正是从这个意义上，牟宗三先生认为："本心即理'非谓本心即于理合理，乃'本心即是理'之谓。此盖同于意志之自律，而且足以具体而真实化意志之自律。"④而陆九渊所谓的"做人"志在追求完美的理想人格，正如"我无事时，只似一个全无知无能底人。及事至，方出来，又却似个无所不知、无所不能之人"⑤。

其次，"心即理"这一命题在完成上述各方面融通的同时，必然决定着陆九渊心学的修养工夫路径及特点。陆九渊心学主张"先立乎其大"，其修养工夫都围绕着"发明本心"这一主题而采取内向而非外向的路径。正如《语录》中所记载的："或问：'先生之学，当自何处入？'曰：'不过切己自反，改过迁善。'"⑥又说："人心有病，须是剥落，剥落得一番即一番清明，后随起来，又剥落，又清明，须是剥落得净尽方是。"⑦同时"本心"的整体直观性，又决定了其修养工夫"简易"的特点，正所谓"易简工夫终久大，支离事业竟浮沉"。陆九渊曾不满地说："近来论学者言：'扩而充之，须于四端上逐一充。'焉有此理？孟子当

---

① 陆九渊：《陆九渊集》，钟哲点校，中华书局，1980，第4~5页。
② 陆九渊：《陆九渊集》，钟哲点校，中华书局，1980，第439页。
③ 陆九渊：《陆九渊集》，钟哲点校，中华书局，1980，第47页。
④ 牟宗三：《从陆象山到刘蕺山》，上海古籍出版社，2001，第6页。
⑤ 王煦：《陆象山心学美学智慧研究》，博士学位论文，浙江大学传媒与国际文化学院，2012，第96页。
⑥ 陆九渊：《陆九渊集》，钟哲点校，中华书局，1980，第400页。
⑦ 陆九渊：《陆九渊集》，钟哲点校，中华书局，1980，第458页。

来只是发出人有是四端，以明人性之善，不可自暴自弃。苟此心之存，则此理自明。当恻隐处自恻隐，当羞恶，当辞逊，是非在前，自能辨之。"[①]可见，其对"本心"的认识并不是从局部到整体的渐进过程，而是一种直截了当的整体直观式的体悟。

最后，"心即理"这一命题注定了陆九渊心学中"天人合一"模式别具特色。崔大华先生在《南宋陆学》中指出："'天人合一'观点是儒家的传统观点，它的含义有两个方面：一是指道德根源，认为人的'心性'禀受于天因而人在本质上和天是相通的、一致的，即所谓'此（心）天之所与我者'是道德境界，认为通过心性修养（'心'的主观扩张），可以达到与天地一体的境地，即所谓'尽其心者知其性也，知其性则知天矣'。"[②]崔大华先生在这里简明扼要地道出了儒家传统"天人合一"的内涵，但不可否认的是，不同的哲学家对"天人合一"的理解在上述大框架下又有着具体的差别。如果说在朱熹那里是通过"格物致知"体认到具有超越性的"理"，从而使"心"服从"理"以实现"天人合一"的话，那么，在陆九渊这里，就是通过"切己自反""发明本心"来体认与"心"合一或同一的"理"，从而实现内在于人之"本心"的天人合一。朱熹那里，心归于理，无我（心）；陆九渊那里，心理合一，有我（心）。陆九渊"天人合一"的特色就是"心"贯穿于整个哲学体系，无时无刻不在场，而其终极目标就是"收拾精神，自作主宰，万物皆备于我，有何欠阙"[③]。

二　"君民一体"的政治原则

陆九渊坚持"本心"，主张德治善政。在价值取向上，他始终坚持发扬儒家思想，以政之宽猛的视角对善政进行解读。"唐宪宗问权德舆政之宽猛孰先？当时德舆之对，似亦有得乎吾所谓'君之心，政之本'

---

①　陆九渊：《陆九渊集》，钟哲点校，中华书局，1980，第396页。
②　焦循：《孟子正义》下册，沈文倬点校，中华书局，1987，第792、877页。
③　陆九渊：《陆九渊集》，钟哲点校，中华书局，1980，第455~456页。

者矣，惜乎其不能伸之长之，而宽猛之说未及辨也。"①唐宪宗对为政"宽"与"猛"关系的处理其实就体现了其对这个问题的看法。权德舆的回答从表面上看能够和"君之心，政之本"的思想保持一致，不过对"宽"与"猛"的认知比较有限，所以无法对"君之心，政之本"的理念进行进一步的延伸。陆九渊在这个问题上另辟蹊径，从"君之心，政之本"出发对"政之宽猛"进行了全新的解读与诠释。

在陆九渊看来，所谓"宽"与"猛"其实没有谁先谁后的关系，两者之间最大的区别在于美与恶，君主治理国家不可能一味用"猛"。"宽者，美辞也，猛者，恶辞也。宽猛可以美恶论，不可以先后言也。"②所谓"宽"，指的是在治国理政时要怀有仁爱之心，这是值得赞誉的理念；而"恶"则正好相反，指的是在治国理政过程中过多使用苛政，为人所诟病。所以人君在对待民众时不能一味刚猛，"宽"与"猛"两种治国方式的主要区别不在于先后顺序，而在于美和恶，以及百姓拥戴和反对。"《语》载夫子之形容，曰：'威而不猛。'《书》数羲和之罪，曰：'烈于猛火。'《记》载夫子之言，曰'苛政猛于虎也'。故曰猛者恶辞也，非美辞也。是岂独非所先而已耶？是不可一日而有之者也。故曰可以美恶论，不可以先后言也。"③陆九渊对苛政所采取的是明确的反对态度，他认为人君在治理国家时不能以"猛"的方式对待百姓。"'政宽则民慢，慢则纠之以猛，猛则民残，残则施之以宽。'使人君之为政，宽而猛，猛而宽，而其为之民者，慢而残，残而慢，则亦非人之所愿矣。"④如果一味宽纵，那么百姓就有可能做事怠慢，放松对自己的要求，因此就要以残暴的方式严加管理，在陆九渊看来，"宽"与"猛"并济的方式并不值得提倡。如果百姓稍有懈怠就会遭到残暴的对待，那么百姓的怠慢之心只会更甚，这显然不是为政之道，不管是人君还是百姓都不愿意见到这样的结果。在具体的执政方法上，陆九渊主张"威

---

① 陆九渊：《陆九渊集》，钟哲点校，中华书局，1980，第356页。
② 陆九渊：《陆九渊集》，钟哲点校，中华书局，1980，第356页。
③ 陆九渊：《陆九渊集》，钟哲点校，中华书局，1980，第356~357页。
④ 陆九渊：《陆九渊集》，钟哲点校，中华书局，1980，第356页。

而不猛"，树立人君的威严，获得百姓的拥戴，以德服人而不是以暴治人。这就需要人君在宽仁为政的同时根据实际情况适当制定刑罚措施维护统治。"强弗友之世，至于顽嚣、疾狠、傲逆、不逊，不可以诲化怀服，则圣人亦必以刑而治之。然谓之刚克可也，谓之猛不可也。五刑之用，谓之天讨，以其罪在所当讨，而不可以免于刑，而非圣人之刑之也，而可以猛云乎哉？"① 如果面对的是那些冥顽不灵、屡教不改的人，只使用教诲的方式显然达不到改变的目的，所以有必要施以刑罚，这并不算是为政以"猛"，只能称得上是强制措施。所谓刑罚是上天对有过之人采取的惩罚措施，这并不是因为上天滥用刑罚，而是面对这些有过之人，只有用这种方法才能对他们进行有效惩处。刑罚并不代表苛政，这是治国的必要手段。陆九渊对刑罚的态度是，可以使用刑罚，但是不能滥用严刑。"夫惟于用刑之际而见其宽仁之心，此则古先帝王之所以为政者也。"② 陆九渊对"宽"与"猛"的态度，决定了他为政时的取舍，他继承了孟子的仁政思想，主张君当以宽仁之心治国，尚德而不尚刑。孟子提出仁政思想，主张"以善养人"，要求人君要"以仁存心，以礼存心"③。"上有好者，下必有甚焉者矣。君子之德风也，小人之德草也。草上之风必偃"④，君主是千万百姓的楷模，君主品德高尚、施行仁政，才能对黎民百姓进行感召。"仁者以其所爱及其所不爱，不仁者以其所不爱及其所爱。"仁德的人君要做到爱民如子，具有"思天下之民，匹夫匹妇有不被尧、舜之泽者，若己推而内之沟中"⑤ 的责任感。人君唯有具备了"本心"，天下百姓才能拥戴人君，国家的长治久安才能得到保证。"君仁莫不仁，君义莫不义，君正莫不正，一正君而国定矣。"⑥ 陆九渊的这一理念和孟子的"仁政"理念一脉相承，指出"君正则莫不正"。

---

① 陆九渊：《陆九渊集》，钟哲点校，中华书局，1980，第 356 页。
② 陆九渊：《陆九渊集》，钟哲点校，中华书局，1980，第 358 页。
③ 焦循：《孟子正义》，中华书局，1954，第 350 页。
④ 焦循：《孟子正义》，中华书局，1954，第 194 页。
⑤ 焦循：《孟子正义》，中华书局，1954，第 387 页。
⑥ 焦循：《孟子正义》，中华书局，1954，第 309 页。

在陆九渊看来，仁政思想要做到德刑并举，则要重德，不能过于强调刑罚的作用。他还专门举出唐宪宗和宰相李吉甫、李绛进行廷论的例子进行说明："唐李吉甫尝言于宪宗曰：'刑、赏，国之二柄，不可偏废。今恩惠洽矣，而刑威未振，中外懈怠，愿加严以振之。'当时帝顾问李绛，绛虽能以尚德不尚刑之说折之，然终未能尽惬于理……告主上以行天讨乎？何乃泛言刑威不振，劝人主以加严，此岂大舜明刑之心……吉甫斯言，可谓失其本心者也……后之欲以险刻苛猛之说复其君者，尚鉴于此哉！"①李吉甫主张实施严刑，他在给唐宪宗进言的过程中借天之名希望说服皇上推行严刑，但是这种做法其实并不妥当。他所谓的严刑和舜的刑罚其实是背道而驰的，这是迷失"本心"的典型做法，因此唐宪宗也没有采纳他的意见。在陆九渊看来，其实严刑相当于是"猛"政，而陆九渊一直以来都积极倡导"宽"政，希望可以实现德刑并举，不能对百姓太过严酷。陆九渊曾经在朝为官，也曾经在家乡讲学，他在关注朝野的同时也一直关心民间疾苦，体察民情。"民为邦本，诚有忧国之心，肯日蹙其本而不之恤哉？财赋之匮，当求根本。不能检尼吏奸，犹可恕也，事掊敛以病民，是奚可哉？"②陆九渊相信，"民"是治国安邦的根本，这里提到的"民"既包含当时被排在第二、三等的中小地主，也包括被排在第四、五等的农民。陆九渊一直坚持把"民"放在首位，提倡"民为贵"，怀有一颗忧国之心，看见百姓受苦就加以体恤。他指出，如果在统治过程中没有对贪官污吏进行严惩，还可以被原谅，但是如果只知敛财享乐，不顾百姓死活，那么就一点值得宽恕的余地也没有了。

在陆九渊看来，"民为邦本"是进行统治必须遵守的原则，所以他大力主张"宽民力厚国本"。这样君民才能联系起来，为社稷的稳定打下坚实的基础。"'民为大，社稷次之，君为轻'，'民为邦本，得乎丘民为天子'，此大义正理也。"③"孟子曰：'民为大，社稷次之，君为轻。'

---

① 陆九渊：《陆九渊集》，钟哲点校，中华书局，1980，第358页。
② 陆九渊：《陆九渊集》，钟哲点校，中华书局，1980，第98页。
③ 陆九渊：《陆九渊集》，钟哲点校，中华书局，1980，第69页。

此却知人主职分。"① 在人君、百姓、社稷的排序上，陆九渊承继了孟子之说，他坚定认为民应该当之无愧地排在第一位，其次是江山社稷，最后才是人君。这样的排序方式对人君的地位予以肯定，同时也阐释了君和民各自不同的职能，百姓是江山社稷的根本，而君主的作用就是为社稷和百姓服务的。"得乎丘民为天子"，魏徵曾经说过，君民之间就是舟与水的关系，舟可以浮在水面上，也能沉到水底。如果将国家比喻成浩瀚的大海，那么大海是由无数的水滴组成的，但是大海里并不包含舟。舟要想在大海里自由航行，就要获得水的保护与支持，换句话说，君主在取得了百姓的拥戴之后才能获得政权。这三者之间的关系体现的就是"大义正理"，亘古未变。"今日邦计诚不充裕，赋取于民者诚不能不益于旧制。居计省者诚能推支费浮衍之由，察收敛渗漏之处，深求节约检尼之方，时行施舍已责之政，以宽民力，以厚国本，则于今日诚为大善。若未能为此，则亦诚深计远虑者之所惜。"② 陆九渊提到，既然国家的税收来自百姓，那么在征税的时候就要结合当时的情况，而不能一味守旧。既要向百姓收取赋税，又要告诫财政官员清正廉洁，不能出现透支浪费等情况，保证赋税收入账目清楚，没有错漏，只有这样才能实现"邦之充裕"。至于赋税减少的原因陆九渊也进行了总结，其根本原因就在于朝廷和官吏，如果他们不能做到自省，那么"宽民力"就无法实现。唯有"民力"宽裕了，百姓才能和君主一心，"厚国本"的目的才能顺利实现。陆九渊的为民思想其实也兼顾了为君和为社稷的考量。所以，陆九渊非常厌恶贪官污吏，认为他们无恶不作、破坏国之根本，是"蹶邦本，病国脉"。

陆九渊提到"张官置吏，所以为民"。"天生民而立之君，使司牧之，张官置吏，所以为民也。"③ 陆九渊指出，"立之君"存在于"天生民"之后，"民"是"君"产生的基础。这个理念包含了两个方面的含义：第一，上天孕育人民，上天从数以万计的人民中选择一人成为君

---

① 陆九渊：《陆九渊集》，钟哲点校，中华书局，1980，第403页。
② 陆九渊：《陆九渊集》，钟哲点校，中华书局，1980，第72页。
③ 陆九渊：《陆九渊集》，钟哲点校，中华书局，1980，第69页。

主，君主来自人民；第二，上天孕育无数百姓，百姓推选一人立为君主。古代帝王通常情况下会选择第一种说法，认为自己受命于天对国家进行治理。不过陆九渊说过，"使司牧之，张官置吏，所以为民"，这就表明他相信百姓选择君主而君主为百姓服务的理念。这种理念也对其变革思想产生了积极影响，他认为桀纣等君主不为百姓服务，所以应该被推翻，尽管这有悖于"天命不可违"的理念，但君主既然君临天下，便要积极为百姓服务，并得到百姓的支持与拥戴。所以君主需要时刻将"民"放在心上，这样才能维持国家的长治久安。"天以斯民付之吾君，吾君又以斯民付之守宰，故凡张官置吏者，为民设也。无以厚民之生，而反以病之，是失朝廷所以张官置吏之本意矣。'无君子莫治野人，无野人莫养君子。'"①陆九渊借天之名把百姓的安危生计等都托付给君主，让其保护百姓的利益，之所以"张官置吏"，其目的是让"民"的生活更好。反之，假如不能做到"厚民之生"，"反以病之"，君主"张官置吏"的意义也就不存在了。为了印证自己的观点，陆九渊引用孟子的话进行概括："无君子莫治野人，无野人莫养君子。"总之，如果天下没有君主，那么就无法治理数以万计的百姓；如果没有百姓，那么君主也无法被尊崇。这就充分体现了"民"在政治活动中的基础性地位，"民"同时也可以享受到来自国家的服务，在这个过程中，君的作用就是积极有效地治理国家。

陆九渊实现了民为国本和君主权力的有机统一，"民生不能无群，群不能无争，争则乱，乱则生不可以保。王者之作，盖天生聪明，使之统理人群，息其争，治其乱，而以保其生者。夫争乱以戕其生，岂人情之所欲哉？……当此之时，有能以息争治乱之道，拯斯民于水火之中，岂有不翕然而归往之者？保民而王，信乎其莫之能御也"②。民众生活是一种聚居生活，聚居就意味着会存在矛盾与冲突，而斗争就会引发混乱，如果对混乱不加以制止，民众的生活就难以为继。这种由斗争引发出来的混乱对广大民众来说本身就是一种伤害，人人避之不及。要想降

---

① 陆九渊：《陆九渊集》，钟哲点校，中华书局，1980，第116页。
② 陆九渊：《陆九渊集》，钟哲点校，中华书局，1980，第382页。

低这种事情发生的概率，就要发挥权力的作用对民众进行保护，消除各种形式的斗争，防止混乱发生。这个权力就来自君主，因为君主的使命就是"保民"，"君"要为"民"提供必要的庇佑与保护，"民"依附于"君"，如果"君"的这个使命完成得不好，那么"民"就不会对"君"进行依附。其实"保民"的过程也可以达到"治民"的效果。"自古张官置吏，所以为民。为之囹圄，为之械系，为之鞭棰，使长吏操之，以禁民为非，去其不善不仁者，而成其善政仁化，惩其邪恶，除乱禁暴，使上之德意，布宣于下，而无所壅底。"①

陆九渊曾经和他的哥哥陆九韶有一段著名的议论。"松尝问梭山云：'有问松："孟子说诸侯以王道，是行王道以尊周室？行王道以得天位？"当如何对。'梭山云：'得天位。'松曰：'却如何解后世疑孟子教诸侯篡夺之罪？'梭山云：'民为贵，社稷次之，君为轻。'先生再三称叹曰：'家兄平日无此议论。'良久曰：'旷古以来无此议论。'松曰：'伯夷不见此理。'先生亦云。松又云：'武王见得此理。'先生曰："伏羲以来皆见此理。'"②陆九韶的观点是，君主只有在实行王道之后才能得到上天赐予的王位。假如做不到，那么百姓就可以直接将君主推翻。陆九渊对兄长的说法表示赞同，认为从伏羲之后，所有的圣贤对这个道理都理解得非常深刻，唯一不懂的人就是阻止武王伐纣的伯夷，武王上通天理，顺应民意，毅然兴兵对纣王进行讨伐，最终将不行王道的统治政权推翻。"安知天位非人君所可得而私"③，不管是江山社稷还是黎民百姓，都不是君主的私有财产，因此陆九渊特别指出，君主为政一定要从民众的利益出发："孟子曰：'民为贵，社稷次之，君为轻。'此却知人主职分。"④君主对自己的职能非常清楚，和民众之间的关系才能处理得宜。"然人之为人，则抑有其职矣。垂象而覆物，天之职也。成形而载物者，地之职也。裁成天地之道，辅相天地之宜，以左右民

---

① 陆九渊：《陆九渊集》，钟哲点校，中华书局，1980，第71~72页。
② 陆九渊：《陆九渊集》，钟哲点校，中华书局，1980，第424页。
③ 陆九渊：《陆九渊集》，钟哲点校，中华书局，1980，第426页。
④ 陆九渊：《陆九渊集》，钟哲点校，中华书局，1980，第403页。

者，人君之职也。"每个人生来都有自己的职责，在这个方面君主也是概莫能外。比如，天要垂象覆物，地要承载万物，而君主的职责就是顺应天理，庇佑百姓。

"风俗积坏，人材积衰，郡县积弊，事力积耗，民心积摇，和气积伤，上虚下竭，虽得一稔，未敢多庆。如人形貌未改而脏气积伤，此和扁之所忧也。比日所去之蠹，可谓大矣。燮调康济，政而惟难。非君臣同德，洞见本末，岂易言此。"[①] 在这段话中陆九渊共计用到六个"积"字，对江西的政治、经济、人文、民心等情况进行概括。如果将国家比喻成一个人，那么民众就是这个人的五脏六腑，如果内脏受到伤害，那么人的健康就无法保证。相对应的，如果民心涣散而动摇，那么国之根本也就不再牢固。再有，养民和去蠹之间也存在着很大差异，民众如果可以各司其职安居乐业，那么国家就能长治久安；而官吏则是国家机器得以运行的工具，不能当成国之本来看待，所谓"去蠹"就是罢黜那些不能为民办事，甚至为害于民的官吏，这是进行国家治理必须完成的工作，相比于养民，民之事显然更为重要。要保证国家政治清明稳定，百姓安居乐业，就要制定明确的章程和制度。君主要庇佑百姓免受伤害，就要对邪恶势力进行惩治，平定暴乱，这里用到的主要方法就是设囹圄，针对不善的行为制定相应的制度，通过武力的形式加以惩处，"去其不善不仁者，而成其善政仁化"。所谓"不善不仁者"指的是不为百姓办事的官吏，同时也指不服君主统治的百姓。陆九渊认为，采取必要的惩治措施是实现"善政仁化"的保证，唯有真正做到"去其不善不仁者"，国家的统治才能得以延续，而君主也才能得到百姓的拥戴与热爱。"政远，惟为国保爱，倚需柄用，以泽天下。"[②] 在陆九渊看来，政治的服务主体就是国家，政治是作为一种治国手段而存在的，根本目的就是保证百姓安居乐业，国家长治久安。"君不可以有二心，政不可以有二本。君之心，政之本，不可以有二，而后世二之者，不根之说有以病之

---

① 陆九渊：《陆九渊集》，钟哲点校，中华书局，1980，第121页。

② 陆九渊：《陆九渊集》，钟哲点校，中华书局，1980，第25页。

也。"① 陆九渊对"人君代天理物"② 的理念深信不疑，社会政治体现的是君心的意志。不管是政治法律还是伦理纲常概莫能外。在封建社会，君心可以和政治划上等号。君主没有二心，政治也就只有一个根本，所以君心就是政治之根本。"国以君为主，则一国之事，莫不由君而出。"③ 这里提到的"主"代表的是主导者，国家的主导者就是人君，对国家的政治方向起到决定性作用，不过这并不代表人君就是国家的根本。不管是国家政治还是社会事宜，其决定者都是人君，人君是各种规章制度的制定者，需要管理国家运行的各项事宜。

三 君主"本心"之仁政追求

在陆九渊看来，人君要拥有一颗宽仁之心，积极推行仁政。"尝谓古先帝王未尝废刑，刑亦诚不可废于天下，特其非君之心，非政之本焉耳。夫惟于用刑之际而见其宽仁之心，此则古先帝王之所以为政者也。"④ 古往今来，没有哪个帝王可以将刑罚一一废除，而且从国家管理的层面来看，刑罚对治理天下颇有用处，确实不能尽数废除，不过保留刑罚并不是出于君主"本心"，也非为政之根本。客观上讲，为政的根本就是君主的本心，也就是陆九渊所提到的宽仁之心。君主将臣民放在心上，体察民情、呵护备至，臣民也视君主为亲人，对其拥护、爱戴，支持他的各项政治主张。在封建社会的统治当中，君主要牢记仁政爱民的道理，同样要践行民本思想。陆九渊相信"君之心"就是至善至仁之心。"尧举舜，舜一起诛四凶。鲁用孔子，孔子一起而诛少正卯。是二圣人者以至仁之心，恭行天讨，致斯民无邪慝之害，恶惩善动，感得游泳乎洋溢之泽，则夫大舜孔子宽仁之心，吾于四裔两观之间而见之矣。"⑤ 在这里，陆九渊选择了舜杀四部首领以及孔子诛少正卯的典故对至仁之心进行阐释。"至人无己，神人无功，圣人无名。"这句话中提到的三者

---

① 陆九渊：《陆九渊集》，钟哲点校，中华书局，1980，第356页。
② 陆九渊：《陆九渊集》，钟哲点校，中华书局，1980，第431页。
③ 陆九渊：《陆九渊集》，钟哲点校，中华书局，1980，第375页。
④ 陆九渊：《陆九渊集》，钟哲点校，中华书局，1980，第358页。
⑤ 陆九渊：《陆九渊集》，钟哲点校，中华书局，1980，第358页。

呈现出一种逐步递进的关系，最终达到忘我的境界而"圣人无名"。陆九渊相信"君之心"既宽且仁，人君要以包容之心对待臣民，把宽仁之心发挥到极致。至仁之心的范围较为广泛，需要人君做到"恭行天讨，致斯民无邪慝之害，恶惩善动"。对臣民要宽仁无比，而对待邪慝之辈则要持另一番态度——恭行天讨，仿效舜和孔子一样对其进行无情的诛杀，防止更多的百姓深受其害。这样才能惩恶扬善，体现为君的至仁之心。从这一点上可以看出，陆九渊对待贪官应予以惩罚的看法和其一贯秉持的君主应怀至仁之心的看法相统一，并不违背。

陆九渊指出，"君之心"和"民之本"两者之间相互依存，不能分离。"然则君人者，岂可以顷刻而无是心，而所谓政者，亦何适而不出于此也。故曰君不可以有二心，政不可以有二本。"① 在国家政治体系当中，人君起到的是主导性作用，代表的是一个国家，每时每刻都在发挥作用。从这里可以看出人君在政治体系中的作用，在某种意义上，封建统治和人君之间是相互依存的关系。"海内之责，当有在矣。"② "民之弗率，吏之责也；吏之不良，君之责也。《书》曰：'万方有罪，罪在朕躬。'又曰：'百姓有过，在予一人。'"③ 百姓犯错，需要向官吏进行问责，官吏犯错，则要对君主进行问责。归根结底，之所以国家没有治理好其实错在君主。如果对犯错的百姓进行惩治，那么惩治的对象仅有一个人；但是如果犯错的是人君，那么这个错就是整个国家的错，因为人君本身就和国家政治紧密相连，须臾不可分离。"古人所以不屑屑于间政适人，而必务有以格君心者，盖君心未格，则一邪黜，一邪登，一弊去，一弊兴，如循环然，何有穷已。及君心既格，则规模趋向有若燕越，邪正是非有若苍素，大明既升，群阴毕伏，是琐琐者，亦何足复污人牙颊哉？"④ 因此古人并不对古人问政，而是将关注的重点放在格君心上，所谓格君心就是从君主之心上消除邪弊，这是一个长期而持续的过

---

① 陆九渊：《陆九渊集》，钟哲点校，中华书局，1980，第358页。
② 陆九渊：《陆九渊集》，钟哲点校，中华书局，1980，第121页。
③ 陆九渊：《陆九渊集》，钟哲点校，中华书局，1980，第229页。
④ 陆九渊：《陆九渊集》，钟哲点校，中华书局，1980，第129页。

程，因为邪弊会时常出现。正所谓"君之心，政之本"，要想保证君主实施仁政，就要不断地格除存在于君心之上的邪弊，保留其中的善端。

在陆九渊认知当中，人君不能失去"本心"，要恪尽职守服务万民。"自周衰以来，人主之职分不明……孟子曰：'民为贵，社稷次之，君为轻。'此却知人主职分。"孟子的学说已经对君主和臣民的职分进行了明确划分，如果君主明知职分所在却不履行，那么臣民也就可以将其罢免。所以说："汤放桀，武王伐纣，即民贵君轻之义。孔子作《春秋》之言，亦是如此。"在"民为贵、君为轻"的言论当中还隐含着对无道昏君进行讨伐的含义，关于这一点陆九渊也是非常赞同。具体到人君恪守职分的问题上，在陆九渊看来，最重要的内容就是人君要保留"本心"。"古之人自其身达之家国天下而无愧焉者，不失其本心而已。凡今为县者岂显其心有不若是乎哉？然或者遏于势而狃于习，则是心殆不可考。吏纵弗肃，则曰事倚以办；民困弗苏，则曰公取以足；贵势富强，虽奸弗治；贫羸孤弱，虽直弗信；习为故常。天子有勤恤之诏，迎宣拜伏，不为动心，曰奚独我责。吏纵弗肃，民困弗苏，奸弗治而直弗信，天子勤恤之意不宣于民，是岂其本心也哉？势或使之然也。"[1] 陆九渊提到，之所以会出现"吏纵弗肃""虽奸弗治""虽直弗信"的情况，都是因为天子的勤恤之心不宣于民，这只是形势所致，并不是天子的本心。所以天子需要对这些行为进行纠正，让天下百姓看到天子的勤恤之情，这也是天子本心的一种体现。只有捍卫住了本心，才能仰不愧于天，俯不愧于地，不管是普通百姓还是天子都是一样。"成能之功卒归之圣人"这是陆九渊对天子为政的期望。"天地有待于圣人。"在陆九渊看来，天地期待天子产生，更期待其大展才华。将天地之心推广到人世间，最好的方法就是施仁政爱民。"天之高也，日月星辰系焉，阴阳寒暑运焉，万物覆焉。地之厚也，载华岳而不重，振河海而不泄，万物载焉。天地之间，何物而非天地之为者。然而覆载万物之能，犹有待于圣人。圣人之政，有以当天地之心，则诸福百祥以嘉庆之，有以失天地之心，则

---

① 陆九渊：《陆九渊集》，钟哲点校，中华书局，1980，第227页。

妖孽灾异以警惧之。"天地万物各有其心，圣人为政，就是代天地施以仁爱之心，以仁政管理国家。天地之心自有其发展规律，就好像日升月落、寒暑交替一样，圣人为政也是如此，一定要遵守客观规律，才能真正国泰民安。反过来，如果君主不秉持天地之心，也不按照客观规律对国家进行治理，那么就会出现各种异兆进行警告。陆九渊甚至相信历史的创造者就是圣人，国家被治理得井然有序也全是圣人的功劳，即"成能之功卒归之圣人"。他将孟子"民为贵、君为轻"的思想发扬光大，同时也坚信"君之心"可以极大地推动历史发展。

陆九渊生活于南宋孝宗时期，这是也是一个君主励精图治的时代。淳熙九年，陆九渊被推举为国子正，后来有又被提拔为敕令所删定官，可以到大殿之上和皇上奏对。陆九渊秉持着"大摅素蕴，为明主忠言，动悟渊衷，以幸天下"①的仁爱之心，他曾经上札子五篇对当时的政治环境进行分析，同时给出自己的政治见解。这五篇札子也表达了陆九渊兴利除弊的政治决心，其中的主要内容就是讨论君主和臣民之间的关系，以及各自的职能问题。学者林继平说过："象山以'道外无事，事外无道'的极诣，作为政治的根本，而具体展现于政治理论方面的，则为民主政治的职分论，而不是民主政治的权力论。"②陆九渊希望君臣之间可以同心同德，"臣读曲谟大训，见其君臣之间，都俞吁咈，相与论辩，各极其意，了无忌讳嫌疑。于是知事君之义，当无所不用其情。唐太宗即位，魏徵为尚书右丞，或毁徵以阿党亲戚者。太宗使温彦博按讯，非是。彦博言：'徵为人臣，不能著形迹，远嫌疑，心虽无私，亦有可责。'太宗使彦博责徵，且曰：'自今宜存形迹。'徵入见曰：'臣闻君臣同德，是谓一体，宜相与尽诚，若上下但存形迹，则邦之兴衰，未可知也。'太宗瞿然曰：'吾已悔之。'数年之后，蛮夷君长，带刀宿卫，外户不闭，商旅野宿，非偶然也。唐太宗固未足为陛下道，然其君臣之间，一能如此，即著成效"③。在陆九渊看来，虽然君臣有别，但是两者

---

① 陆九渊：《陆九渊集》，钟哲点校，中华书局，1980，第21页。
② 林继平：《陆象山研究》，台湾商务印书馆，1983，第280页。
③ 陆九渊：《陆九渊集》，钟哲点校，中华书局，1980，第221页。

之间可以展开毫无保留的论辩，也不会因此而心有嫌隙。他曾经将唐
太宗李世民和魏徵作为典范，希望君臣之间可以开诚布公，相互信任。
只有真正做到君臣一心，国家才能长治久安，假如君主和臣子相互怀
疑，那"邦之兴衰，未可知也"。从这里可以看出，君臣之间关系是否
融洽对国家的兴盛有很大关系。就是因为唐太宗可以做到对臣子披肝
沥胆，臣子才会对皇帝肝脑涂地，最终君臣一心，创造了贞观之治的
盛况。君主要对臣子予以足够的信任，而臣子也不能畏于君主的威严
而不敢进谏，这一点在宋朝体现得尤为明显，当时的君主对臣子一贯
秉持着宽容的态度，几乎没有臣子因为直言进谏而获罪受罚。只有臣
子敢于对君主直言进谏，让君主真真正正了解到社会的真实情况，才
能和君主之间建立开诚布公的关系，"然其君臣之间，一能如此，即著
成效"。

在陆九渊看来，君主应该重视修身和正心，同时要任人唯贤，这样
才能建功立业。"臣读汉策贤良诏，至所谓任大而守重，常窃叹曰：汉
武亦安知所谓任大而守重者。自秦而降，言治者称汉唐。汉唐之治，虽
其贤君，亦不过因陋就简，无卓然志于道者。因陋就简，何大何重之
有？"[1]陆九渊指出，汉唐的君主之所以存在不足并不是因为其任大而守
重，主要是因为没有做到"志于道"，从这里可以看出，陆九渊之语有
着明显的贬低汉唐君王的意味。"今陛下独卓然有志于道，真所谓任大
而守重。道在天下，固不可磨灭，然人能弘道，非道弘人。今陛下羽
翼未成，则臣恐陛下此心亦不能自遂。陛下此志不遂，则宜其治功之不
立，日月逾迈，而骎骎然反出汉唐贤君之下也。神龙弃沧海，释风云，
而与鲲鳅校技于尺泽，理必不如。臣愿陛下致尊德乐道之诚，以遂初
志，则岂惟今天下之幸，千古有光矣。"[2]陆九渊拿汉唐的君王和宋孝宗
做对比，只是想证明，宋孝宗只要真正做到"志于道"同时可以"尊德
乐道"的话，超越汉唐君主就指日可待，也会成为一位有道明君。"道"
在天地万物中都存在，在"政"中也不例外，不会随着人的意志而转

---

① 陆九渊：《陆九渊集》，钟哲点校，中华书局，1980，第 222 页。
② 陆九渊：《陆九渊集》，钟哲点校，中华书局，1980，第 222 页。

移，"人能弘道，非道弘人"。要想弘道首先要正心，如果君主做不到这一点，那么统治天下、建功立业的政治理想也就难以实现。唯有正心，才可以像游龙一样遨游于沧海之中，而不必向"泥鳅"一样在方寸之地钻营。因此，陆九渊认为，君主想要做天下明君，把失去的国土收复回来，再创伟业，就要做到两点，一是正心修身，二是尊德乐道。

陆九渊还提出，君主在正心修身的同时还要做到知人善任，这是君主需要具备的一种能力，当然，这种能力的形成绝非易事。"臣尝谓事之至难，莫如知人，事之至大，亦莫如知人。人主诚能知人，则天下无余事矣。"[1]作为一个君主，知人至关重要也尤为难得，如果君主真的具有这个能力，那么国家就会被治理得井然有序，即便出现大事也能按部就班地解决。陆九渊举管仲、韩信、陆逊和诸葛亮之例进行佐证，就是为了阐释君主任人唯贤的作用。"管仲常三战三北，三见逐于君，鲍叔何所见而遽使小白置弯刀之怨，释囚拘而相之？韩信家贫无行，不得推择为吏，不能自业，见厌于人，寄食于漂母，受辱于跨下，萧相国何所见而必使汉王拔于亡卒之中，斋戒设坛而拜之？陆逊吴中年少书生耳，吕蒙何所见而必使孙仲谋度越诸老将而用之？诸葛孔明南阳耕夫，偃蹇为大者耳，徐庶何所见而必欲屈蜀先主枉驾顾之？"[2]陆九渊指出，君主在具有识人的能力之外还要能够挖掘人才为己所用。君主的求贤之心如果恰逢上贤人的报国之心，那么就能所向披靡。他曾经在《荆国王文公祠堂记》中对宋神宗任用王安石的举措大加赞叹，认为君主这样任人唯贤其实是百姓之福。同样，陆九渊也对君主不能做到知人善任的后果进行了描述，"若犹屈凤翼于鸡鹜之群，日与琐琐者共事，信其俗耳庸目，以是非古今，臧否人物，则非臣之所敢知也"。[3]如果一个贤能的君主身边围绕的都是奸佞小人，那么君主就好像立于鸡群当中的凤凰，就算自己再贤能，但是臣下庸庸碌碌，最终国家的未来也不可期待。

---

① 陆九渊：《陆九渊集》，钟哲点校，中华书局，1980，第222页。
② 陆九渊：《陆九渊集》，钟哲点校，中华书局，1980，第222页。
③ 陆九渊：《陆九渊集》，钟哲点校，中华书局，1980，第223页。

　　陆九渊认为"人主不亲细事"，需要适当把权力下放给臣子。不过宋代君主更多都是在亲力亲为，很少对臣子们放权，尤其是南宋之后，这样的风气愈演愈烈。在孝宗继位以后，"惩创绍兴权臣之蔽，躬揽权纲，不以责任臣下"，孝宗事无巨细地过问政事，反而让政务的处理愈发不顺利。另外，孝宗没有给予臣子应有的信任，经常没有理由地就调换官员，这就使得官员在自己的岗位上做不出成就，最终国家的政治也因此受到影响。关于这些弊端，朱熹曾经在淳熙七年对皇帝进行奏对，但是因为言辞太过激烈惹怒皇帝，陆九渊则不同，他的态度更为和缓，主张"人主不亲细事"，不过本质并未发生改变，也是希望孝宗可以改变以往的独断作风，适当向臣下放权，对政事进行层层安排。"主好要则百事详，主好详则百事荒"[①]，君主主要是对国家大事进行思考，制定各项纲常伦理规范，而臣子们则要做好自己分内的工作，那么政务就会井井有条。假如君主事事亲历亲为，那么天下如此之大，事情如此之多，如果每一件事都等到君主来亲自处理，最终只能荒废，这对国家的发展有极大的害处。同时，陆九渊还对人主职能不明确的弊端进行了陈述："臣观今日之事，有宜责之令者，令则曰我不得自行其事；有宜责之守者，守亦曰我不得自行其事；推而上之，莫不然。文移回复，互相牵制，其说曰所以防私。而行私者方借是以藏奸伏慝，使人不可致诘。惟尽忠竭力之人欲举其职，则苦于隔绝而不得以遂志。以陛下之英明，焦劳于上，而事实之在天下者，皆不能如陛下之志，则岂非好详之过耶？"[②]假如君主对每件事都亲自过问，那么臣子在办事的时候就可能会推卸责任，在这个相互推诿的过程中，藏奸伏慝的事情就会频繁发生。再有，君主亲自处理"天下米盐靡密之务"，那么自然没有时间和精力去考虑"论道经邦"的大事。只有君主对琐事放手，才可以实现"遂求道之志，致知人文明"[③]。陆九渊所希望达到的理想境地是君主和臣子上下同心，共同治理天下，"人主高拱于上"，"其臣无掣肘之患"。他之所

① 陆九渊：《陆九渊集》，钟哲点校，中华书局，1980，第224页。
② 陆九渊：《陆九渊集》，钟哲点校，中华书局，1980，第224页。
③ 陆九渊：《陆九渊集》，钟哲点校，中华书局，1980，第224页。

以主张"人主不亲细事"，其实还是希望君主和臣下可以各司其职。陆九渊曾经婉转地提到希望孝宗可以做到"好要"而不"好详"，集中精力和力量对大事进行管理，而不是在小事上浪费时间，其本质就是告诉君主要向臣下放权。臣子只有获得了该有的权力，才可以"悉其心力，尽其才智"，发挥出自己的政治才能。陆九渊希望"人主不亲细事"主要有两方面意图，一是反对君主独裁，二是希望君臣能够各司其职，上下同心治理好国家，不辜负万民的期望。

陆九渊以"心即理"为其学说的旨归，将"心"提升至道德本体的高度，作为政治伦理的根源。这一心学结构使超越性的"理"内在于人，从而使政治伦理的根源也内在于人。因此"政之本"就在于"君之心"，君主应基于仁爱之心而施行仁政。然而，虽然施政的根本在于君主的仁爱之心，但陆九渊认为君主是为了实现民众的生存发展和接受教化的需要才产生的，这是陆九渊所坚持的"民惟邦本"的政治原则。

儒学的思想在宋代的政治中复活是通过两个命题展开的，一个是"三代之治"，一个是"理"或"天理"。在二程提出"天理"以前，思想家与政治家的共同理念是恢复上古三代之治，或者至少是以此名义为标榜的，而且获得了不同思想观念的学者的一致认同。北宋早期对理学或心性的谈论还比较鲜见，他们对事功的重视和历代学者具有相似性，他们的论述都追溯儒家的经典文本。北宋对《周礼》的重视，显见北宋初期人们对世道治理方面的用心，对事功乃至民生的重视，也可以说是对功利的重视，这从范仲淹、李觏身上便可以看到，李觏的《周礼致太平论》《富国策》《强兵策》《安民策》等于此表现十分明显。李觏对先儒重义轻利提出批评，希望人们回到《洪范》中的"八政"以及孔子的"足食，足兵"等理想状态。王安石则曰："一部《周礼》，理财居其半，周公岂为厉哉？"他们的论述的特点是：第一，要有本，要有祖宗的典籍为根据；第二，要有根，要以圣王的遗迹为佐证或价值目标；第三，要以道义为旨归。欧阳修对天下统一性的论述是他的重要观点，他以正统论为旗号。他认为所谓正统首先要统一天下，君临四方，"臣愚因以为谓正统，王者所以一民而临天下"。① 正统要以政治统一为基础。
同时，他认为王朝更替的正统与否应该看是否公道或符合大义："夫正
与统之为名，甚尊而重也。尧、舜、三代之得此名者，或以至公，或
以大义而得之也。自秦、汉而下，丧乱相寻。其兴废之迹，治乱之本，
或不由至公大义而起，或由焉而功不克就，是以正统屡绝，而得之者
少也。"② 他试图强化从王者居正和王者一统的角度论述一个朝代政治的
合法性，他说："王者大一统。正者，所以正天下之不正者；统者，所
以合天下之不一也。由不正与不一，然后正统之论作。"③ 他在论述中将
"正"和"一统"结合起来，即将实现政治的统一和治理的统一与君主
个人行为的合宜结合在一起，既有现实的功利主义的观照，又有道义论
的维度。"合天下之不一"需要有两个根据，一个是"至公大义"，一个
是"王者居正"。他以这种王者行为规范和价值规范同一统天下相统一
的理念论证了当时的政治合法性的基本问题。因此，这说明宋代思想家
与政治家的思想论述的一个特点是"说理"或"论证"，这种思维特性
已经奠定了理学兴盛的根基，同时反映出对三代回归的理念的认同是当
时的历史趋势，也是儒者的基本的思维方式。

---

① 欧阳修：《欧阳修全集》第一册，2001，中华书局，第 266 页。
② 欧阳修：《欧阳修全集》第一册，2001，中华书局，第 279 页。
③ 欧阳修：《欧阳修全集》第一册，2001，中华书局，第 267 页。

第七章　王霸之辨：宋代功利主义学派的争鸣

在北宋早中期，随着理学在官方和民间的形成，以天理为根基的道义论逐渐形成。它融合了传统的宗法家族的君臣、父子之礼等内容，形成了一个政治伦理体系化的理学学派。与此形成对照的是，北宋官吏中的功利主义价值思想也逐渐影响了民间思想，陈亮、叶适等人的功利主义思想形成。

一　事功的导向：陈亮的政治伦理思想

南宋孝宗时期，学术最繁荣，学派众多，学说纷纭，总其大势，可分为二：一是对道德心性的探赜索隐，精深缜密的理论思辨突出；二为对历代典制的博征稽考与对历史事件的重新研究，推演斟酌变通的经世之学。陈亮的政治伦理思想的演绎、圆成正处在这一思想荟萃、究天人之际的时期。他的思想在整体上以历史研究为基础，以现实功用为理论旨趣，与同时代朱熹所代表的承续道统性质的理性主义政治伦理思想在内容结构上存在差异。

陈亮（1143~1194），"才气超迈，喜谈兵事"，宋孝宗时，被婺州以"解头"荐。乾道五年（1169），上《中兴五论》。淳熙五年（1178），再诣阙上书，极论时事，反对和议，力主抗金。遭人嫉恨，两度入狱。出狱后志气益励。淳熙十五年（1188），第三次上书，建议由太子监军，驻节建康，以示锐意恢复旧地。宋光宗绍熙二年（1191），被人诬告，第三次下狱，次年出狱。绍熙四年（1193），被宋光宗亲擢为状元，授签书建康府判官公事，未及就任而逝，时年五十二岁。宋理宗时，追谥

"文毅"。

宁宗嘉泰四年（1204），陈亮之子陈沆编其父之文为四十卷，叶适为之作序，嘉定七年（1214）前后，婺州郡守丘寿隽刻之于州学。陈亮倡导经世济民的"事功之学"，提出"盈宇宙者无非物，日用之间无非事"，指摘理学家空谈"道德性命"，创立永康学派。陈亮的学说以一种崭新的面貌呈现于世人面前，尽管其思想本身没有什么十分玄妙之处，亦没有缜密的体系建构，但其议论精辟且切中时弊，符合南宋当时追求社会进步、民族强盛和收复故土的普遍社会心理。陈亮本人在处世方面的率真坦荡、不拘小节，在生活中的困顿曲折，以及身陷囹圄的经历，颇为其添了几分传奇色彩。

在陈亮那里，"道"具有必须在主体世界实现的特质，要落实到具体的事物中，"道"的最终目的是解决现实中的实际问题，所以判断"道"是否实现的标准就是看能否解决实际问题。陈亮在研读历史的基础上，从南宋的现实出发，提倡注重实事实功，把功利作为衡量"道"的标准。道德的实现要通过功利来体现，道德作为个人的内在修养，如果不通过外在的行为表现出来，就不能给予判定，也无法发挥其效用。陈亮说："夫道之在天下，何物非道？千途万辙，因事作则。苟能潜心玩省，于所已发处体认，则知'夫子之道忠恕而已'，非设辞也。"[1]陈亮认为，天下物态万千，事理众多，道是根据事物具体的实际情况来为事物确立原则的。只有反复体会思考，在"已发"处体认，才能真正理解孔子的忠恕之道。"已发"指面临具体事物时心灵情感表达出来的状态。《中庸》说："喜怒哀乐之未发谓之中，发而皆中节谓之和。"在理学中经常讨论"未发"和"已发"，"未发"是心尚未显现为"用"的状态，但同时又包含了一切"已发"的可能性，是一切"已发"之用的"体"，所以是"中"；"已发"则是"未发"的开显，相对于具体的事物，它是有可能偏而不中的。理想的情况是一切"已发"都能保持其本身的正当性与恰当性，这就是"和"。理学家认为要做到"已发之和"，那么

---

[1]　陈亮：《与应仲实》，《陈亮集》卷二七，中华书局，1974，第319页。

对"体"的深刻体悟和道德上的完善就极为重要。在陈亮看来，"未发"的状态是无法判断的，所以他强调在"已发"处体认，如此才能够更好地理解孔子的"忠恕之道"。如果仅仅在"未发"处体认，那么夫子的"忠恕之道"只是成了一种理论上的话语，不能得到实现。道德不能离开实事实功来空谈，必须在实事实功中体现出来。仁义道德不在事功之外，而在事功之中。脱离了实事实功，"道"将不复存在。没有功利，道德的价值将无法体现。对于朱熹"义利双行，王霸并用"的评价，陈亮是不同意的。他说："诸儒自处者曰义曰王，汉唐做得成者曰利曰霸，一头自如此说，一头自如彼做，说得虽甚好，做得亦不恶。如此却是义利双行，王霸并用。如亮之说，却是直上直下，只有一个头颅做得成耳。"① 陈亮反对将道德与功利割裂开来，力主将二者统一起来。在这里，陈亮肯定了对功利的追求。

同样作为浙东事功学派的代表人物，叶适在陈亮"道在物中"理论的基础上进一步发展得出了"道归于物"的理论，他曾经说过"按古诗作者，无不以一物立义，物之所在，道则在焉。物有止，道无止也，非知道者不能该物，非知物者不能至道。道虽广大，理备事足，而终归之于物，不使散流。此圣贤经世之业，非习为之词者之所能知也"②。"物"在"道"才在，"物"是不依赖于"道"的客观存在，而所谓的"道"只是一种客观规律。"道虽广大，理备事足，而终归之于物。"③ "自古圣人，中天地而立，因天地而教，道可言，未有于天地之先而言道者。"④ 这里首先说明了道与物是紧密联系不可分离的，另一方面也指出了道与物也存在区别，而这个区别就在于物是有限的，而道是无限的，这里的物是针对具体事物而言的。虽然二者存在区别，但是如果不知得道，就不能很好地概括物，不知得物，就永远不可能达到道。

同时叶适还指出，虽然道贯通一切事理，但到最后还是必须归结

---

① 陈亮：《又甲辰秋书》，《陈亮集》卷二八，中华书局，1974，第340页。
② 叶适：《习学记言序目》卷五，中华书局，1977，第702页。
③ 叶适：《习学记言序目》卷五，中华书局，1977，第695页。
④ 叶适：《习学记言序目》卷五，中华书局，1977，第700页。

于物，只有这样才不会使道、物流散。这就是叶适所谓的"道不离物"。这样叶适就在根本上对"物"之上还存在另一本体的说法进行了否定。叶适在看待道与物的关系时，认为物是比道更高的范畴，更加重要。他曾经说过"夫形于天地之间者，物也皆一而有不同者，物之情也因其不同而听之，不失其所以一者，物之理也"[①]。在天地之间有形有象的东西是物，而物与物之间的异同就是物之理。可以看出虽然叶适没有明确提出这一观点，但是他已经将物作为他哲学的最高范畴。

叶适在"道不离物""道在物中"的基础上，又进一步产生了"道不离器"与"离器无道"的思想。他说："上古圣人之治天下，至矣，其道在于器数，其通便在于事物。"[②]作为事物规律的道是不可以也不可能离开具体事物的。"无验于事者其言不合，无考于器者其道不化，论高而实违，是又不可也。"[③]也就是说没有经过实际事物检验的结论，是与事实不相符合的，没有通过具体事物考证的道，是与具体事物不相关的，这就是叶适所说的"离器无道"的大意。同时叶适还用礼、乐与玉帛、钟鼓之间的关系来进一步证明他的观点"按《诗》称礼乐，未尝不兼玉帛、钟鼓。……然礼非玉帛所云，而终不可以难玉帛。乐非钟鼓所云，而终不可以舍钟鼓。"[④]礼与乐都不是单单用玉帛或是钟鼓就可以说清楚的，但离开了玉帛和钟鼓，礼与乐就永远不可能说清楚了。如果"离玉帛而言礼"，"舍钟鼓而言乐"，也就无所谓什么礼、乐了。礼、乐必须通过玉帛与钟鼓表现出来才真正存在。

在我国思想史上，朱熹和陈亮的论战可谓影响巨大。双方争论焦点在于王霸义利之争，淳熙五年（1178），陈亮在《上孝宗皇帝书》中开宗明义地指出："今世之儒士，自以为得正心诚意之学者，皆风痹不知痛痒之人也。举一世安于君父之仇，而方低头以谈性命，不知何者谓之性命乎？"[⑤]而朱熹在两年后在《庚子应诏封事》中对此进行反驳，"不信

①　叶适：《叶适集》，中华书局，1961，第699页。
②　叶适：《叶适集》，中华书局，1961，第693页。
③　叶适：《叶适集》，中华书局，1961，第694页。
④　叶适：《习学记言序目》卷五，中华书局，1977，第106页。
⑤　陈亮：《上孝宗皇帝疏》，《陈亮集》卷一，中华书局，1974，第1页。

先王之大道，而悦于功利之卑说"。虽然双方的言辞较为含糊，但是已经暗藏锋芒。这次争端产生的缘由是陈亮受冤入狱，在辩白清楚之后被放出。朱熹对陈亮入狱的前因后果并不明了，只是认为陈亮平时就非常狂妄，所以入狱也是因为"自处于法度之外，不乐闻儒生礼法之论"[1]，所以自作主张做出了"绌去'义利双行，王霸并用'之说，而从事于惩忿窒欲、迁善改过之事，粹然以醇儒之道自律"[2]的劝解。陈亮非常反感朱熹的言辞，所以对其一一进行了申辩，二人的辩论由此拉开序幕。后来二人你来我往书信不断，开始了为期三年的辩论。

朱熹和陈亮辩论的核心内容就是"王霸、义利"，焦点则停留在到底该如何评价三代和汉唐的问题上。王霸和义利之间存在着不可分割的关系，从某种意义上说，王道和霸道的问题也就等同于义利问题，从一个人对义利的态度上也可以窥见其对王霸的态度。类似的争论在战国时期就已有之。孟子率先对两者的区别进行了阐释，也提出"以力假仁者霸""以德行仁者王"，后来孟子面见梁惠王时也曾直陈："王何必曰利？亦有仁义而已矣"[3]。从这里不难发现，孟子对义更为推崇，对认为利是应该被罢黜的，同时他抵制霸道，而对王道推崇备至。关于这个问题，荀子也进行了分析，指出"人君者，隆礼尊贤而王，重法爱民而霸"。同时他也补充道："粹而王，杂而霸。"[4]这可以说明，在荀子的价值体系当中，王道的地位比霸道要高。汉代董仲舒在对这个问题进行分析之后提出"仁人者，正其义不谋其利，明其道不计其功"。[5]因此，儒家的正统思想认为，应该轻利而重义，积极推崇王道，同时对霸道进行抵制。

在儒家道统的问题上，陈亮有着自己的主张和见解。他承认"道"的存在，不过同时指出，"道"的存在不能脱离社会，在三代和汉唐之时以人道的方式体现。而朱熹则秉持了儒家传统，指出三代之治是"天

---

① 朱熹：《寄陈同甫书四》，《陈亮集》卷二〇，中华书局，1974，第299页。
② 朱熹：《寄陈同甫书四》，《陈亮集》卷二〇，中华书局，1974，第299页。
③ 朱熹：《四书章句集注》第3卷，中华书局，2013，第131页。
④ 王先谦撰《荀子集解》，中华书局，2013，第248页。
⑤ 苏舆：《春秋繁露义证》，中华书局，1992，第268页。

理"和"王道"之治。不过在朱熹看来，汉唐人欲横流，以"霸道"为主要的统治方式。淳熙元年（1174）春天，陈亮蒙冤入狱，朱熹在得到这个消息之后给陈亮手书一封，告诫陈亮摒弃"义利双行，王霸并用"的观点。而陈亮则认为，朱熹的看法其实是对自己的误解，所以辩驳道："诸儒自处者曰义曰王，汉唐做得成者曰利曰霸，一头自如此说，一头自如彼做；说得甚好，做得亦不恶。如此却是'义利双行，王霸并用'，如亮之说，却是直上直下，只有一个头颅做得成耳！"①陈亮表明了自己的观点并非朱熹所认为的"王霸并用"，而是"王霸一元论"。在书信的最后陈亮总结道："汉唐之君，本领非不洪大开廓，固能以其国与天地并立，而人物赖以生息。惟其时有转移，固其间不无渗漏。"②汉唐诸君之所以能够将国家治理得繁荣昌盛，是因为圣王之道在起作用。

朱熹认为陈亮的说法大错特错，在回信中也直言："老兄视汉高帝唐太宗之所为而察其心，果出于义耶，出于利耶？出于邪耶，正耶？……若以其能建立国家、传世久远，便谓其得天理之正，此正是以成败论是非，但取其获禽之多，而不羞其诡遇之不出于正也。"③在这番话里，朱熹表明了自己的态度和立场，那就是中国历史的黄金时期只有尧舜禹三代，到后面则江河日下。陈亮显然不认同朱熹的观点，他继续以回信的方式进行反驳，对王霸义利的观点进行了更加深入的诠释："惟圣为能尽伦，自馀于伦有不尽，而非尽欺人以为伦也，惟王为能尽制，自馀于制有不尽，而非尽周世以为制也。……高祖太宗本君子之射也，惟御者之不纯乎正，故其射一出一入，而终归于禁暴戢乱、爱人利物而不可掩者，其本领宏大开廓故也"④。而朱熹的回答则是"故汉唐之君虽或不能无暗合之时，而其全体却只在利欲上，此其所以尧、舜、三代自尧、舜、三代，汉祖、唐宗自汉祖、唐宗，终不能合而为一也"⑤。在这封信中，朱熹对陈亮的批评非常严厉。面对着朱熹这样的态度，陈

---

① 陈亮：《又甲辰秋书》，《陈亮集》卷二〇，中华书局，1974，第281页。
② 陈亮：《又甲辰秋书》，《陈亮集》卷二〇，中华书局，1974，第281页。
③ 朱熹：《寄陈同甫书六》，《陈亮集》卷二〇，中华书局，1974，第301页。
④ 陈亮：《又乙巳春书之一》，《陈亮集》卷二〇，中华书局，1974，第286页。
⑤ 朱熹：《寄陈同甫书八》，《陈亮集》卷二〇，中华书局，1974，第306页。

亮依然在继续自己的辩白，也坚持对自己的观点进行进一步的论述："来谕谓亮'推尊汉唐以为与三代不异，贬抑三代以为与汉唐不殊'，如此，则不独不察其心，亦并与其言不察矣。其大概以为：三代做得尽者也，汉唐做不到尽者也。……惟其做得尽，故当其盛时，三光全而寒暑平，无一物之不得其生，无一人之不遂其性；惟其做不到尽，故虽其盛时，三光明矣而不保其常全，寒暑运矣而不保其常平，物得其生而亦有时而夭阏者，人遂其性而亦有时而乖戾者。"①在这段话中陈亮的意思很明确，那就是王道和霸道之间的最大区别在于是否"尽"。这其实并不是本质上的差别，而是量的不同，也就是说，陈亮相信王道和霸道的主要区别在于程度的差异，仅此而已。

在看到陈亮的回信以后朱熹显然没有偃旗息鼓的打算，他马上就修书一封送给陈亮，上面写道："古之圣贤从根本上便有'惟精惟一'功夫，所以能执其中，彻头彻尾无不尽善。后来所谓英雄，则未有此功夫，但在利欲场中头出头没，其质美者乃能有所暗合，而随其分数之多少以有所立。然其或中或否，不能尽善，则一而已。来谕所谓'三代做得尽，汉唐做不到尽者'，正谓此也。"②在朱熹看来，"惟精惟一，允执厥中"的心法是可以衡量万物的标准，但是可惜的是在孟子之后已经失传。汉唐诸君所做的充其量只能暗合道的标准，因此国家的总体发展无法和三代相提并论。而这也为陈亮的辩驳提供了依据，在陈亮看来，即便是"暗合"也是对道统的一种传承，所以并不接受朱熹的批评，明言："天地间何物非道，赫日当空，处处光明，闭眼之人开眼即是，岂举世皆盲而不可与共此光明乎！眼盲者摸索得着，故谓之暗合，不应二千年之间有眼皆盲也。……秘书亦何忍见二千年间世界涂涂，而光明宝藏独数儒者自得之，更待其有时而若合符节乎？"③这是两个人最后一封信，因为朱熹发现自己可能无法在这场辩论中取胜，所以也就失去了继续辩论的念头，这两位哲学思想巨匠的辩论到此为止。

---

① 陈亮：《又乙巳春书之二》，《陈亮集》卷二〇，中华书局，1974，第289页。
② 朱熹：《寄陈同甫书九》，《陈亮集》卷二〇，中华书局，1974，第307页。
③ 陈亮：《又乙巳秋书》，《陈亮集》卷二〇，中华书局，1974，第292页。

　　陈亮和朱熹的辩论乍一看是围绕"王霸义利"的问题展开的，其实不然，从深层次看，这还是关于道和道统展开的一场交锋。朱熹认为，道可以做到超然物外，脱离一切事物而存在，并以义理为价值评判标准。儒家所提倡的道统从本质上讲是对圣人之道的拓展和延伸，不过在汉唐时就已经中断了。朱熹的观点代表当时儒家道统观的主流思想。陈亮的立场和出发点则不同，作为事功学派的灵魂人物，陈亮将道和事进行了有机融合，认为道需要依托客观事物而存在，也对功利非常提倡。陈亮对汉唐诸君所做出的贡献大加肯定，认为正是因为有了他们的努力，道才能真正得以延续下来，当然，在道统的传承过程中，汉唐也是其中至关重要的一个部分。陈亮相信，虽然圣人所传授的心法偶尔会存在"不尽""不备"之处，不过他却认为这是"无常泯""无常废"的。从这里可以看出，陈亮和朱熹各自所坚持的道统其实有着极大的区别，陈亮所传承和发扬的是包含汉唐在内的更重实用性的道统。二人的争论表面上看是"王霸义利"之争，其实是道统之争。

　　还有一点值得特别留意的是朱熹所提到的"虞廷十六字"，这也是程朱理学的经典依据："人心惟危，道心惟微，惟精惟一，允执厥中。"该理论的提出不是一蹴而就的，而是经历了长期的发展过程。荀子曾经提到："昔者舜之治天下也，不以事诏而万物成，处一危之，其荣满侧养之一微，荣矣而未知。故《道经》曰：'人心之危，道心之微。'危微之几，惟明君子而后能知矣。"[1]正是基于这个理论，朱熹才在《寄陈同甫书八》中说道："若心则欲其常不泯而不恃其不常泯也，法则欲其常不废而不恃其不常废也。所谓'人心惟微，道心惟微，惟精惟一，允执厥中'者，尧、舜、禹相传之密旨也。"[2]和陈亮展开激烈的辩论，他主要反驳的是陈亮的《又乙巳春书之一》，按照时间推算，这封信的写作时间大致在1185年春天，在陈亮的《又乙巳春书之一》之后，在《又乙巳春书之二》之前，四年之后，朱熹又在《中庸章句序》中提到了道统心传。关于道统的研究朱熹和荀子可谓一脉相承，著名的"虞廷十六

---

[1]　北京大学《荀子》注释组：《荀子新注》，中华书局，1979，第343页。
[2]　朱熹：《寄陈同甫书八》，《陈亮集》卷二〇，中华书局，1974，第304页。

字"心法也诞生于朱熹和陈亮的诸次辩论当中。从这里可以看出，陈亮和朱熹的辩论在我国哲学史的发展上意义重大，和"鹅湖之会"的意义与价值不相上下。

陈亮希望这种诉求可以摆脱"动机伦理学及其道学的形而上学基础等成见"①的禁锢与约束。陈亮立论的基础有两个，一是道德倾向，二是社会事功，这也对事功学派的价值取向以及研究内容的选择产生了重要影响。陈亮的思想概括起来就是八个字：振兴国事，恢复中原。在和朱熹的辩论中，陈亮坚信古往今来，同一普遍的客观性依然存在，所以高调提出了王霸思想。他选择以"实事实功"为研究视角，提出应该实现王道和霸道的统一，"杂霸而本于王"。在两者的关系中，霸道作为手段出现，而王道则是最终要实现的目的，王道的内涵通过霸道来体现，霸道的存在可以对王道起到辅助作用。陈亮的这种观点其实是对经世思想的一种概括，带有明显的社会事功色彩。

在我国古代，王霸观念所体现的是迥然不同的两种政治模式和理念。虽然该观念在春秋时期就已经产生，不过后世的众多思想家都对其伦理学问题非常感兴趣，在不断的研究中逐渐将其提升为评判政治的尺度，发展到南宋时期，依然有很多思想家对此争论不已。孟子说"以力假仁者霸"，"以德行仁者王"。这既是对王霸概念的一种阐释，也是对其进行的道德评判。在孟子看来，霸道的本质是以实力为基础的强权政治，而王道则为仁政，以道德为基础，孟子一直对王道推崇备至。邵雍在分析中将古往今来的政治分成四种类型，一是皇，二是帝，三是王，四是霸。他在《观物外篇》中曾经讲道："用无为，则皇也。用恩信，则帝也。用公正，则王也。用智力，则霸也。霸以下则夷狄，夷狄而下是禽兽也。"②这四种政治之间的差别主要体现在统治方法上。在邵雍的理解当中，最理想且地位最高的当属皇的政治。而朱熹在此基础上谈道："力，谓土地甲兵之力。假仁者，本无是心，而借其事以为功者也。霸，若齐桓、晋文是也。以德行仁，则自吾之得于心者推之，无适而非仁

---

① 〔美〕田浩：《功利主义儒家——陈亮对朱熹的挑战》，江苏人民出版社，1997，第 95 页。
② 邵雍：《邵雍全集》，上海古籍出版社，2015，第 1229 页。

也。"①因此，从本质上讲，王道政治就是对道德进行普及，这也是仁义的体现。而霸道则不同，其存在并不以仁义为前提，更为关注的是如何建功立业。由此可见，孔孟儒学比较推崇王道而贬低霸道，后世的学者也对此较为赞同。陈亮的政治思想归结起来就是振兴国事和恢复中原。要想在现实中得以实现，就需要在政治、经济和军事领域同步开展行动，诉诸"实事实功"。所以，在陈亮的理解当中，修正自身固然重要，但是更为关键的是要找出适合当世发展的具体方法和理论。陈亮指出，王道并不是丝毫不提及功利，而霸道也不是一点仁义也不讲，不管是王道、霸道还是王霸交融，都有一定的合理性，而且历史也印证了，各种政治形式都具有现实有效性。皇帝王霸并不是不易之法则，只是在不同的历史时期，君主会结合当时的情况采取不同的治理方法，这也是天人之际历史变动的必然选择，具有不可逆性。"一阴一阳之谓道。而三极之立也，分阴阳于天，分刚柔于地，分仁义于人。天地人各有其道，则道既分矣。伏羲神农用之以开天地，则曰皇道；黄帝尧舜用之以定人道之经，则曰帝道；禹汤文武用之以治天下，则又曰王道；王道衰，五霸迭出，以相雄长，则又曰霸道。皇降而帝，帝降而王，王降而霸，各自为道。而道何其多门也邪？无怪乎诸子百家之为是纷纷也。"②不管是何种形式的政治原则都需要在实践中验证其合理性，而且需要注意的是，只要是实践活动，就多多少少会和功利有关系，因为要想确定政治原则是否有效，就要看能否达到致功利的效果。陈亮对王霸的问题也谈到了自己的理解："本朝伊洛诸公，辨析天理人欲，而王霸义利之说于是大明。然谓三代以道治天下，汉唐以智力把持天下，其说固已使人不能心服；而近世诸儒，遂谓三代专以天理行，汉唐专以人欲行，其间有与天理暗合者，是以亦能久长。……故亮以为：汉唐之君本领非不洪大开廓，故能以其国与天地并立，而人物赖以生息。惟其时有转移，故其间不无渗漏。……此却是专以人欲行，而其间或能有成者，有分毫天理行乎其间

---

① 朱熹：《四书章句集注》，中华书局，2011，第 209 页。
② 陈亮：《问皇帝王霸之道》，《陈亮集》卷一五，中华书局，1987，第 172 页。

也。诸儒之论，为曹孟德以下诸人设可也，以断汉、唐，岂不冤哉！"①
陈亮认为当时的社会风气太过厚古薄今，不管是存天理、灭人欲还是重
王道、轻霸道，其实都是反历史主义思想的一种体现，在他看来，王道
并不是丝毫不提及功利，而霸道也不是一点仁义也不讲。在汉唐时期道
有着不同的表现形式，当时也需要用道来治理天下。"道在天地之间，
不为尧存，不为桀亡，亘古亘今，其道常新。"道的存在与灭亡有着自
己的发展规律，不会因为时间变动或是人事更迭而受到影响，不过，在
人的作用下，道可能根据实际情况产生一定形式的变化，不过其客观规
律一定会保持不变。对于王霸关系陈亮也进行了阐释，他指出，王道和
霸道之间并不是水火不容的关系，两者之间可以实现对立统一，其实王
道和霸道本来就是存在于一个统一体中的两个方面。霸道是达到目的所
采取的手段，而王道则是最终要达到的目的，霸道可以对王道的内在要
求进行体现。霸道能够对王道的实现起到推动作用，两者之间体现的是
动机和功用的关系。

理学在发展过程中倡导道德的完善，在政治上对王道非常提倡，而
不重视功利，认为如果做事不从仁义道德出发就会迷失本心。在这样的
风气影响下，"世之曲儒末学，后生小子，窃闻其说而诵习之，讪侮前
辈以为不足法，蔑视一世才智之士，以为醉生梦死而不自觉"②。这样的
社会风气和当时的时代特点有关。国家被外族入侵，山河破碎，百姓流
离失所。陈亮对这样的情况痛心疾首，他曾经说过："本朝专用儒以治
天下，而王道之说始一矣。然而德泽有余而事功不足，虽老成持重之士
犹知病之，而富国强兵之说，于是出为时用，以济儒道之所不及。……
今翠华局处江表，九重霄旰以为大耻，儒者犹言王道，而富强之说慷慨
可观，天下皆以为不可行，何也？……始之以王道，而卒屈于富强，岂
不将贻天下之大忧邪？"③在对现实情况进行审视以后，陈亮对王道有关
"王伯之道不抗"的观点进行继承与发扬，指出可以效法汉唐制度实现

---

① 陈亮：《又甲辰秋书》，《陈亮集》卷二十八，中华书局，1987，第340页。
② 陈亮：《问古今治道治法》，《陈亮集》卷一五，中华书局，1987，第168页。
③ 陈亮：《问皇帝王霸之道》，《陈亮集》卷一五，中华书局，1987，第172页。

"霸王之道杂之"，不能对王道之说过于迷信，要坚持"治天下贵乎实"的立场。陈亮希望对统治者予以鼓励，让其进行理性改革制定有价值的统治政策。"故才智之士始得奋其说，以为治天下贵乎实耳。综核名实，信赏必罚，朝行暮效，安用夫大而无当、高而未易行之说哉。"①在这里提到的"实"指的是就是百姓所必须面对的现实情况，同时也指的是符合实际情况的各种政策与措施，另外，政策措施所能达到的效果也包含在内。在这种理念的指引下，各门各派的政治学术主张都可以取长补短达到满足现实政治需要的效果。陈亮"治天下贵乎实"的思想包含了他对王道和霸道的理解。在与朱熹展开辩论时他曾经指出："然谓三代以道治天下，汉唐以智力把持天下，其说固已不能使人心服；而近世诸儒，遂谓三代专以天理行，汉唐专以人欲行，其间有以天理暗合者，是以亦能长久。信斯言也，千五百年之间，天地亦是架漏过时，而人心亦是牵补度日，万物何以阜蕃，而道何以长存乎？"②陈亮认为不能以政治思想本身来判断王道、霸道是否有价值，要将王道、霸道放到相应的历史环境当中，看其是否可以发挥应有的作用，在判断的过程中需要对当时的历史背景予以充分的考虑。陈亮一再强调，政治存在的价值就在于针对历史现实给出相应的应对措施，故"治天下贵乎实"。

陈亮关于王霸问题的观点概括言之就是"杂霸而本于王"。陈亮认为，如果政治所能够起到的作用只是对礼乐道德进行倡导，不能关注民生改善民计，不能帮助国家实现国强民富，或者是不重功利，自甘软弱，一味提倡王道，那这样的政治则是毫无意义的。所以陈亮翻阅了大量的典籍和史料，希望可以从中找到救国的方法，他对"抵头拱手以谈性命"的文化风气一直采取抵制的态度，希望可以完成富国强民的理想，对儒家思想进行有益的补充，以"王霸之杂，事功之会"来"裨王道之阙"。在陈亮看来，在倡导王道的过程中不能摒弃开辟事业和建功立业的追求，刚好相反，在追求王道的过程中要对上述的内容进行坚持。如果不承认这一点，就是对儒家思想进行拆解，相当于否定了儒家

① 陈亮：《问古今治道治法》，《陈亮集》卷一五，中华书局，1987，第168页。
② 陈亮：《汉论·七制》，《陈亮集》卷一七，中华书局，1987，第193页。

思想作为政治指导思想的地位。这就明显地看出，陈亮对儒家思想是极为推崇的，他想做的是"补儒之阙"。在审视历史和深刻反思的过程中，陈亮发现需要重视霸道的作用与影响。他提到："夫天祐下民，而作之君，作之师，礼乐刑政所以董正天下而君之也，仁义孝悌所以率天下而为之师也。二者交修而并用，则人心有正而无邪，民命有正直而无枉，治乱安危之所由以分也。"①陈亮对"礼乐刑政"和"仁义孝悌"予以足够重视，认为这两者是治理国家的"外王"之道，最终要实现的目标是"立大体""定大略"。陈亮认为，要制定治国策略既离不开需要使用刑罚的霸道，也不可以没有推行仁义的王道。王道和霸道之间是相辅相成的关系，王道的实现需要以霸道为途径，而推行霸道最终要达到王道的目的，也就是"杂霸而本于王"。面对陈亮讲究功利、提倡霸道的思想，朱熹表示强烈的不满。他把陈亮的思想简单概括为"义利双行，王霸并用"，希望陈亮可以绌去'义利双行，王霸并用'之说，而从事于"惩忿窒欲、迁善改过之事"，"粹然以醇儒之道自律"②。不过陈亮显然不认同朱熹的看法，认为这是对他很大的误解，陈亮对此进行反驳，指出虽然他对霸道有所肯定，不过在他看来，霸道只是一种实现目的的手段，而他最终的政治目的还是要实行王道。因此对与朱熹提出的"王霸并用"的评价他并不认同，也为自己进行了辩解："来教乃有'义利双行，王霸并用'之说，则前后布列区区，宜其皆未见悉也。海内之人，未有如此书之笃尽真切者，岂敢不往复自尽其说，以求正于长者。"③同时他提出"谓之杂霸者，其道固本于王也"④的观点。在陈亮看来，王道和霸道之间是相辅相成的关系，霸道是实现王道的手段，而王道则是最终的政治目标，霸道中蕴含着王道的要求，两者之间从本质上是一致的。所以准确的说法是霸道对王道进行辅助，而不是朱熹所说的"王霸并用"。陈亮认为，如果真如朱熹所言将王道和霸道分割开来，那就是说三代君

① 陈亮：《策廷对》，《陈亮集》卷一一，中华书局，1987，第 116 页。
② 朱熹：《寄陈同甫书十五首·四》，《陈亮集》卷二八，中华书局，1987，第 359 页。
③ 陈亮：《又甲辰秋书》，《陈亮集》卷二八，中华书局，1987，第 340 页。
④ 陈亮：《又甲辰秋书》，《陈亮集》卷二八，中华书局，1987，第 340 页。

主实行王道，而汉唐君主推行霸道，这样才是"王霸并用"。"诸儒自处者曰义曰王，汉唐做得成者曰利曰霸，一头自如此说，一头自如彼做，说得虽甚好，做得亦不恶，如此却是'义利双行，王霸并用'。如亮之说，却是直上直下，只有一个头颅得成耳。"[1] 按照朱熹的说法，汉唐是不推行王道的，之所以能够在治理上取得成绩也是推行霸道的成果，这其实就是将王道和霸道彻底割裂开来，认为二者之间有着对立的矛盾，是彻彻底底的"义利双行，王霸并用"。陈亮之所以对朱熹进行大力反驳，主要是因为他秉持"杂霸而本于王"的观点，陈亮还提到，假如王道和霸道可以同时存在，那么"天理人欲可以并行矣"[2]。从这里可以看出，诸多学者在评价陈亮时都使用了"王霸并用"的说法，这其实并不妥当。利用这个机会，陈亮以历史的视角对王霸思想进行了系统阐述。他指出，不管是三代圣君还是汉唐诸君，他们在推行王道的过程中都离不开霸道。比如三代圣君需要征伐或是谋位，便需要以霸道的方式来推行。"自三代圣人，固已不讳其为家天下矣。天下大物也，不是本领宏大，如何担当开廓得去？"[3] 假如三代圣君一点都不实行霸道，"不是本领宏大"，那么最终的王道也实现不了。陈亮还提到，汉唐君主虽然积极推行霸道，创立霸业，其实也是为了在政治上可以实现王道。面对朱熹有关汉唐君主厉行霸道的说法，陈亮对汉唐君主的丰功伟绩进行了高度赞扬，他直言："（高祖、太宗）而终归于禁暴戢乱，爱人利物而不可掩者，其本领宏大开廓故也。故亮尝有言：三章之约，非萧、曹之所能教，而定天下之乱，又岂刘文靖所能发哉？此儒者之所谓见赤子入井之心也。其本领开廓，故其发处便可以震动一世，不止如赤子入井时微眇不易扩耳。至于以位为乐，其情犹可以察者，不得其位，则此心何所从发于仁政哉？以天下为己任，其情犹可察哉，不总之于一家，则人心何所底止？"[4] 这也就是说不管是汉高祖还是唐太宗，他们即便是真的推

---

① 陈亮：《又甲辰秋书》，《陈亮集》卷二八，中华书局，1987，第340页。
② 陈亮：《丙午复朱元晦秘书书》，《陈亮集》卷二八，中华书局，1987，第354页。
③ 陈亮：《又乙巳春书之一》，《陈亮集》卷二八，中华书局，1987，第346页。
④ 陈亮：《又乙巳春书之一》，《陈亮集》卷二八，中华书局，1987，第345~346页。

行霸道，最终体现的也是仁义的王道之心，霸道于他们而言只是手段，而"仁义"才是他们的最终目的，所以汉唐君主其实是"无以异于汉氏也"①，这就从道义上对汉唐君主进行了肯定。所以，陈亮依然对汉唐君主推崇备至，指出他们"竞智角力，卒无有及沛公者，而其德义又真足以君天下，故刘氏得以制天下之命"②。陈亮的这番言论其实是以增强国力、收复失地为政治目标的。他希望南宋王朝可以"王霸之杂，事功之会"来"裨王道之阙"，最终大展宏图伟略，收复失地，一雪前耻。所以，他的这种思想也具有功利的意味。

二　合"利"与"宜"：叶适的政治伦理思想

叶适（1150~1223），字正则，号水心居士。淳熙五年（1178），叶适中榜眼。历仕孝宗、光宗、宁宗三朝，历官平江府观察推官、太学博士、尚书左选郎、国子司业、兵部侍郎等职。叶适参与了孝宗到宁宗三朝政治上和学术上的重要事件，如孝宗朝的禁道学、光宗朝的绍熙内禅、宁宗朝的庆元党禁和开禧北伐等。在这些历史事件中，叶适以独特的言行和遭遇展现了深邃的功利主义政治伦理思想。

叶适的生平大致可以分为三个阶段：从幼年到淳熙五年（1178）中进士第二名，为其求学阶段；从中进士到开禧三年（1207）被劾罢官，为从政阶段；嘉定元年（1208）后，回永嘉水心村著书讲学，为学术研究阶段。叶适对外力主抗金，反对和议，但在权相韩侂胄谋划北伐时提出异议，被改授权吏部侍郎，兼直学士院。叶适不肯为北伐草诏。其后又建议防江，但韩侂胄不采纳。开禧北伐失败后，叶适出任沿江制置使等职，节制江北诸州。因军政措置得宜，曾屡挫敌军锋锐。累迁至江淮制置使，曾上堡坞之议，实行屯田，所行之举有利于巩固边防。韩侂胄被杀后，叶适因"附韩侂胄用兵"罪名被弹劾，夺职奉祠长达十三年。

---

① 陈亮:《问皇帝王霸之道》,《陈亮集》卷一五, 中华书局, 1987, 第172页。
② 陈亮:《问答上》,《陈亮集》卷三, 中华书局, 1987, 第33页。

　　清代学者全祖望在《宋元学案》中为《水心学案》所作的按语是：
"乾、淳诸老寂没，学术之会，总为朱、陆二派，而水心断断其间，遂
称鼎足。"由此可见，在南宋中期学术界存在三大学派：其一是以朱熹
为代表的道学；其二是以陆九渊为代表的心学；其三是独立于二者之外
的以叶适为代表的事功之学。三者成鼎足之势。叶适主张功利之学，反
对空谈性命，对朱熹学说提出批评，为永嘉学派集大成者。

　　1. 作为政治举措的尧舜之道

　　叶适和朱熹在历史观上有一点是志同道合的，那就是相信尧是儒家
之道发展的源头。叶适曾经在《总述讲学大旨》中明确说道："道始于
尧。"不过，更为关键的是他对"道"的内容进行了确认。朱熹在《中
庸章句序》中提到，对儒家之道进行归结可以发现，其精髓就是尧对舜
所言的一句话："允执厥中。"而后舜对这句话进行了发扬，当他将之传
给禹时变成了十六字心法："人心惟危，道心惟微，惟精惟一，允执厥
中。"这基本上就是朱熹论学的核心与关键之所在，后续朱熹就"道"
与"道统"的思想展开论述都是以此为基础和前提的。

　　不过，在对尧和舜所传"道"基本内容的理解上，叶适和朱熹有
着极大的差异。叶适对《尚书·尧典》中论述尧的一段话进行引用，并
指出"道始于尧'钦明文思安安，允恭克让，命羲和''历象日月星辰，
敬授人时'"。对前一句话的理解是尧可以充分发挥"钦明文思"的作用
平定四海，同时还能够做到"温良恭俭让"。叶适特别指出，之所以认
为道始于尧，主要是因为尧在社会伦常方面都是事必躬亲的。叶适还补
充说："'安安'者，言人伦之常也，'允恭克让'所以下之也，此所以
为人道之始也。"[①]同时叶适还举出羲和"制历明时"的例子，证明尧在
建立制度方面做出了极大的贡献，也对后世产生了积极影响。他还引用
《左传》以及《尚书·吕刑》中的"乃命重黎，绝地天通，罔有降格"，
刻意指出："尧敬天至矣，历而象之，使人事与天行不差。若夫以术下
神，而欲穷天道之所难知，则不许也。"[②]从这里可以发现，在那个时候

----

① 叶适：《尚书·虞书》，《习学记言序目》卷五，中华书局，1977，第52页。
② 叶适：《尚书·虞书》，《习学记言序目》卷五，中华书局，1977，第52页。

叶适已经对儒家之道进行了系统的概述，其内容有三：其一，儒家之道属于"人道"的范畴，对人类文明进行了建构与塑造；其二，儒家之道包含了社会伦常和制度工具两方面内容；其三，儒家之道是人类在探索自然产生认知的基础上形成的。这里提到的认知和"以术下神，而欲穷天道之所难知"完全不同，它是一种彻底的理性思考。

叶适认为，舜在儒家之道的构建方面主要是沿袭尧的做法和精神，关于舜的儒家之道的构建叶适还专门引用《尚书·舜典》中的"浚哲文明，温恭允塞，在璇玑玉衡以齐七政"进行佐证，在这句话里，"浚哲文明，温恭允塞"指代社会伦常，"在璇玑玉衡以齐七政"则是指制度工具。叶适另外还补充到，其实在舜所统治的时代，人们对自然的认识已经从"历而象之"发展到"以器求之"，不过从本质上讲，两者之间的区别并不大，换句话说，虽然舜在尧的基础上对儒家之道的构建做出了改进，不过总体体现的精神本质依然是继承性的。

关于叶适的论断在学术界有很多反对之声。牟宗三先生就提到，叶适的这一理论缩小了敬天、知天以及历而象之的解释范围，只将其当成政治举措来看待，而磨灭了其作为尧、舜所传之德的价值，这种舍本逐末的方式并不可取，也没有真正理解道之本统的真正含义。客观来说，牟宗三先生的评价也不完全准确。叶适曾经有过这样的说法："文字章，义理著，自《典》《谟》始。此古圣贤所择以为法言，非史家系日月之泛文也。"[1] 在这句话中可以发现，叶适并没有如牟宗三先生所言那般仅仅将尧、舜、禹的历史局限在对政治举措的解释当中，相反，他也看到了这些政治举措背后所蕴含的价值与意义，当然，道德性价值也存在于其中。只是从叶适的角度来说，其中包含的意义无法用言语进行表达，在上文中我们了解到，叶适认为这种价值包含了社会伦常和制度工具两方面内容。其中的差别在于叶适在对社会伦常构建的解释中关注更多的是"允恭克让"，而在制度工具的创设中更加偏向理性方面，摒弃了所谓的"以术下神"的内容。

---

① 叶适：《尚书·虞书》，《习学记言序目》卷五，中华书局，1977，第51页

从这里我们可以了解到，叶适在对尧、舜、禹所传之道的内容进行理解时带有浓烈的事功学派特点。他认为通过展示"天道"的神秘性对"人道"进行超越的做法并不可取，并以此作为基础对朱熹的"人心—道心"理论予以大力抨击。叶适在"义利之辨"的基础上提出了公私之辩论，这也是对"义利之辨"核心价值的继承与发扬，其中最可贵之处在于推动了儒家学说的持续发展。

2.陈亮与朱熹的思想分歧

李华瑞指出："这种政治学术化，学术政治化，是宋朝士大夫阶层由组合走向分化以至分裂的主要原因，而且在相当大程度上构成宋代政治史的一大特色。"[①]这个问题在南宋更加突出，尽管其不再是政治斗争而只是学术争论，这就是朱熹与陈亮之间的分歧与论战根源：

> 自孟荀论义利王霸，汉唐诸儒未能深明其说。本朝伊洛诸公，辨析天理人欲，而王霸义利之说于是大明。然谓三代以道治天下，汉唐以智力把持天下，其说固已不能使人心服；而近世诸儒，遂谓三代专以天理行，汉唐专以人欲行，其间有与天理暗合者，是以亦能久长。信斯言也，千五百年之间，天地亦是架漏过时，而人心亦是牵补度日，万物何以阜蕃，而道何以常存乎？故亮以为：汉唐之君本领非不洪大开廓，故能以其国与天地并立，而人物赖以生息。惟其时有转移，故其间不无渗漏。……谓之杂霸者，其道固本于王也。诸儒自处者曰义曰王，汉唐做得成者曰利曰霸，一头自如此说，一头自如彼做；说得虽甚好，做得亦不恶：如此却是义利双行，王霸并用。如亮之说，却是直上直下，只有一个头颅做得成耳。[②]

朱熹对此反驳道："千五百年之间正坐如此，所以只是架漏牵补，过了时日。其间虽或不无小康，而尧、舜、三王、周公、孔子所传之

---

① 李华瑞:《王安石变法的再思考》,《河北学刊》2008 年第 5 期。
② 陈亮:《陈亮集》卷二八, 中华书局, 1987, 第 340 页。

道，未尝一日得行于天地之间也。若论道之常有，却又初非人所能预，只是此个自是亘古亘今，常在不灭之物。虽千五百年被人作坏，终殄灭他不得耳。"[1] 朱熹又谓："若夫齐桓、晋文，则假仁义以济私欲而已。设使侥幸于一时，遂得王者之位而居之，然其所由，则固霸者之道也。故汉宣帝自言：汉家杂用王霸，其自知也明矣。[2] 所谓'非道亡也，幽厉不由也'，正谓此耳。"[3] 我们从上述陈亮与朱熹的论战可以看出，理学家对道德纯粹性的要求近乎刻板，完全以动机论作为行动的出发点，但是，理学家认为动机与效果是统一的，而不是割裂的，动机不纯，即便一时得利，终不能持久。朱熹秉持理性主义的价值原则和道义论的伦理观念，陷入理想主义的窠臼，牟宗三对二人论战的评论是：

> 对于历史只停在道德判断上，而不能引进历史判断以真实化历史，其理性本体只停在知性之抽象阶段中。而陈同甫力争汉唐，谓天地并非架漏过时，人心并非是牵补度日，汉唐英雄之主亦有价值。此俨若能引进历史判断以真实化历史，然考其实，彼只是英雄主义、直觉主义，只能了解自然生命之原始价值，而非真能引进历史判断以真实化历史者。对于历史，道德判断与历史判断无一可缺。[4]

> 儒者自理性上立根基，其最高向往为圣神功化之极，至此德性与生命合一，亦归于生命之真实，故亦有功化之创造。然此谈何容易。此既非易，则拘拘小儒以及章句经生更不足以开物成务，此所谓失其指也。实则非失其指，乃有一跌宕、有批判而极不易奏效之迂曲之路耳。此为理性之路，宋明儒者皆肯定之，然其中曲折万

① 朱熹：《朱熹集》，郭齐等点校，四川教育出版社，1997，第1592页。
② 朱熹：《孟子或问》卷一，《四书或问》，《朱子全书》第六册，上海古籍出版社、安徽教育出版社，2002，第923页。
③ 朱熹：《答陈同甫之八》，《朱熹集》卷三六，郭齐等点校，四川教育出版社，1997，第1600页。
④ 牟宗三：《政道与治道》，广西师范大学出版社，2006，第190页。

端，宋明诸老未能通透无碍，足以使人喻解心服也。[①]

牟宗三从成就圣俗真实处论说朱熹与陈亮之争，一方面肯定理学家的认真、执着，但是又委婉地予以了批评，认为一个个体很难在圣俗两端都实现最高价值理想。理想是高明的，但是实现的道路则是艰难的，甚至是不可能实现的。其寓意告诉我们，道德理想主义在于人心的造化与坚持，世俗世界的政治统一性，即理想与现实的统一、目的与功利的统一需要制度安排才能真正有所保障。这也是我们下面讨论士人政治与官僚政治之一而二、二而一的关系的一个出发点。二者在传统社会是一体性的，士人理想受制于君主体系和官僚体系的制约，难以发挥自己的主体思维的作用，这是历史中的悲剧，但是它对于个体修身、生命意义的贞定却是大有裨益的。

3. 功利与义理统一的政治伦理思想

叶适的政治伦理思想是功利主义的，但并不是如朱熹所指责的"专是功利"，而是功利与义理的统一。叶适并不否定义理，而是反对当时的道学和心学空谈义理，把义和利、理和欲截然对立起来，以义理来排斥功利的观点。正是在反对道学和心学的过程中，叶适独树一帜，阐发了功利和义理统一的政治伦理思想。

在叶适的认知当中，利有"公利"和"私利"之分。正所谓"昔之圣人，未尝吝啬天下之利"。其中"天下之利"其实就是公利的一种体现，对圣人来说，天下之利是毫不吝啬的，这里也存在着义的内容；再有，叶适对私利也不是全盘否定，他指出"有己则有私，有私则有欲，而既行之于事矣，然后知仁义礼乐之胜己也，折而从之"。这就和朱熹的"存天理，灭人欲"大相径庭，叶适对私欲进行了肯定，认为从私欲出发对私利进行追求也无可厚非。他甚至将对私利的肯定当成是仁义礼乐的前提来对待。具体到公利和私利该如何取舍的问题上，叶适指出，首先要满足私欲，他对那种假借实现公利满足私欲的行为极为不齿。在

---

① 牟宗三：《政道与治道》，广西师范大学出版社，2006，第204页。

他看来，一向以善于理财而闻名的王安石、薛向、吴居厚其实是"诱赚商旅，以盗贼之道利其财"，叶适认为他们只是在以"天下之利"为名为自己敛财。叶适将王安石等推行的政策视为"盗贼之道"主要是因为其认为这种政策的施行目是谋取私利，在这个阶段，儒家学派的义利之辨就更多体现为如何在公利和私利中进行取舍的问题。

这个转变包含了时代发展的要求，也体现了思想层面的原因。当时的叶适生活在南宋时期，虽然饱受外族入侵之苦，不过商品经济却获得了长足的发展，"义利之辩"到"公私之辩"的转变也是人们在经济发展过程中出现的意识觉醒。而原有的"义和利""利和害""义和不义"等概念在经过一轮又一轮的辩论之后逐渐明晰。义和利在逻辑上并不存在对立统一的关系。从严格意义上讲，义与不义之间的辩证关系是成立的，利与害、利与弊也能实现辩证统一。因为义与不义这两个概念属于道德范畴，可以对人的行为进行评判，但是利与不利则属于价值体系中的概念，其与义本身就不属于一个领域，所以也不存在辩证关系。按照同样的思路，利可以被分为公利和私利两种。

在叶适这里，体现儒家核心价值的义利之辩最终被转换成"公私之辩"。之后的很多儒家学者也沿用了这个思路，这其实也是对儒家核心价值讨论的一种丰富与完善。在完成转换之后，满足私利不会和义产生矛盾，不管是"利"还是"义"，概念和内涵都更加清楚。即便是对"利"进行追求也不会被当成儒家异端来看待。按照这样的思路对各个朝代儒家学者的辩论进行分析可知，之所以将其统称为儒者是因为他们在"君子喻于义，小人喻于利"的问题上本质相同。当然，在所有的儒者看来，以义为先是理所应当的，关于这一点叶适说过："崇尚莫大乎富贵，是以富贵为主。至权与道德并称，《诗》《书》何尝有此意？从之则不足成道德，而终至于灭道德。"[1]儒者之间存在的差别在于对"义"该如何看待以及如何实现。

叶适对公利和私利的分析与理解很好地继承和发扬了儒家思想，其

---

[1] 叶适：《习学记言序目》，中华书局，1977，第192页。

实，实现从义利之辩到公私之辩的转换本身就体现了儒学思想的进步。正如上文所述，义利思想的产生与发展体现了儒家核心价值的演进过程，这也符合思想发展的客观要求。有关义利统一的学说从思想和实践两方面论证了"功"的作用，因为义理就是需要在各种事件和处理问题的过程中才能得到彰显。最后，上文已经提到，永嘉学派一直秉持着积极改革的发展思路，叶适为此做出了自己的贡献，完成了这些思想的系统化发展，这也是叶适最终成为永嘉学派集大成者的主要原因。

　　无论是永康学派的陈亮还是永嘉学派的叶适，他们的思想表现出与孟子以下以性命义理来诠释儒学的所谓正统儒家颇为不同的理论风格。可以说，浙东学派，在其形成之初便具有了一种崭新的学术风格。总体而言，他们重视治史，关心古今兴亡之变化，典章制度之沿革，主张经史的统一；同时，浙东之学的另一个特点是强调经世致用，注重时政，关心现实。"夷夏观"是事功学派在对外军事问题上主战的理论根据，抗金救主、兴复中原是整个南宋事功学派的奋斗主旨。在与主和派论战过程中，对抗金何以必行、胜利何以取得等问题，陈亮、叶适等人均以"君臣之仇"不可不报，"夷夏之辨"不可不明为主要依据。陈亮、叶适等对于传统儒学理论的继承，不是机械地因循发挥，而是以浙东学术固有的求实创新精神，努力将儒家基本理论与传统的功利思想和其他相关思想融合于一体。明清之际乃社会大变革时期，南宋事功之学又被学者重视，经世致用之理念再一次被学界所提倡。

三　宋代理性主义学派政治伦理思想的偏失

　　从两宋思想来说，王霸之争是思想争论的焦点，但是，这个问题也不是一开始就那么显赫与突出的。朱熹谓："国初人便已崇礼义，尊经术，欲复二帝三代，已自胜如唐人，但说未透在。直至二程出，此理始说得透。"[①]宋代早期，新学与理学在思想方向上大体一致，只是对政治实践的认知差距较大。《宋史·王安石传》："熙宁元年四月，始造

---

① 朱熹：《朱子语类》卷一二九，中华书局，1986，第3085页。

朝，入对。帝问所治为先，对曰：'择术为先。'帝曰：'唐太宗何如？'曰：'陛下当法尧舜，何以太宗为哉！'"从这个意义上说，王安石与二程的观点是一致的。但是，正如我们前面所述，理学家在心体上用功的坚持十分彻底，"格君心之非"与对用人方式及其德性要求上的坚持导致了二者之间最终的尖锐对立。程颢《答王霸札子》："臣伏谓得天理之正，极人伦之至者，尧舜之道也；用其私心，依仁义之偏者，霸者之事也。"① "两汉以下，皆把持天下者也。"② 这种严格的判教导致两种学说之争成为两条道路之争，或者说理学家认为，能不能从人心出发、能否正人心以及正君心是检验思想是否正确的试金石，所以到后来张栻谓："熙宁以来，人才顿衰于前，正以王介甫作坏之故。介甫之学乃是祖虚无而害实用者，伊、洛诸君子盖欲深救兹弊也。"③ 张栻说王安石学问祖于虚无，而司马光既讲理学又讲效验，持中间立场，尤其是他的哲学思想中就有"祖虚"一说，张栻几乎就是在批判司马光了："万物皆祖于虚，成于气。"④ "夫性者，人之所受天以生者也，善与恶必兼有之，是故虽圣人不能无恶，虽愚人不能无善，其所受多少之间则殊矣。善至多而恶至少，则为圣人；恶至多而善至少，则为愚人；善恶相半，则为中人。"⑤ 这里如果我们再看司马光的政治理念则别有一番趣味："王霸无异道。其所以行之也，皆本仁祖义，任贤使能，赏善罚恶，禁暴诛乱。顾名位有尊卑，德泽有深浅，功业有巨细，政令有广狭耳，非若白黑、甘苦之相反也。"⑥

司马光虽然抵死反对安石变法，但是他在思想上却并不认为王霸之间有质的差别，而认为王霸只有量上的差异。这是早期王霸论争的一个有趣的个案。同时，王安石也很难完全用王霸之争来对其做思想的归结，因

① 程颢、程颐：《二程集》，中华书局，2004，第450~451页。
② 程颢、程颐：《二程集》，中华书局，2004，第1089页。
③ 曾枣庄、刘琳主编《全宋文》第255册，上海辞书出版社，安徽教育出版社，2006，第47页。
④ 黄宗羲：《宋元学案》第1册，中华书局，1986，第295页。
⑤ 司马光：《司马光集》，四川大学出版社，2010，第1460页。
⑥ 司马光：《资治通鉴》卷二七，中华书局，1956，第881页。

为所谓王道、三代之治就是由他引入的，但是，理学家坚持以心性的修养为政治治理出发点的论调把他们彻底分开了。

王安石思想的确开了宋学的先河，这与他早期的政治地位有一定关系。针对同一历史阶段的产品可以产生完全对立的观点，否则怎会有战国时期的"百家争鸣"？这个道理不足为训。否则，无法解释苏轼家族观点与二程和王安石思想的差异。美国学者田浩评论道：

> 道学与王安石有一些共同的基本思想。该学派支持复古理念，包括井田制。他们认为，古时的家庭都耕种同等大小的土地。一些人像张载一样想实行"井田"，回复"封建"。二程虽然赞美古代制度，但仍然承认制度必须随时代的变化而变化。他们自己并非要恢复古制，而是强调古代之道的价值。二程所向往的政治秩序更多与礼、道德原则相关，而并不关切王安石的政治社会制度。一方面，二程相信理是永恒的，不随历史的变迁而变化。因此，二程兄弟对"法后王"评价不高。另一方面，二程的理与王安石利用经典进行激进改革的理念相冲突。二程从王的强硬领导下退出，要求其采取的手段应和他追求的目的一样合乎道德。人们反对王安石更多的是对他的性格与手段的不满，而不是终极目标；对二程来说事实确乎如此。①

张载概括了这个观点："知人而不知天，求为贤人而不求为圣人，此秦汉以来学者大弊也。"在二程及其后学看来，他们的独特性在于重新发现了已被隐没很长时间的道。②

这里反映出来的问题主要有两点：第一，二程讲理，张载讲传承圣人之学，他们的思想旨趣是相通的，即政治其实是一个做人的问题，是在一个家庭、一个家族和更大的家族中做人的问题。而做人的最高理想是成为圣人，这是从二程的老师周茂叔而来。而要做圣人，就要知道"天道""天理"，即孟子的"尽心知性知天"。他们将政治生活真正个体化

---

① 〔美〕田浩：《功利主义儒家——陈亮对朱熹的挑战》，江苏人民出版社，1997，第32页。
② 〔美〕田浩：《功利主义儒家——陈亮对朱熹的挑战》，江苏人民出版社，1997，第32页。

与伦理化了，当然他们也以此要求执政者，包括君主与大臣。第二，二程、张载与王安石都有一个政治理想，即"井田制"，张载向往的是以此为基础的大家庭生活方式，二程也不遑多让。但是，张载与二程尤其是后者则有一个个人成圣的价值理想，这个价值理想高于现有的政治体系和政治目标。但是，王安石的思想中并不包含这一点，王安石是一个政治家，他并没有过分追求圣贤的价值目标，他是从政治目标和文化生活的视角而不是从个体生命与伦理生活的维度追溯古典经典。在这一点上，"三苏"追求的是个体的人文生活与情怀，因为他们的人性论假设与二程、张载根本不同，王安石居于其间。但是，二程及其他政治反对派基于其价值理想所要求的是道义论的彻底性，即政治目标与政治手段的统一性，这就对王安石的政治行动伦理与个人行动方式提出了更高的要求。从原则上说，二程和王安石提倡的政治伦理的基点虽然有所不同，但是这种差异不是根本性的，而他们与"三苏"倡导的政治伦理则是存在着基本设定上的不同。"三苏"是社会进化论者，没有人性善的设定，甚至认为，人性存在着恶，需要通过礼的制度的架构对人性进行规范，他们是制度论者，不是伦理主义者。同时，他们认同社会的变化，不接受恢复古代生活方式和制度的论调，由此，他们与二程和王安石都成了思想上的论敌。北宋早期绝大多数的理论家与政治家并不像二程那样思想偏于理想化，譬如在王霸问题上。他们还是对宋王朝兴起的根据考量较多，即如何扩充君权以巩固政治的强力统治，而不是弱化政治领导导致一个国家架构涣散。在这一点上，理学家可能是过于理想化了，朱熹最后也认为他很多前辈的复古的政治理念几乎无法实现，因为历史已经走到这个新的阶段，但是，理学家的这种执着也使他们最后走向了政治实践的另一个端点——乡约，在地方自治方面进行探索。这是宋代开始有所探究，但是并未成形，明代又有所发展的一条中国政治理路，在今天仍然具有十分重要的意义：他们试图打造一个既与传统官僚政治接轨，但是又有独立性的市民社会——它是政治国家的基础，而不是政治国家的附属品，同时还能够在此实现其道德理想。

第八章 古礼复兴：宋代政治伦理思想的特质

宋代政治伦理的特质是古礼复兴，政治生活之理统摄功利，最后导致理、礼与功利之间的思想争论。关于古礼复兴的表现是北宋早期儒学思想复活、对《春秋》的研究复兴，尊君思想展现，凡此种种都是理论上的对传统政治合法性的论证。同时，在北宋早中期，对功利也即对国家政权利益和富强观念的认同比较有影响，但是随着理学的形成，以天理为根基的道义论逐渐形成，它又融合了传统的宗法家族的君臣、父子等礼的内容，构成了一个自北宋初成而于南宋兴盛的理学道义论价值观。理学家的礼与其他非理学家派别所倡导的礼并无根本的不同，这说明人们的价值观念无法脱离特定的历史条件和文化背景。与此形成对照的是，北宋官吏如李觏等倡导的功利主义价值思想也逐渐转向民间，陈亮、叶适等人的功利主义思想形成。虽然两个学派之间的观点有较大差异甚至相互对立，但是今天学者们倾向于将其都纳入儒家思想予以分析，从广义的儒学谱系来看待二者的争论。

一 仁道一体论：伦理政治一体、家国一体

宋儒对政治的讨论是伦理化的，在这一点上理学派表现尤为明显，他们的理想是将国家当成家庭与家族来看待，也以此道理为处世之道，并以"仁"的理论概括伦理化的政治。其中的两个代表一个是张载，一个程颢。但是，最早阐释这个道理的是范仲淹，他说："圣人居城中之大为天下之君。育黎庶而是切，喻肌体而可分，正四民而似正四肢。每防怠惰调百姓如调百脉，何患纠纷。先哲格言：明王佩服，爱民则因其

根本，为体则厚其养育。""每视民而如子，复使臣而以礼，故解以六合而为家，齐万物于一体。"范仲淹认为君主与民要像自己的头脑与躯体四肢一样，治理民众如调理自己的四肢百脉，一方面是涵育、养护，一方面是诊治调理。而将此理念上升到政治哲学高度的是张载："大君者，吾父母宗子；其大臣，宗子之家相也。尊高年，所以长其长；慈孤弱，所以幼其幼。圣，其合德；贤，其秀也。凡天下疲癃、残疾、惸独、鳏寡，皆吾兄弟之颠连而无告者也。"《论语·为政》："或谓孔子曰：'子奚不为政？'子曰：'《书》云：孝乎惟孝！友于兄弟，施于有政。'是亦为政，奚其为为政？"孔子所言，即是张载的理想，即没有政道或政治治理技术可言，政治就是把家庭的规则和情理延伸到国家层面去，这就是为政，没有别的为政的道理。张载将这个理念进一步哲学化："乾称父，坤称母；予兹藐焉，乃混然中处。故天地之塞，吾其体；天地之帅，吾其性。民，吾同胞；物，吾与也。"[1] 这一句话就将个体与天地整合为一体，人是天地的子女，是它的组成部分，而皇帝只是这个大家庭的嫡长子，这就是理学家的政治理想与原则。

程颢对张载的话给予了高度评价，认为其说出了他的心声，同时也说出了天地人生和包括政治生活在内的人类生活的本意。

> 《订顽》一篇，意极完备，乃仁之体也。学者其体此意，令有诸己，其地位已高。[2]

> 医书言手足痿痹为不仁，此言最善名状。仁者以天地万物为一体，莫非己也。认得为己，何所不至？若不有诸己，自不与己相干。如手足不仁，气已不贯，皆不属己。故"博施济众"，乃圣之功用。仁至难言，故止曰"己欲立而立人，己欲达而达人，能近取譬，可谓仁之方也已"，欲令如是观仁，可以得仁之体。[3]

---

① 张载：《张载集》，中华书局，1978，第62页。
② 程颢、程颐：《二程集》，中华书局，1981，第15页。
③ 程颢、程颐：《二程集》，中华书局，1981，第15页。

从这个意义上讲，君主的目标是做圣王，圣王是有一体之德的人，是能够体会到"万物一体"的人，这样才能做到"博施济众"，因为这是圣人之所为，非常人之所为。但是，人人都可以照此方向修养，这就产生了道学的修养论。程颐也有类似论述，他在《上仁宗皇帝书》中说：

> 窃惟王道之本，仁也。臣观陛下之仁，尧舜之仁也。然而天下未治者，诚由有仁心而无仁政尔。故孟子曰：今有仁心仁闻，而民不被其泽，不可法于后世者，不行先王之道也。陛下精心庶政，常惧一夫不获其所，未尝以一喜怒杀一无辜，官吏有犯入人罪者，则终身弃之。是陛下爱人之深也。然而凶年饥岁，老弱转死于沟壑，壮者散而之四方，为盗贼、犯刑戮者，几千万人矣。岂陛下爱人之心哉？必谓岁使之然，非政之罪与？则何异于刺人而杀之，曰："非我也，兵也？"三代之民，无是病也。岂三代之政不可行于今邪？州县直吏有陷人于辟者，陛下必深恶之，然而民不知义，复迫困穷，放辟邪侈而无与罪者，非陛下之陷之乎？必谓其自然，则教化，圣人之妄言邪？[①]

程颐的仁发于不忍人之心而施于政治，将不忍人之心施于政治是理学政治思想的核心要素，由此他们要劝诫皇帝克己修身。

值得注意的是，程颐和朱熹对明道和张载的仁体论在仁心之外还做了一个扭转，即将仁向公方向做了一个转化，这在理论层面其实是非常有意义的，也是值得期待的，但是，遗憾的是，程颐与朱熹的"公"并没有发生公共理性和公共秩序的转向，如此，这个"公"就不是政治理性，而是公道、正直等人格特征规范。"仁者公也，人此者也。"[②]"尝谓孔子之语教人者，唯此为尽，要之不出于公也。"[③]又问："如何是仁？"

---

① 程颢、程颐：《二程集》，中华书局，1981，第15页。
② 程颢、程颐：《二程集》，中华书局，1981，第105页。
③ 程颢、程颐：《二程集》，中华书局，1981，第105页。

答曰："只是一个公字。学者问仁，则常教他将公字思量。"① 这样的公就主要指的是仁政而不是仁心了，这是与程颢所言之公的不同，而他与张载的不同是没有更多讨论"民胞物与"而是着重论述君臣、夫妇之道，强调各安其分，朱熹于此也有类似表述：

> 或问仁与公之别。曰："仁在内，公在外。"又曰："惟仁，然后能公。"又曰："仁是本有之理，公是克己工夫极至处。故惟仁，然后能公，理甚分明。故程子曰：'公而以人体之。'则是克尽己私之后，只就自身上看，便见得仁也。""做到私欲净尽，天理流行，便是仁。"②

朱熹认为，仁是本体，公是表现，公不是公共价值，而是个体价值，或者首先是个体价值的一种表现，而且只有做到仁才能公，此时公的公共性就丧失了。因此，虽然朱熹思想开启了儒家理学篇章，但是这个"理"没有进入公共生活的客观性价值的研判层面，没有从政治共同体的共同生活原理层面进行考察，而是回归到传统儒家的个体生命道德的涵养上。朱熹政治治理的理念所依据的还是伦理生活共同体的价值原则，理的论证只是为此提供一个形上的证据，这也是朱熹在和陈亮等人的争论中特别强调君主个人修养的原因，但是，这种缺乏外在客观性因素制约的正君心的理论显然和缺乏实践性的董仲舒的理论一样，不能解决对传统社会的权力予以约束的问题，这是我们在今天弘扬儒家道德理想主义的个体精神价值时，需要在政治伦理思想层面特别注意的。

二　君主与士人政治的价值目标：养民、教民与牧民

两宋政治家与思想家在富民、养民的理念上大体一致，各学派于此观点大体一致。范仲淹首先提出重农桑、轻徭役的观点："臣观《书》

---

① 程颢、程颐：《二程集》，中华书局，1981，第285页。
② 朱熹：《朱子语类》，中华书局，1985，第100页。

曰：'德惟善政，政在养民。'此言圣人之德，惟在善政。善政之要，惟在养民；养民之政，必先务农；农政既修，则衣食足；衣食足，则爱肤体；爱肤体，则畏刑罚；畏刑罚，则寇盗自息，祸乱不兴。是圣人之德，发于善政；天下之化，起于农亩。"[1]一般来说，传统社会所谓养民、富民，途径有二，一则是开源，一则是节流，开源是寻求农政发展的方略，而节流则是寻找政府节约开支的方法，王安石与新政反对派就因此发生了尖锐的冲突。问题的根源在于如何先从民之开源，然后实现政府财政的开源。陆九渊言："今日邦计诚不充裕，赋取于民者诚不能不益于旧制。居计省者诚能推支费浮衍之由，察收敛渗漏之处，深求节约检尼之方，时行施舍己责之政，以宽民力，以厚国本，则于今日诚为大善。"[2]"天生民而立之君，使司牧之，张官置吏，所以为民也。'民为大，社稷次之，君为轻'，'民为邦本，得乎丘民为天子'，此大义正理也。"[3]叶适谓："夫聚天下之人，则不可以无衣食之具。"[4]"百姓不幸失其所养"，"民非有罪也，牧民者之罪也"。治国在于得民，但是得民要从养民着手，实现"养民，教民，治民"。[5]他们的论述大同小异，这是值得肯定的。但是，我们从陆九渊以及叶适之言中都发现一个词：牧民。这让我们想到《管子·牧民》："凡有地牧民者，务在四时，守在仓廪。国多财，则远者来，地辟举，则民留处；仓廪实，则知礼节；衣食足，则知荣辱；上服度，则六亲固；四维张，则君令行。"

　　这个"牧民"指的就是具体的管理、治理。"彦博又言：'祖宗法制俱在，不便更张，以失人心。'上（宋神宗）曰：'更张法制，于士大夫诚多不悦，然于百姓何处不便？'彦博曰：'为与士大夫治天下，非与百姓治天下也。'"[6]这里涉及我们对皇权以及官僚制度的理解问题，同时涉及士大夫这个社会阶层它的身份性以及超身份属性的双重界定。其

①　范仲淹：《范仲淹全集》中册，四川大学出版社，2002，第533页。
②　陆九渊：《陆九渊集》，中华书局，1980，第72页。
③　陆九渊：《陆九渊集》，中华书局，1980，第69页。
④　叶适：《叶适集》，中华书局，1961，第658页。
⑤　叶适：《习学记言序目》，中华书局，1977，第652页。
⑥　李焘：《续资治通鉴长编》，中华书局，2004，第5370页。

实，我们不必非得为官僚社会的上等人群辩护他们的道德使命，这是可以理解的，同时，他们受限于历史阶段的自我认知的情况也是存在的，我们需要从这两个方面同时把握他们的政治属性。

教民是儒家最重要的特色和职能，两宋理学家自不待言，即便就王安石思想来说，这一点也是非常显著的，这体现在他对学校制度的大力宣扬上。他在给仁宗皇帝上书时言："由此观之，人之才，未尝不自人主陶冶而成之者也。所谓陶冶而成之者，何也？亦教之、养之、取之、任之有其道而已。所谓教之之道，何也？古者天子诸侯，自国至于乡党皆有学，博置教导之官而严其选。朝廷礼乐刑政之事皆在于学，士所观而习者，皆先王之法言德行治天下之意，其材亦可以为天下国家之用。苟不可以为天下国家之用，则不教也，苟可以为天下国家之用者，则无不在于学。此教之之道也。"[1]教化是儒家的本分，最后达成上一于德而下化之的结果。

我们由此可以看到两宋士大夫的治国理想即治国富民、教民和牧民。虽然后者可以从理想角度看作技术意义上的管理，甚至是人道层面上的管理，但是，从事实维度衡量，这种"牧民"或管理只能依靠官员个人的德性、品行和操守，而没有更好的制度层面的约束措施，所谓士人政治与官僚政治的混合性由此可见。"牧民"在事实层面最终落入礼乐教化与刑罚并举的窠臼，并最终落入君主专制的陷阱。但是，我们由之可窥见士大夫理想主义政治伦理理念的一些原则及局限。

三　理、心为本与格君心之非中的责任伦理问题

两宋思想不单只有理学，但是对后世而言理学的影响最大。就新学等学派来说，他们的主张必须要通过朝廷而行，否则便无出路，因为他们的方略大都是政策，得不到朝廷的肯认就没有发挥的余地，但是，理学派并非完全如此。他们提出的是一些政治原则，当然也有一些具体的对策，但主要是义理，虽然其所倡之内容是偏向理想主义的甚至

---

① 王安石：《王安石全集》，上海古籍出版社，1999，第3页。

是迂腐的，但是从彼时的理念层面而言自有其意义。他们将"仁道"理念上升为哲学理论，即理的哲学或天理的哲学，并将其具象化为个人修养的观点，即"格君心之非"等关于君主的责任论述。我们首先看二程的主张：

> 治道亦有从本而言，亦有从用而言。从本而言，惟从格君心之非，正心以正朝廷，正朝廷以正百官。若从事而言，不救则已，若须救之，必须变。大变则大益，小变则小益。[①]

> 君仁莫不仁，君义莫不义，天下之治乱系乎人君仁不仁耳。
> 夫政事之失、用人之非，知者能更之，直者能谏之。然非心存焉，则一事之失，救而正之，后之失者，将不胜救矣。格其非心，使无不正，非大人其孰能之？[②]

二程曾多次给皇帝上书以言政事，其中强调的核心是政治的根本是治道，治道的根本在君主，君主的命脉是君主的内心是否诚善。善则以此整顿百官，并带动百姓，而不善则须克己立志修身。理学派认为君心是本，格君心之本以归于善，则能使之知人善任，此即理学家所理解的政事、政道。他们也以此来批评不注重个人修养的政治家："神宗问王安石之学如何，明道对曰：'安石博学多闻则有之，守约则未也。'""（明道）昔见上，（上）称介甫之学，对曰：'王安石之学不是。'上愕然，问曰：'何故？'对曰：'臣不敢远引，止以近事明之。臣尝读《诗》，言周公之德云：公孙硕肤，赤舄几几。周公盛德，形容如是之盛，如王安石，其身犹不能自治，何足以及此。'"[③]即个人修身是从政、为政的前提，这就是严格的道德主义以及《大学》的圣王一体论。理学家强调手段与目的的一致性、个人行动的道义合理性与制度正义的一致

---

① 程颢、程颐：《二程集》，中华书局，1981，第165页。
② 程颢、程颐：《二程集》，中华书局，1981，第390页。
③ 程颢、程颐：《二程集》，中华书局，1981，第17页。

性，这在王霸论争中更是成为焦点问题。

陆九渊的思想与前述理学家大同小异，他强调，人是政治的根本，人心是人的根本，政治治理的核心是君主，君主之"心"之"本"决定着君主的治理。从君主到普通官员都要修身、修心。因此，他说："君不可以有二心，政不可以有二本。君之心，政之本，不可以有二。"① "为政在人，取人以身，修身以道，修道以仁。仁，人心也。人者，政之本也；身者，人之本也；心者，身之本也。不造其本而从事其末，末不可得而治矣。"② 陆九渊强调心本和人本的思想是他贯彻心学理念的表现。但是，不讲"心即理"而讲"性即理"的朱熹同样强调修身、正心的重要性，而且他将这个问题上升到理的高度，使之成为形上的哲学。朱熹认为："天地之间，有理有气。理也者，形而上之道也，生物之本也；气也者，形而下之器也，生物之具也。"③ 先验的理与后天的气的结合是人类存在的具体方式，理落实于人就是性，因其无形而公，气质落于有形的人身或有私。"仁义根于人心之固有，天理之公也；利心生于物我之相形，人欲之私也。"④ 人君治国只须本理而行，以天理治国便是王道，以人欲治国便是霸道。他认为，尧、舜以及三代君主以道治天下，以天理行事，故其所行乃王道政治。"然而纲纪不能以自立，必人主之心术公平正大，无偏党反侧之私，然后纲纪有所系而立。"⑤

理学家反科举、反功利，以道学为指归，而道学的规矩就是每日要省察克制、克己修身，他们对于文人由科举致仕之行及功利思想尤深恶痛绝，程颢曾说"某写字时甚敬，非是要字好，只此是学"。在理学家那里，无时无刻不是学问之时，无处不是学问之地，这个学问就是"修身"。朱熹曾批评蜀学："大概皆以文人自立，平时读书做考究古今治乱兴衰底事，要做文章，都不曾向身上做工夫，平日只是吟诗饮酒戏谑

---

① 陆九渊：《陆九渊集》，中华书局，1980，第356页。
② 陆九渊：《陆九渊集》，中华书局，1980，第233页。
③ 朱熹：《朱熹集》，四川教育出版社，1996，第2947页。
④ 朱熹：《四书章句集注》，中华书局，1983，第202页。
⑤ 朱熹：《朱熹集》，四川教育出版社，1996，第456页。

度日。"① 而苏轼曾言程颐等做人从打破"敬"字起。这之间的对立与冲突非一般言语所能概括。漆侠先生曾评论道："从宋学派生出来的理学，把内心反省工夫放在首位，脱离社会现实的时间，以精、诚、敬等向自己身上使劲，这大概是理学之异于宋学的一个基本点。""东坡要打破伊川洛学的这个敬字，深刻反映了苏氏蜀学与洛学之间的分歧。"② 他同时指出，二程弟兄受了胡瑗克己修身学说的影响，故从安定之学过渡到洛学。

把宋明儒家的一些哲学概念譬如"天理""仁""太极""太和"都归于"治道"是近乎荒唐的。这些是他们通过修治身心得来的"观念"，有些可以认为与治道具有统贯性和连续性，有的则与之不存在直接顺承的关联。宋明儒家的门生学人可以都被视作"士"，但是他们很多也都是平民。周敦颐的例子不具有典型性，因为周敦颐的儒家学者身份本身就是不确定的，他是儒家尤其是宋儒道学的开山祖师，但是他的思想兼容佛老，这证明他的学养超越了儒家治世的范畴。

---

① 朱熹:《朱子语类》第八册，中华书局，1986，第3336页。
② 漆侠:《宋学的发展和演变》，《文史哲》1995年第1期。

附录　中国政治哲学的古今之辨

孔、孟、荀"天下"思想的"主体"审思

——从当代"天下主义"论争说起

20 世纪 90 年代，盛洪先生在其著作《为万世开太平：一个经济学家对文明问题的思考》中首先提出了"天下主义"[①]这一概念，由此开启了学界对于"天下主义"的关注与讨论。盛洪先生作为一个经济学家能敏锐地把握住中国政治哲学的核心问题——"天下主义"——有其独特的时代原因。五四以来，"物竞天择，适者生存"的救亡观念已然成为国人思考社会、国家、世界的主要方式，在这一历史进程中，人际关系的"竞争化"、国家建设的"市场化"、国际交往的"斗争化"成为 20 世纪的主题。在这种背景下，我们逐渐接受西方先进的经济理念、政治观念，古今中西之辨成为中国哲学研究的大背景，它是每一个中国人都面临的大问题，"天下主义"所追求的和平蓝图不仅属于饱经忧患的中国，也属于风云诡谲的世界。"天下主义"是中国学人对中国古代政治哲学的重新探讨，是中国由一个大国走向强国的过程中与世界的一次关于政治哲学的切磋。笔者从当代"天下主义"论争说起，探讨"天下主义"在"内圣"与"外王"的两种路径分歧，追溯其思想渊源，阐发孟子、荀子的"天下"观，呈现对孔子、孟子、荀子"天下"思想的"主

---

① 盛洪：《为万世开太平：一个经济学家对文明问题的思考》，北京大学出版社，1999，第6 页。

体"审思，以就教于各位方家。

一 "内圣"与"外王"：当代"天下主义"论争的分歧

"天下"是中国语境中的独有词语，其字面意思是"溥天之下"，最初被视作人从事生产实践活动的地理区域。古时人们对于地缘的认识并不全面和客观。在古人看来，自己所知道和所了解的领域就是世界的全部，古人对于世界其他人类文明的存在尚不知晓。在古人的思想意识中，自己所认定的"天下"即是中国，也是全世界。从这一角度来看，中国的天下思想也是世界观的体现。赵汀阳对"天下"进行了概念界定，其认为天下是"地理、心理和社会制度三者合一的'世界'"：一是"地理学意义上的'天底下所有的土地'"；二是"所有土地上生活的所有人的心思，即'民心'"；三是"它的伦理学 / 政治学意义，它指向一种世界一家的理想或乌托邦"①。对于"天下"，并不能够单纯地将其理解为地理概念或者是实体概念，其涉及多个层面，无论是空间还是思想，抑或是制度等。

在几千年的历史演进过程中，天下思想作用于国民生活、政治经济等多个方面，体现了中国古人对自身和世界的独特理解。探究天下思想的源起，就是追溯古人对"天"的认知，在该认知不断加深的基础上，"天下"思想随之演变与发展。古人对"天"的认识经历了一个发展变化的过程，在商朝，"天"这一名词尚未出现，那时将"天"称作"帝"，商周时期出现了"天"这一称呼，周朝对"天"的认知思想在沿袭前代的基础上进行了拓展和延伸，使得"天"披上了宗教性和政治性的外衣。旨在进一步巩固自身统治，周人极力宣扬"受命于天"的思想，借助这一权威彰显统治的合理性和合法性，如此一来，天下观就此形成，并发展成为古代政治思想的基本理念，渗透到社会哲学之中。《诗经·小雅·北山》的"溥天之下，莫非王土；率土之滨，莫非王臣"对王土与王臣的观念予以集中体现，这一观念宣扬的是天下所有的土地

① 赵汀阳：《天下体系：世界制度哲学导论》，中国人民大学出版社，2011，第27~28页。

都为天子所有，作为子民，应该听命和服从于天子。在当时，君臣关系和宗法意义上的父子关系是天下秩序得以维持的重要基石。另外，天下观念认为人具有主观能动性，同时在"天"的思想中加入"德"，认为王权就应该掌握在有德者和贤人手中，这样统治阶级的政治合法性就得到了相当程度的维护，统治阶级与被统治阶级的对立关系就演变为臣民向天子的主动靠拢与归顺，是一种自觉的臣服。"天命有德""以德配天"的"德政"，成为王权政治的根本原则，也集中反映了王权统治的核心理念。长久以来，"天"被置于至上神的崇高地位，但是时至春秋战国时期，"天"的地位渐趋弱化，以儒、道等为代表的诸子百家纷纷发表了对"天道"的主张和看法，这些看法彼此作用与影响。源起于先秦时期的天下观念，在百家争鸣中内涵得以丰富，在随后的发展中渐被思想家架构成一种意识形态。而在近代中国民族国家建构的历程和古今中西之辨的"现代化"中国的建构过程中，"天下主义"又呈现出"百家争鸣"的状态。根据笔者的研究，当代中国学界的"天下主义"论争主要有两派之争，一派的呈现方式是以"内圣"为轴，强调心性的发用，呈现"天下主义"的制度建构；另一派是以"外王"为轴，主张复归王道，重建礼制。以下分而论之。

"内圣"派的代表人物之一是李洪卫先生。李洪卫先生的学术根底在孟学与王学，对现代新儒家代表人物牟宗三的"良知坎陷说"颇有心得。在《良知与正义——正义的儒学道德基础初探》一书中，他旗帜鲜明地反对蒋庆先生的"内圣与外王两行的结论"①。蒋庆先生坚称："当代儒学必须转向，即必须从'心性儒学'转向'政治儒学'，因'政治儒学'有儒家特有之'外王儒学'、'制度儒学'、'实践儒学'、'希望儒学'。"②然而李洪卫先生坚信"内圣"与"外王"是心性儒学的核心命题，二者不可割裂，良知作为心性的道德基础，"能够为构建全球社会

---

① 李洪卫：《良知与正义——正义的儒学道德基础初探》，上海三联书店，2014，第185页。
② 蒋庆：《政治儒学——当代儒学的转向、特质与发展》，生活·读书·新知三联书店，2003，第2页。

的道德秩序和法律秩序提供最底层的基石"①。李洪卫先生认为,蒋庆先生在学理上的失误,主要是"他嫌恶当代新儒家的政治西化倾向,反过来甚至不承认新儒家有自己的外王的努力,认为它们只是变成极端的内倾、极端的自我、极端的思辨,而不能在社会制度建构上有所建树"②。李洪卫先生对蒋庆先生的批评可谓"入木三分",这一观点实际上也揭示了天下主义"内圣"派和"外王"派的本质区别。"内圣"派的基本政治立场是现代的,强调"返本开新";而"外王"派的政治立场是复古的,强调重回王道。为了更清楚地分析这一区别,以下对当代"天下主义"论争中的"外王"派做一分析。

"天下主义"论争的"外王"派以赵汀阳、姚中秋、干春松诸先生为代表,这一派是当代大陆政治儒学的主流。"外王"派的"天下主义"思想有两个突出的特征,第一是强调制度建设而弱化心性建设。赵汀阳先生在《天下体系:世界制度哲学导论》中指出:"现代新儒家团体在理解中国思想上视野过于狭隘,几乎就是'独尊儒术',甚至独尊心性之学,虽然也表达了中国文化的某些特点,但显然不能表达中国思想的完整性。"③"外王"派对于"天下主义"的学术立场实际上是对20世纪现代新儒家所阐发的"心性儒学"在中国民族国家的建构中"失势"的反省,这种反省走向了"内圣"的另一面"外王",由此形成了二者的分裂,正如赵汀阳先生所说:"如果说中国的政治哲学具有优势的话,它只是方法论上的纯粹理论优势,而与道德水平无关。"④"外王"派的第二个特征是复归王道,强调中国古代礼制对于"天下主义"的作用。姚中秋先生创作《华夏治理秩序史》第一卷《天下》的目的就是"缕述尧舜以降之治理秩序演变的历史,并因史而求道,从演变着的治理秩序之中探寻华夏—中国治理之道"⑤。而干春松先生则在《重回王道——儒家与世界秩序》一书中提到,与其说"儒家的世界秩序"是"天下主

---

① 李洪卫:《良知与正义——正义的儒学道德基础初探》,上海三联书店,2014,第6页。
② 李洪卫:《良知与正义——正义的儒学道德基础初探》,上海三联书店,2014,第190页。
③ 赵汀阳:《天下体系:世界制度哲学导论》,中国人民大学出版社,2011,第5页。
④ 赵汀阳:《天下体系:世界制度哲学导论》,中国人民大学出版社,2011,第16页。
⑤ 姚中秋:《华夏治理秩序史》卷一,海南出版社,2012,第3页。

义"，毋宁说是"王道仁政和礼教"。①笔者认为，姚中秋先生试图构建的是"天下主义"的历史时间之轴，而干春松先生则致力阐发"天下主义"的王道空间之轴。较之"心性"派，"外王"派在学术研究中夹杂着更多的政治态度，他们致力于化解"现代化"的危机，承续着近代古今中西之辨中的中华民族的"富强"之思，在观点上呈现出强烈的复古倾向。

"内圣"派与"外王"派在学术立场上的分歧有其时代原因，也有其思想史原因。自儒学确立以来，中国儒学思想史就存在着宋学和汉学之争，二者的内在区别就是仁学与礼学之争。在思想史的立场上来分判二者，"内圣"派与"外王"派皆存在内在的不足。"内圣"派的不足，在学理上重视心性研究而弱于制度建构。胡适言："我这个'小我'不是独立存在的，是和无量小我有直接或间接的交互关系的；是和社会的全体和世界的全体都有互为影响的关系的；是和社会世界的过去和未来都有因果关系的。……我这个现在的'小我'，对于那永远不朽的'大我'的无穷过去，须负重大的责任；对于那永远不朽的'大我'的无穷未来，也须负重大的责任。"②"内圣"派将更多的学术着力点放在良知发用上，实际上陷入了牟宗三"良知坎陷说"的内在纠缠，认为"良知"需要"逆转"才能开出"外王"。"内圣"派将更多的学术精力用在了心性诠释和逻辑演绎之上。反观"外王"派，他们的学术建构就不需要太多性理诠释，而是直指政治，正如赵汀阳先生所说："任意一个政治制度的合法性的问题就是政治形而上学问题。"③当然，"外王"派的不足也显而易见，那就是在思想上趋于复归古代而远于现代国家。笔者认为，如果不能在学术立场上重视中国近代古今中西之辨的大背景，忽视近代新儒家对政治儒学所做出的努力，其研究成果无异于割裂历史，必然不合时宜。

当代"天下主义"论争中的"内圣"派与"外王"派的争论在儒学

---

① 干春松：《重回王道——儒家与世界秩序》，华东师范大学出版社，2012，第37页。

② 欧阳哲生：《胡适文集》卷二，北京大学出版社，1998，第529~532页。

③ 赵汀阳：《天下体系：世界制度哲学导论》，中国人民大学出版社，2011，第14页。

思想史的视野中是一种必然，而二者的融通也是一个必然的趋势。"内圣外王"本为一体，这是任何一个儒家学者所不能否认的，正如许纪霖先生指出："天下在古代中国有两个密切相关的含义：一个是普遍的宇宙价值秩序，类似于西方的上帝意志，与天命、天道、天理等同，是宇宙与自然最高之价值，也是人类社会和自我的至善所在；另一个含义是从小康到大同的礼治，是人类社会符合天道的普遍秩序。"[1]因此，笔者认为，在对"内圣外王"的学理把握上"内圣"派略胜一筹。"天下主义"的论争具有强烈的当代价值，许纪霖先生指出"到了五四，传统的自我蜕变为现代具有本真性的自由个人，而原来具有天道神魅性的天下转型为人类中心主义的世界"[2]。在中国"现代化"的进程中，我们必须处理好古代和当代的关系，认清"天下主义"（和平主义）与"社会达尔文主义"的关系，处理好"礼乐文明"和"人类中心主义"的关系。在这一历程中，中国的政治哲学家必须提出"现代化"中国的建设方案，也有义务对世界政治哲学发出自己的声音。在这一学术论争中，我们要研究现代，也不能忽视古代，"外王"派的学术立场的意义就在于发现并挖掘古代中国政治哲学的价值。在下文中，笔者将力图诠释当代"天下主义"论争的古代思想渊源。

二　"天民"与"礼制"：孟子、荀子"天下"思想的"主体"之别

当代"天下主义"的论争，实际是"内圣"与"外王"两个路径的分歧，"内圣"派认为，心性是制度的内在根据（良知），要实现"天下主义"的制度建构，必须从心性出发；"外王"派则认为，心性之学的本质是复归本心，不能实现"天下主义"的"外王"目标，唯有重回王道、恪守礼制传统，才是建构"天下主义"制度的正确研究范式。上文

---

① 许纪霖：《家国天下——现代中国的个人、国家与世界认同》，上海人民出版社，2017，第4页。

② 许纪霖：《家国天下——现代中国的个人、国家与世界认同》，上海人民出版社，2016，第9页。

已经指出，"天下主义"的论争从儒学史的视野来看，是宋学与汉学之争；从当代大陆儒学研究的视野来看，是仁学与礼学之争；从先秦原儒的殊途来看，是孟子与荀子之争。笔者将视域回溯至先秦时期，探讨孟子与荀子关于"天下"思想的"主体"的看法，以期揭示当代"天下主义"论争的思想源头。

（一）孟子以"民贵君轻"为基础的"天下"思想的"主体"

孟子的"天下"思想就是建在他的"民贵君轻"思想基础上的。孟子说："是故得乎丘民而为天子。"[①]"得乎丘民"，就是得民心。"桀封之失天下也，失其民也；失其民者，失其心也。"[②]社会的安定与否与民心向背息息相关。对此，孟子对统治者提出了"施仁政于民，省刑罚，薄税敛"[③]的要求，认为统治者应该将体察民众生活作为统治天下的根本，应该对其给予足够的重视。"民贵君轻"的思想延续了春秋以来的重民思想，又将之推向一个全新的历史高度。这种思想对人民在维护社会稳定和推动社会发展中的重要作用进行了积极的肯定，同时也认为人民是社会变革中不容替代的重要力量。后世的统治者将这一思想视作施政方针的重要依据，在制定统治政策时也牢牢遵循这一要义。

孟子"天下"思想的一个显著的特征就是对庶民格外重视，在其看来，庶民手中掌握着政治权力，民心向背会作用于政治，并对其产生重要影响。在孟子看来，政治的合法性就来自人心的向背，他坚持"天听自我民听，天视自我民视"[④]，民不仅具有裁判政治得失的权力，而且具有治理天下的权力。孟子的这一认识与其"内圣外王"的思想紧密相关，他认为，人只要提升道德修养，就能获得天爵，成为"天民"，从而成为治理天下的主体。

孟子认为，天爵与人爵共同存在于天地之间，后者承接前者而来。"仁义忠信，乐善不倦，此天爵也；公卿大夫，此人爵也。古之人修其

① 焦循:《孟子正义》下册，沈文倬点校，中华书局，1987，第973页。
② 焦循:《孟子正义》上册，沈文倬点校，中华书局，1987，第503页。
③ 焦循:《孟子正义》上册，沈文倬点校，中华书局，1987，第66页。
④ 焦循:《孟子正义》上册，沈文倬点校，中华书局，1987，第646页。

天爵，而人爵从之。今之人修其天爵，以要人爵，既得人爵，而弃其天爵，则惑之甚者也，终亦必亡而已矣。"①"仁"是最高的天爵，"夫仁，天之尊爵也，人之安宅也"②。孟子认为，天爵是道德的职位，人爵是世俗的职位，修行仁义礼智，做天民，修天爵，虽王天下也不如修得天爵，而且那也不是人的本性。孟子指出："广土众民，君子欲之，所乐不存焉；中天下而立，定四海之民，君子乐之，所性不存焉。君子所性，虽大行不加焉，虽穷居不损焉，分定故也。君子所性，仁义礼智根于心，其生色也睟然，见于面，盎于背，施于四体，四体不言而喻。"③大丈夫是在仁义道德中行走的人，"居天下之广居，立天下之正位，行天下之大道；得志与民由之，不得志，独行其道。富贵不能淫，贫贱不能移，威武不能屈，此之谓大丈夫"④。修天爵，行仁道，就是人类在加强自身道德修养的基础上实现了身份转变，不再囿于邦国、城邦和家族的限制，不再受到世俗爵位等级的制约，而是化身为天民，成为宇宙的一员。

孟子认为："天之生此民也，使先知觉后知，使先觉觉后觉也。予，天民之先觉者也，予将以斯道觉斯民也。"⑤孟子"天下"思想的独特之处在于，他并不认为自己是有别于"民"的人，他强调自己也是"民"，只不过他是"民"中的"先觉"者，成为"天民"。因此，"有事君人者，事是君则为容悦者也；有安社稷臣者，以安社稷为悦者也；有天民者，达可行于天下而后行之者也；有大人者，正己而物正者也"⑥。在孟子看来，"天民"通过内在的修养而获得天爵，而能够治理天下。李洪卫老师指出："成为天民，也可以成为一国之民，但是，作为国民，乃至一国之君，也不一定就能成为宇宙的公民，宇宙公民的顶点，是达仁，即尽心、知性、知天，以阳明所言，就是人性的完全展开。命运本

① 焦循：《孟子正义》下册，沈文倬点校，中华书局，1987，第769页。
② 焦循：《孟子正义》上册，沈文倬点校，中华书局，1987，第239页。
③ 焦循：《孟子正义》下册，沈文倬点校，中华书局，1987，第905~906页。
④ 焦循：《孟子正义》上册，沈文倬点校，中华书局，1987，第419页。
⑤ 焦循：《孟子正义》下册，沈文倬点校，中华书局，1987，第654页。
⑥ 焦循：《孟子正义》下册，沈文倬点校，中华书局，1987，第903~904页。

来是外在于天的，现在由自己把握了，同天了，人同天齐，还有比天更高的吗？他已超越了任何地域、民族、种族的藩篱，这正是人类平等的前提，也是人类平等的根本。"[1]

孟子的"天下"思想的主体是"天民"，致力在思想上给"民"以"天爵"，实现民在治权上的天道合法性。身为士人阶层的孟子，不惜将自己也视为"天民"，认为自己的道德修养无非是实现了"民"向"天民"的过渡。如此一来，天下之人都可以通过道德修养，成为"天民"，实现"天下非一人之天下，乃天下人之天下"的宏伟构建。孟子的"天下"思想的基本政治意识是"民本与政治合法性"，而实现"民本"，绝不是单凭君臣的个人施政，而是天下人均得"爵位"的"共治"。

（二）荀子的"礼三本"所揭示的"天下""主体"

荀子生活在战国末期，他所面对的政局较孟子生活的时代更为动荡，因此荀子对人性之本的认识亦与孟子不同，因此他对"天下"的思考亦与孟子有所不同。据笔者统计，"天下"一词在《荀子》一书中出现的频次达到371次之多。荀子"天下"思想的主体是"礼制"，这是荀子"天下"思想的鲜明特征。他提出："学恶乎始？恶乎终？曰：其数，则始乎诵经，终乎读礼。"[2]论"礼"的词句在《荀子》中极为常见，但是荀子论理是建立在承认礼存在自身发展逻辑的基础之上的，而并非着眼于简单设置礼的规范。荀子认为，礼的逻辑发展始于三个基本关系，基于此对礼的内容进行推导，这就是荀子的思想精髓——"礼三本"学说。

荀子言："礼有三本，天地者，生之本也；先祖者，类之本也；君师者，治之本也。无天地恶生？无先祖恶出？无君师恶治？三者偏亡焉，无安人。故礼上事天，下事地，尊先祖而隆君师，是礼之三本也。"[3]在此，荀子提出了一个明确的观点，就是礼的三个本源对人与人

---

[1] 李洪卫：《良知与正义：中国自然法的构建》，《华东师范大学学报》（哲学社会科学版）2011年第3期，第12~13页。

[2] 王先谦：《荀子集解》上册，沈啸寰等点校，中华书局，1988，第11页。

[3] 王先谦：《荀子集解》下册，沈啸寰等点校，中华书局，1988，第349页。

之间的关系以及其内在差别起决定性作用，同时此三者也是人际交往的重要支撑。天地是万物的本源，生活在天地之间的人们展露锋芒、脱颖而出，成为"有气、有生、有知、亦且有义，故最为天下贵也"①的万物之灵，荀子对人与万物的差别拥有着清晰而明确的认识，这就为人际沟通找到了合适的桥梁。同生于天地之间、接受天地孕育的人们之间的血缘关系就此构建。在天地的帮助下，人与人之间彼此认同，但并不意味着人与人之间的差别就此消弭，天地生人实现了人的统一，但是不得不承认这种统一体现出了差异性。

"类之本"即是先祖。先祖繁衍子嗣，将具有血缘关系的人聚集在一起，对有血缘关系的人的秩序加以确立。毋庸置疑，血缘关系最为稳定，也最为长久，是无须任何证明的客观存在。父母生子，就确定了彼此间的亲子关系，也确定了彼此间的血缘关系。人能够极好地区分父与子，也能够感受到彼此间的血脉亲情。因此血缘关系能够定位父子、长幼的身份，同时也助力人与人之间和谐沟通。人由父母所生，因此"孝"应是礼最根本的属性。在荀子看来："今人饥，见长而不敢先食者，将有所让也；劳而不敢求息者，将有所代也。夫子之让乎父，弟之让乎兄；子之代乎父，弟之代乎兄；此二行者，皆反于性而悖于情也；然而孝子之道，礼义之文理也。"②长幼、父兄有序，血缘关系极好地界定了"人"之长幼、父兄之间的关系，这就为孝悌之道的施行铺平了道路。存在此种血缘关系的人均可以依此定位和处理人际关系。针对无直接血缘关系的人而言，荀子提出了近似的结论。就广义角度来说，因为人均属于天地的子女，因此就必然会存在血缘关系，只是程度不同而已。人在爱自己父母的基础之上，就可以将这种爱推及与自己存在间接血缘关系的他人的父母身上，这就为"老吾老以及人之老"提供了可能。

"治之本"即是君师。荀子"君师者，治之本"的思想，所凸显的不是君的管理职能，而是师的教化职能。荀子认为，上古社会的君只有承担起教化庶民的职责，才是合格的君主。而在社会稳定后，师的政

---

① 王先谦:《荀子集解》下册，沈啸寰等点校，中华书局，1988，第164页。
② 王先谦:《荀子集解》下册，沈啸寰等点校，中华书局，1988，第436~437页。

治功能独立出来，师对庶民的教化是国家得到善治的重要条件。只有教化的职能被发挥出来，君和师才能算作合格的君和师。以下，笔者将从"君师合一"和"君师分离"两个维度来阐释荀子"君师者，治之本"的思想。从"君师合一"的维度看，《荀子·王制》中记录了荀子的"礼三始说"，此说可以与"礼三本说"相互发明："天地者，生之始也；礼义者，治之始也；君子者，礼义之始也。"[1] 在荀子看来，礼义的产生是有德性的君子思考天地规律的结果。有德性的君子创立了礼制，也成为居位执政的"君师"。荀子说："故天地生君子，君子理天地；君子者，天地之参也，万物之捴也，民之父母也。无君子，则天地不理，礼义无统，上无君师，下无父子，夫是之谓至乱。"[2] 荀子将"君子"与"君师"这两个概念等同起来，揭示了上古时期君主的政治职能，上古时期的君主不仅是礼制的开创者，亦是礼制的传播者。

"礼三本"学说体现了荀子的"天下"观，他所揭示的天人、父子、君臣关系中，天人关系实际上是人与自然的关系，它使人与万物相对，使人与人之间相爱成为可能。这种爱并非简单的泛爱，而是按照人在以父子关系为核心的血缘关系中所处不同位置有等差地得以实现。由血缘关系推导而出的君臣关系使忠、孝达到一致。人类正是基于这些社会关系、政治关系才最终从野蛮进入文明。

孟子与荀子"天下"思想的主体分别为"天民"和"礼制"，孟子所希望实现的"天下"是实现天下人德性的自足的天下，通过良知的发用，建构一个完美的道德宇宙；荀子所追求的"天下"是具有礼乐文明的天下，在"礼制"之下每一个人恭行道德，在等级秩序中实现"家国天下"的大治。二者"天下"思想的殊途实际上在思想世界中引起了当代中国"天下主义"的论争，"内圣"派的学术根底在于孟子，倡导心性之学；"外王"派的学术根基在于荀子，倡导制度儒学。值得注意的是，孟子与荀子并非先秦儒家的开创者，他们"天下"思想均来自孔子，孔子的"天下"观以"仁内礼外"为基本框架，"仁"与"礼"的

---

① 王先谦：《荀子集解》上册，沈啸寰等点校，中华书局，1988，第163页。
② 王先谦：《荀子集解》上册，沈啸寰等点校，中华书局，1988，第163页。

向度恰恰是孟子与荀子的思想内核。因此，要分析当代"天下主义"的论争就不能仅仅停留在孟子、荀子之争上，还应该追溯孔子的"天下"思想，以期于源头处一探究竟。

三　君子：孔子"天下"思想的"主体"

在儒学复兴的当代，"天下主义"作为政治哲学的重要主题被学人广泛讨论，"天下主义"所讨论的问题不仅在于"天下"之"国家"的建构与治理，也在于"天上"之"大道"的必然与应然。孔子作为儒家的代表人物，他的"天下"思想散见于《论语》之中，据笔者统计，《论语》中共出现"天下"23次，其中有15处为孔子所论。笔者认为，谈论"天下主义"，以及儒家的天道政治学，必从孔子开始，知源探始，方能审流明变。

在孔子的"天下"思想中，"天下"的"主体"是有德行的人，在孔子的话语体系中，就是"君子"。"君子"一词在《论语》的所有篇目中均出现过，出现的频率达到107次之多。作为如此高频出现的词语，足见其重要性。但从字面来看，"君子"由"君"和"子"两个单字组成。"君"，《说文解字》："君，尊也。从尹，发号，故从口。古文象君坐形。"段玉裁注云："尹，治也。"[1]下面的"口"，意为发号施令。从这一角度来看，"君"可理解为发布命令的统治者，无论是"国君"还是"家君"均属于这一范畴。古代男子被尊称为"子"，从该字的本义来看，意为"初生"，后来发展为时间单位——"子时"；除此之外，"子"还存在其他意思，如儿子、子孙等。"君子"整体来看就是"君"的子嗣，在当时拥有较高的社会地位，身上带有贵族的标签。这一词语重在强调其"位"，可用于广泛称呼当时的统治阶层成员，也即"在位者"。孔子重新界定了"君子"的内涵，认为地位和品味兼而有之的专业管理者就是"君子"，这是孔子对"君子"概念的全新认知，也是孔子的贡献之所在。孔子认为："君子谋道不谋食。耕也，馁在其中矣；学也，

---

[1]　段玉裁注《说文解字注》，上海古籍出版社，1981，第119页。

禄在其中矣。君子忧道不忧贫。"①因此，学生樊迟请求向孔子学习稼穑的技能，孔子言其不如老农。樊迟又请求学习关于莳蔬的技能，孔子言其不如菜农。樊迟退下后，孔子对其做出了评价：樊迟真是个"小人"。在上位者重视礼制，民众就不会不敬上；在上位者重视公义，民众就不会不服从；在上位者重视诚信，民众就不会不动真情。如果是这样，四方民众就会背着子女前来投奔，哪里用得着自己种庄稼？这里，上位者和老百姓分别对应"君子"和"小人"，二者的区别仅在于地位的差别，而非道德的高下。

《周易·解卦》有则爻辞："六三，负且乘，致寇至；贞吝。"②孔子解释"《易》曰：'负且乘，致寇至。'负也者，小人之事也；乘也者，君子之器也。小人而乘君子之器，盗思夺之矣。上慢下暴，盗思伐之矣"③。这里的"君子"与"小人"，也是地位上的差别。居于上位的"君子"，应该具备什么样的品位呢？据《论语·宪问》记载，南宫适问于孔子曰："羿善射，奡荡舟，俱不得其死然，禹稷耕稼，而有天下。"夫子不答。南宫适出，子曰："君子哉若人，尚德哉若人。"孔子称赞南宫适，明确把"君子"与"尚德"联系起来。"君子"者必"尚德"，"尚德"者必"君子"，"尚德"就是君子自身应具备的高尚品格，必须具备"尚德"的品格，做到"德位一致"，这就是孔子对"君子"的认识，也就是孔子的新型"君子"观。子曰："先进于礼乐，野人也。后进于礼乐，君子也。如用之，则吾从先进。"在办学初期，跟随孔子学习的人只是一些郊野平民，他们并不具有与生俱来的高贵的"君子"地位。随着孔子名气的日渐增大，天生拥有"君子"地位的贵族子弟才以投奔到孔子门下学习为傲。在教育上，孔子奉行"有教无类"，既要使"有其德者有其位"，也要使"有其位者有其德"。将二者加以比较，孔子对前者更为重视。如萧公权所言："（君子）旧义倾向于就位以修德，孔子则

---

① 程树德：《论语集释》第四册，程俊英等点校，中华书局，1990，第1237页。
② 黄寿祺、张善文：《周易译注》，上海古籍出版社，2001，第331页。
③ 黄寿祺、张善文：《周易译注》，上海古籍出版社，2001，第544页。

侧重修德以取位。"①

在《论语》中，孔子对四个人倍加推崇，认为他们堪称"君子"典范。其一是南宫适，此人尚德遵道："君子哉若人，尚德哉若人。"②其二是宓子贱，此人注重道德教化："君子哉若人。鲁无君子者，斯焉取斯。"③其三是子产，此人以施行德政为己任："有君子之道四焉。其行己也恭，其事上也敬，其养民也惠，其使民也义。"④其四是蘧伯玉，此人遵道而行："君子哉蘧伯玉。邦有道则仕，邦无道则可卷而怀之。"⑤四位"君子"之中，前两位和后两位的身份有所不同，前两位是孔子的弟子，后两位是官员；孔子认为他们分别为"修德以取位"和"就位以修德"的类型。这些人非常接近于孔子思想意识中的"君子"形象，也为孔子所希望达成的"君子"目标提供了相应的参考。

在孔子之前，在西周的天命观中，天具有惩恶扬善的正义性，人趋善以邀天福，弃恶以避天祸。春秋时期社会动荡、礼乐崩坏的情况强烈地冲击着人们对天命观的认知，"唯强势者存"的残酷现实激化了天命思想和现实社会的矛盾，在疑天思潮日益深化的大背景下，天命思想在发展中接受着更为严峻的挑战，危机越发严重。到了孔子所处时代，孔子重新架构了人们对"天"的认识，孔子一方面似乎把"天"推远了一步，但另一方面则使"天"的观念和"道"的观念更紧密地结合在一起。在西周天命观中，民和天进行沟通和交流的重要媒介就是君王，如果脱离了君王这一中介，民想要了解天的意志、和天直接对话根本不可能实现。在孔子看来，如果民不信任"天子"，那么就摒弃这一沟通的桥梁，直接和"天"交流即可。如此一来，确保了民和天的无障碍沟通，天命实现了平民化。需要注意的是，天命的平民化，不代表每一个人都可以与"天"交流。在孔子"天下"思想的设计中，民必须通过学习，成为"先觉"者，才具备与"天"沟通的资格。在孔子看来，"先

————————
① 萧公权：《中国政治思想史》上册，台北联经出版事业公司，1982，第68~69页。
② 程树德：《论语集释》第三册，程俊英等点校，中华书局，1990，第952页。
③ 程树德：《论语集释》第一册，程俊英等点校，中华书局，1990，第290页。
④ 程树德：《论语集释》第一册，程俊英等点校，中华书局，1990，第326页。
⑤ 程树德：《论语集释》第四册，程俊英等点校，中华书局，1990，第1068页。

觉"者的基本条件是成为有道德的君子。

孔子正是在不断学习中，确立了自己成为"君子"的志向，并在自身德性逐渐提升的过程中，自信能与"天"沟通，得"天"之命。"子曰：'天生德于予，桓魋其如予何？'"在孔子的思想意识中，自身的"德"源于上天，无论是修养还是责任，均是"天"赋予的使命，"天"是道德价值的源泉之所在。这种天授之德不是桓魋所能破坏和改变的。"五十而知天命"，"子曰：不怨天，不尤人，下学而上达，知我者其天乎"。"下学，学于通人事。上达，达于知天命。于下学中求知人道，又知道之穷通之莫非由于天命，于是而明及天人之际，一以贯之。"①生活在天地之间的人，其生、其德均是天的安排，人同样可以在学习和实践中知天命，对天形成正确的认识。孔子认为，"天"不再同西周时期单纯对君王道德与责任予以要求，而是将要求对象拓展至所有平民，对所有人的德行普遍提出要求。

每一个人都不能逾越天对道德与规范的设定范围，都应该遵从于天的安排，做到爱人知天。在这种思想意识中，"天"的价值发生了转变，从惩恶扬善的"天"发展为道德之"天"。西周的天命观尽管对个体的安身立命并未给予任何的关注，但是其实现了天与德性的有效对接，借助德性将天与人有机地联系起来。在对西周的这一天命观加以继承和发展的基础上，孔子对天与人的关系进行了重新界定，提出了全新的天人关系说，并使之成为哲学思考的重要基石。探究孔子学说的基点，就是"天"。在孔子的天命观中，天命赋予人两样东西：其一是道德，其二是使命。孔子生活在春秋时代，当时"礼乐崩坏"，礼在义理层面的深刻而丰富的含义逐渐淡出人们的视线，成为一种形式化和程式化的工具，不再被当时的人们所接受。在这样的乱世，孔子的责任就是找到救世济民的万全之策，净化社会风气，构建健康的社会秩序。在对传统礼乐文化进行传承和发扬的基础上，孔子聚焦"礼"的丰富内涵，对其进行深度剖析，用"礼"唤醒"仁"，再反过来将"仁"引入"礼"中，在人

---

① 钱穆：《论语新解》，生活·读书·新知三联书店，2002，第382页。

性的基础上建立社会秩序和天下的秩序。"仁"是上天所赋予的德的集中体现，也内化为人的需要。

孔子、孟子和荀子的"天下"思想的"主体"分别是"君子"、"天民"和"礼制"，三者的现代政治学的表述是"精英"、"公民"与"整体"。当代"天下主义"的争鸣实际上就是"个体主义"和"整体主义"之争，李洪卫先生致力阐述"个体主义"的天下观，他以个体良知和公共良知为民族国家和世界秩序的内在基础，这一诠释路径实际上来自孟子。赵汀阳、姚中秋、干春松诸先生致力阐发"整体主义"的天下观，这还可以区分为赵汀阳和干春松的制度性"整体主义"的研究和姚中秋的历史性"整体主义"的研究，他们的着眼点均是通过"托古改制"来阐发"天下"思想，这种范式是接续荀子的路径。同时，需要指出的是，李洪卫先生在阐述孟子的"天民"观时指出，孟子的"天民"从他的意思理解就是"士"，并通过对于"士君子"的理解，强调"士君子"在全球治理中所应具有的引领作用。但是，在笔者看来，孟子所提出的"天民"其性质与"士"同类，然其思想所指不是要实现"士治社会"而是要实现"共治社会"。笔者认为，在当代中国的政治运行中，处理好"士治"与"共治"是核心，礼治和法治实际上是"君子"和"天民"共同努力的结果。在"士治"与"共治"的关系上，孔子主张"士人"要实现对"庶民"的有效引导，这种思想在当代政治哲学的表述是"精英引导下的全民共治"。孔子、孟子、荀子在先秦时期对"天下"之"主体"的阐发开启了当代"天下主义"的论争，也蕴含着化解"天下主义"论争的思想资源。

结语

笔者认为，"谁之天下"是先秦儒家代表人物孔子、孟子和荀子"天下"思想的核心问题之一，三者"天下"思想的"主体"之思既开启了古代先哲对于"天下"的思考，也引导了当代学者的"天下主义"论争。孔子以"君子"为"天下"思想的"主体"，给后世儒者定位"天下""主体"以极大的空间，孟子复归心性，塑造"天民"，以期"内圣"而后"外王"；荀子倡导"礼制"，将"天地"、"先祖"与"君师"都纳入"礼制"的范围，重构"王道"，以期实现"外王"。孔子、孟子、荀子在"治乱"的政治问题上，阐释出三种"天下""主体"——君子、天民与礼制。思想的承续带来思想的巧合，孔子、孟子、荀子的"天下""主体"恰恰构成了"治乱"的三种政治资源，而复归心性的"天民"与重回王道的"礼制"又在两千多年后的当代成为"天下主义"论争的思想资源。值得注意的是，李洪卫先生在近来的研究中，更多地关注"士大夫"对于"天下主义"制度建构的作用，这一路径实际上更趋近于孔子的"天下"思想。向孔子回归，也是"天下主义"论争流派殊途同归的研究方向。赵汀阳先生在《天下体系：世界制度哲学导论》中对"最严格也是最完美的政治公正标准"做出三个命题的分析，最后，他将这一标准定性为"一个制度是合法的，当且仅当，它是多数人都同意的制度，并且，多数人中至少包含了多数精英"[①]。在笔者看来，这里所谓的精英与孔子所谓的"君子"具有相似性，赵汀阳先生的"天下体系"对孔子的思想也是予以认同。当代"天下主义"的论争在显题上是"孟荀之争"，在隐题上是"认同孔子"。"天下主义"的论争是"孟荀之争""仁礼之争""汉宋之争"在中国政治哲学兴起后于当代的延续，而"认同孔子"体现了争论双方的一致性，是"内圣"派与"外王"派的同质性所在。"天下主义"必将成为中国古代政治哲学对中国政治和世界政治的贡献，其所追求的是"人类命运共同体"，而不是"社会达尔文主义"的"弱肉强食"，孔子、孟子、荀子从"君子""天民""礼制"三个维度关于"天下"思想的审思恰恰构成了当代"天下主义"制度建构的三种必不可少的思想资源，"天下主义"不应该将"内圣外王"的哲学命题割裂，而应该是"天民"与"礼制"的合一，"治之人"与"治之法"应该统一，"心性"与"礼制"应该统一，而精英就是"内圣外王"的思想引领者、实践探索者和理论总结者。

---

① 赵汀阳：《天下体系：世界制度哲学导论》，中国人民大学出版社，2011，第19页。

《春秋》为汉制法：董子"推明孔氏，抑黜百家"的古今辨义

董仲舒思想与君权的关系，不仅关涉董仲舒思想的历史作用和现代评价的问题，而且实质上关涉董仲舒思想与传统政治之间的关系，故是学界长期关注的重心之一。要把握董仲舒思想与君权的关系，首先要从董仲舒政治思想的内涵和特质入手。董仲舒政治思想的关键点，是德主刑辅的王道政治论、三统循环的历史发展观、天不变道亦不变的社会秩序论，其间蕴含着深厚的趋善求治的传统政治文化的底蕴。[①] 与此相关，董仲舒政治思想的社会历史和思想文化背景，是汉代礼治形成及其思想旨趣确立。[②] 在这样一个框架中探讨评判董仲舒思想与君权的关系，就比较容易把握住本质性的东西。

一 "罢黜百家，独尊儒术"在近代的提出与今古之异

在近代中国国家建构的历程中，致力政体更化的政客与学人旨在推翻"国故、孔教、帝制"[③] 三位一体的政治格局，"罢黜百家，独尊儒术"在近代中国"反专制"的思潮中出场，并逐渐为学术界所认识。1910年蔡元培在《中国伦理学史》绪论中指出："我国伦理学说，发轫于周季。其时儒墨道法，众家并兴。及汉武帝罢黜百家，独尊儒术，而儒家言始为我国唯一之伦理学。"[④] 蔡氏在此用史学知识对汉代儒家制度化对中华民族伦理的形塑做出了客观的阐释，后蔡元培又从追求自由、独立的学术思想的价值取向角度批判了"罢黜百家，独尊儒术"："我素来不赞成董仲舒罢黜百家、独尊孔氏的主张。"[⑤] 蔡元培思想旨归是以开放的政治、学术生态取代具有专制色彩的儒术独尊。需要辨析的是，在蔡元培的古史认识中，"罢黜百家，独尊儒术"与"罢黜百家，独尊孔

---

① 李宗桂：《董仲舒的政治哲学》，《传统与现代之间——中国文化现代化的哲学省思》，北京师范大学出版社，2011，第 295~308 页。

② 李宗桂：《汉代礼治的形成及其思想特征》，《哲学研究》2007 年第 10 期。

③ 陈独秀：《陈独秀文集》卷四，人民出版社，2013，第 12 页。

④ 蔡元培：《中国伦理学史》，商务印书馆，2010，第 4 页。

⑤ 高平叔：《我在北京大学的经历》，《蔡元培全集》卷六，中华书局，1988，第 352 页。

氏"具有同等的内涵，但是，"罢黜百家，独尊孔氏"之言古已有之，而"罢黜百家"与"独尊儒术"的连用却是蔡元培的创造。在思想史的古今辨义中，"罢黜百家，独尊儒术"在褒贬旨趣和话语呈现上存在着巨大的差异。

从褒贬旨趣来看，在古人的思维世界中，往往从肯定的层面来认知"罢黜百家，表章六经"和"推明孔氏，抑黜百家"，这与近代学人"反专制"思潮中对"罢黜百家，独尊儒术"的批判具有鲜明的区别。宋代林骃曾指出："董仲舒推明孔氏，力挽正学，清净之说方息，而贤良之科始盛；百氏之术既罢，而六经之学益彰。文章彬彬，焕然有三代之风者，董氏之力也。"[①] 以此颂扬董仲舒《天人三策》为汉朝所用，并促成儒家之学的兴盛。古代士大夫将董仲舒的贤良对策视为汉武帝推进儒家制度化的一项宝贵的历史经验，明代程敏政在《明文衡》中言："明成祖之命，儒臣纂修五经四书、性理大全。颁行两京六部及国子监、天下郡县学，庶几于汉之武帝罢黜百家、表章六经之功矣。"[②] 清顺治年间也曾仿效汉武帝"罢黜百家"的国策，《御定孝经衍义》有记："今天子以神圣英武之资，龙飞江左，扫荡群雄。不数年而天下定于一，乃罢黜百家，一用纯儒。岂非世道之将隆，斯文之大幸，而为儒者所宜致思乎。"[③] 清代张廷玉、梁诗在《皇清文颖》中用"表章正学，罢黜百家"[④] 来颂扬乾隆皇帝在"扶正道统"方面的积极作为。

需要注意的是，古代士人对"罢黜百家，表章六经"也存在批评，但并非在反对专制的思想认知中开展，而往往是批判"经术取士"所选经典的局限，吕祖谦曾言："《论语》《孝经》《孟子》，于学者最为切要，孝文立之当矣，武帝有感于董仲舒之言，奋然罢黜百家，而不深考其

---

① 林骃：《排异端》，《古今源流至论后集》卷八，《景印文渊阁四库全书》第 942 册，台湾商务印书馆，1986，第 285 页。

② 《御定孝经衍义》卷五八，《景印文渊阁四库全书》第 718 册，台湾商务印书馆，1986，第 649 页。

③ 程敏政：《舟行分韵赋诗序》，《明文衡》卷四一，《景印文渊阁四库全书》第 1374 册，台湾商务印书馆，1986，第 146~147 页。

④ 张廷玉、梁诗正：《乙卯顺天乡试策问五道》，《皇清文颖》卷二四，《景印文渊阁四库全书》第 1449 册，台湾商务印书馆，1986，第 794 页。

实，遂使三书下同传记之列，岂不过甚矣哉。"[①] 通过比较汉文帝和汉武帝对博士官的设置，吕祖谦认为汉武帝舍弃了《论语》《孝经》《孟子》的博士官，三书师承的中断对儒家思想的传续和对帝王咨政谏言的丰富性造成了一定损失。相较于古代学人对"罢黜百家，表章六经"的总体肯定，近代知识分子的批评可谓激烈，梁启超在《清代学术概论》中抨击了孔教一元所造成的政治独裁与学术专制："汉武帝表章六艺、罢黜百家，而思想又一室。自汉以来，号称行孔教二千余年于兹矣，而皆持所谓表章某某、罢黜某某者为一贯之精神。"[②] 易白沙在《孔子平议》中也对汉武帝"罢黜百家，独尊儒术"做出了心绪难平的议论："汉武当国，扩充高祖之用心，改良始皇之法术，欲蔽塞天下之聪明才志，不如专崇一说，以灭他说。于是罢黜百家，独尊儒术，利用孔子为傀儡，垄断天下之思想，使失其自由。"[③]

从话语呈现来看，班固所概括的董仲舒在贤良对策中的谏言——"推明孔氏，抑黜百家"，成为汉代以降学人共享的话语，促成了"独尊孔子""独尊孔氏"等话语在古代思想史中的出现。明代章潢在《图书编》中指出，《孟子》"七篇尊王贱霸辟杨墨为异端，独尊孔子正学"[④]，从非异端、主正学的角度提到了"独尊孔子"。顾炎武在《日知录》中有言："臣窃惟国家以经术取士，自《五经》、《四书》、《二十一史》、《通鉴》、性理诸书而外，不列于学官，而经书传注又以宋儒所订者为准。此即古人罢黜百家，独尊孔氏之旨。"[⑤] 对于古代的知识分子而言，他们往往主要从"经术取士"的角度认识"罢黜百家，表章六经"和"推明孔氏，抑黜百家"的现实功用。清代孙承泽在《春明梦余录》中有言："国家以经术取士，自五经四书、性鉴正史而外，不列于学宫，

---

① 吕祖谦:《汉孝武皇帝建元五年置五经博士》载《大事记解题》卷一一，载《景印文渊阁四库全书》第 324 册，台湾商务印书馆，1986，第 446 页。
② 梁启超:《清代学术概论》，上海古籍出版社，1998，第 86 页。
③ 易白沙:《孔子平议》上册，《新青年》卷一，上海亚东图书馆求益书社，1916。
④ 章潢:《三纲五常总叙》，《图书编》卷七七，《景印文渊阁四库全书》第 971 册，台湾商务印书馆，1986，第 202 页。
⑤ 顾炎武:《日知录集释全校本》中册，上海古籍出版社，2006，第 1058~1059 页。

不用以课士，而经书传注，又以宋儒所订者为准。盖即古人罢黜百家，独尊孔氏之旨，此所谓圣真，此所谓王制也。"① "罢黜百家，独尊孔氏"所内聚的通过"推贤进士"形成的儒家制度化的内涵成为汉代以降的一种政治认同，为知识分子所推崇。

必须指出的是，"独尊孔氏"在古代文献中虽屡有出现，但是，"独尊儒术"作为近代批判汉代政治和学术的强势话语，其在民国以前的史料文献中仅出现在南宋史浩撰写的《鄮峰真隐漫录》卷三十《谢得旨就禁中排当札子》之中："下陋释老，独尊儒术。"②其话语背景与宋代儒家排佛抑老紧密相关。时至清代，学人往往从"经术取士"的角度将《汉书·武帝纪》中的"罢黜百家，表章六经"和《董仲舒传》中的"推明孔氏，抑黜百家"视为同一事件，这一思想史的认知模式影响了近代学人对于"罢黜百家，独尊儒术"的理解。正是由于"独尊儒术"所指称的内容与汉武帝时期的国策并不相关，"罢黜百家，独尊儒术"的用法在中国古代并不存在。《汉书》中用"罢黜百家，表章六经"来颂赞汉武帝，以"推明孔氏，抑黜百家"来指称董仲舒的贤良对策。

蔡元培所提出"罢黜百家，独尊儒术"的话语以"独尊儒术"替代"独尊孔氏"，可以从概念内涵的"种属"分化和思想史的演变两个方面加以辨析。从概念内涵来考察，"独尊儒术"与"独尊孔氏"存在差异，前者代表的是对儒家治国之术的推崇，而后者指代的是在孔子地位的确立基础上对儒家之学的推崇。在古代中国，学人对于"儒术"和"儒道"有明确的概念分化，明代李之藻有言："至其罢黜百家，表章六经，以隆孔子之教，使道术有统，异端息灭，民到于今赖之，功殆不在。"③在儒家思想史上，"儒术"相较于"儒学"是一个更早出现的概念，二

① 孙承泽：《礼部二·正士习》，《春明梦余录》卷四〇，《景印文渊阁四库全书》第868册，台湾商务印书馆，1986，第645页。
② 史浩撰《谢得旨就禁中排当札子》，《鄮峰真隐漫录》卷三〇，《景印文渊阁四库全书》第1141册，台湾商务印书馆，1986，第765页。
③ 李之藻撰《从祀沿革疏》，《頖宫礼乐疏》卷二，《景印文渊阁四库全书》第651册，台湾商务印书馆，1986，第47页。

者同时存在于汉武之世。^①古之学者在论及汉武帝时期儒家制度化时，往往不用"儒术"，而用"经术"^②或者更具系统性的"儒道"^③。陈梦雷在《明伦汇编皇极典风俗部》中指出："至今儒道盛行，经术大明，皆武帝振作之功，卫绾奏请之绩，仲舒发扬之力也。呜呼，其有功于世道，亦岂细哉。"^④因此，"独尊孔氏"的概念外延比"独尊儒术"更大，"独尊儒术"内在于"独尊孔氏"中，蔡元培从"独尊孔氏"的话语中提出的"独尊儒术"在概念细化上得以成立。从另一个方面来看，思想史上存在另外一条脉络，即是将孔子、儒术、六经、儒家在同一层面上互用，元代盛如梓撰《庶斋老学丛谈》有言："当武帝之世，表章儒术，罢黜百家，宜乎大治。"^⑤此处所谓的"表章儒术，罢黜百家"与"罢黜百家，表章六经"意思相同，并将"六经"视为"儒术"。康有为在《孔子改制考》中也将"六艺"、"儒术"和"孔子"作为儒家思想体系中相生相伴的要素："汉武帝材质高妙……兴起'六艺'，广进儒术。……自此至今，皆尊用孔子。"^⑥近代以来，诸多学人在认识儒家的过程中，并没有严格区分孔子、儒家、儒术的区别，蔡元培以"独尊儒术"替代"独尊孔氏"的说法亦在这一思想史背景下得以成立。自20世纪10年代开始，"罢黜百家"与"独尊儒术"为学界普遍连用，在追求民主、科学、自由的时代氛围中，蔡元培对"罢黜百家，独尊儒术"的首发之力促成了一些学者对于古代帝制皇权的"专制性"和儒臣的政治"附庸性"的强烈认同。

---

① "儒术"一词在先秦的《荀子·富国》《墨子·非儒下》《公孙龙子·迹符》中都有出现，"儒学"首次出现是在《史记·五宗世家》。

② "罢黜百家以致尊尚经术之义。"张吉：《答黄提学书》，《古城集》卷五，《景印文渊阁四库全书》第1257册，台湾商务印书馆，1986，第647页。

③ "终汉之世，皆不知儒道之为独尊，向非仲舒言，于武帝为之罢黜百家，表章六经，则儒者之道殆杂乎，其中而不自异矣。"陈仁子：《过秦论》，《文选补遗》卷二一，《景印文渊阁四库全书》第1360册，台湾商务印书馆，1986，第350页。

④ 陈梦雷：《一道德以同风俗》，《明伦汇编皇极典风俗部》卷二七三，《古今图书集成》第242册，中华书局，1934，第6页。

⑤ 盛如梓：《浮梁州重建庙学记》，《庶斋老学丛谈》卷上，《景印文渊阁四库全书》第866册，台湾商务印书馆，1986，第522页。

⑥ 姜义华等编校《孔子改制考》，中国人民大学出版社，2010，第411页。

　　"罢黜百家，独尊儒术"在近代知识分子所倡导的科学、民主的思想体系中所代表的不仅是崇尚政治与学术专制的汉武帝、董仲舒，而且还代表被固化为反民主的古代中国和孔子思想。陈独秀在五四新文化浪潮中将孔子的礼教视为阻碍科学与民主发展的历史污垢："科学与民主，是人类社会进步之两大主要动力，孔子不言神怪，是近于科学的。孔子的礼教，是反民主的，人们把不言神怪的孔子打入了冷宫，把建立礼教的孔子尊为万世师表，中国人活该倒霉。"①近代"反专制"的思潮无疑推进了中国的民主化进程，在古今士人对"罢黜百家，独尊儒术"迥然有异的正、反认知模式中，只有走近汉武帝时期的"罢黜百家，表章六经""推明孔氏，抑黜百家"才能真正认识其含义。

　　20世纪以来，当"罢黜百家，独尊儒术"成为学界、大众耳熟能详的一个惯用指称之后，鲜有学者注意到"罢黜百家，独尊儒术"话语在中国古代的"子虚乌有"，并且汉武帝时期并没有"罢黜百家，独尊儒术"，而是如司马迁在《史记·龟策列传》中所记载的："至今上即位，博开艺能知路，悉延百端之学，通一伎之士咸得自效，绝伦超奇者为右，无所阿私，数年之间，太卜大集。"②质言之，汉武帝对于百家之学并未罢黜，而是以一种开明政治的格局推进了汉代学术的开放。太史公的断言不仅是历史的当局者对于汉武帝国策的切身体悟，而且符合今人可见的一些史实。林剑鸣指出："以往不少历史著作，往往把汉武帝时期提倡儒术的活动，概括为'独尊儒术'，似乎它是'罢黜百家'的必然结果。这是与历史不符的。'罢黜百家'以后，实际只是提高儒学地位，将其奉为官方的统治思想而已。从许多资料都可看出，在'罢黜百家'以后，各种思想学派并未完全被禁止。儒家以外的各派学者，不仅可以公开教授、治学，而且有不少进入宫廷为官。"③在汉武帝一朝的名臣中，张汤为法家，主父偃为纵横家，而司马谈为黄老道家。有鉴于此，吕思勉有言："秦、汉之世，百家之学，见于《史》《汉》《三国志》

――――――――
　　① 陈独秀：《陈独秀选集》，天津人民出版社，1990，第230页。
　　② 《史记》，中华书局，1959，第3224页。
　　③ 林剑鸣：《秦汉史》，上海人民出版社，1989，第330~331页。

纪、传者如此，合《汉志》所载之书观之，诸学之未尝废绝靡可见矣。安得谓一经汉武之表章罢黜，而百家之学，遂微不足道邪。"①非独汉世，综观汉朝以下的历史，无一朝代曾经"罢黜百家，独尊儒术"，百家之学遂得以在中国历史中绵延不绝。那么，回到"罢黜百家，表章六经"和"推明孔氏，抑黜百家"的历史原点，其核心要义究竟为何，其历史传承又具有什么特质，以上问题成为当代学人审视"罢黜百家，独尊儒术"话语的关键。

二 "罢黜百家，表章六经"与"推明孔氏，抑黜百家"指称事件的不同

近代以来在"罢黜百家，独尊儒术"话语渐强的趋势下，也有诸多大家开始对其进行反思。徐复观在《两汉思想史》中认为："在对策中说：'诸不在六艺之科，孔子之术者，皆绝其道，勿使并进'的话，实际上是指当时流行的纵横家及法家之术而言。他的反纵横家，是为了求政治上的安定。他的反法家，是为了反对当时以严刑峻法为治。他的推明孔氏，是想以德治转移当时的刑治，为政治树立大经大法。而他的所谓'皆绝其道，勿使并进'，指的是不为六艺以外的学说立博士而言。"②钱穆的观点与徐复观类似，他说："武帝从董仲舒请，罢黜百家，只立五经博士，从此博士一职，渐渐从方技神怪、旁门杂流中解放出来，纯化为专门研治历史和政治的学者。"③徐复观和钱穆都坚持认为汉武帝与董仲舒对策后"罢黜百家，表章六经"只是在博士官的人才筛选范围内实现儒家的纯化，绝非在官僚体制和国家学术层面的"儒术独用"④。

徐复观、钱穆的观点在近代"罢黜百家，独尊儒术"的宏声巨浪中无疑是一股追求史实的"清流"，但是二者的观点仍不能起到正本清源的作用，其所留下的两个问题需要进一步辨析。第一个问题，《汉

---

① 吕思勉：《秦汉史》，上海古籍出版社，2005，第690页。

② 徐复观：《两汉思想史》，华东师范大学出版社，2001，第113页。

③ 钱穆：《国史大纲》，商务印书馆，1996，第145页。

④ 钱穆：《两汉经生经今古文之争》，《国学概论》，商务印书馆，1997，第100~102页。

书·武帝纪》中提到汉武帝在建元五年"置五经博士"①，而在赞辞中说"孝武初立，卓然罢黜百家，表章六经"，如果班固所谓的"表章六经"就是汉武帝在即位五年之后的"置五经博士"，那么如何来理解"孝武初立"这一执政之始推进政策施行的表述？如果"表章六经"的国策意图早于"置五经博士"，那么，"罢黜百家，表章六经"的政治内涵必有他指，"置五经博士"的政策变革只是内在于"表章六经"之中，而绝不是"表章六经"本身。更何况从《汉书》的记载来看，"表章六经"与"置五经博士"在对儒家经典的表章数量上具有明显的不同。由此延伸出第二个问题，汉武帝时期实现儒家的制度化，仅仅是"置五经博士"这么简单吗？如果仅仅在"博士官"人事格局的层面理解"罢黜百家，表章六经"和"推明孔氏，抑黜百家"，难免陷入以微观之理释宏观政策的诠释难境。

事实上，徐复观、钱穆的历史考证存在一个疏漏，他们延续了由晋至清部分学人对"罢黜百家，表章六经"与"推明孔氏，抑黜百家"的一个时间混同。从可供探赜的历史文本出发，"罢黜百家，表章六经"与"推明孔氏，抑黜百家"是汉代儒家制度化进程中依循递进的两个历史事件，前者的历史节点是建元元年到建元六年，其表现了汉武帝在推进汉代制度儒家化中"表章六经"、重用儒臣的政策实绩；后者则是元光元年（134）董仲舒在汉武帝新政的基础上，面对历史和当时的政治问题，意欲凭借《春秋》为汉朝立法，继而在治道与人事上构建"大一统"的儒家化政权。董仲舒思想与汉武帝的政治主张虽然紧密联系，但在义理上具有区别。

班固所言"罢黜百家，表章六经"与"推明孔氏，抑黜百家"在发生时间和内容本意上不同。"罢黜百家，表章六经"作为汉武帝时期的一个重要国策，其起始时间在建元元年，其发生背景是汉武帝在即位之初有意重构汉代的政治秩序，用追求积极进取的儒家取代主张清静无为的黄老道家。汉武帝在即位伊始就接受了丞相卫绾的奏议："所举贤良，

---

① 《汉书》卷六，中华书局，1962，第159页。

或治申、商、韩非、苏秦、张仪之言，乱国政，请皆罢。"①汉武帝重构政治秩序的意图被班固称颂为"罢黜百家，表章六经"，其中"罢黜百家"旨在对当时新举贤良中具有法家、黄老道家、纵横家等学派背景的士人进行罢黜，而"表章六经"是通过表彰儒家六经之学，重用儒臣，实现汉朝官僚队伍的儒家主体化。汉武帝的少年才识在后世广为士人称道，元代胡一桂有言："帝以少年英锐之姿，雄才大略得于所禀，即位之初，卓然罢黜百家，表章六经。畴咨海内，举其俊茂，与之立功。又招选天下文学才智之士，待以不次之位，史称其得人之盛。"②在汉武帝与卫绾的共同推进下，"魏其、武安为相而隆儒"③，为政府所吸纳的儒家"贤良"提供施展抱负的机会。《汉书·公孙弘传》载"建元元年，天子初即位，招贤良文学之士。是时弘年六十，征以贤良为博士"④，公孙弘以花甲之年、白衣之身，尤能为博士之官为朝政谏言，可见当时"隆儒"之盛。

然而，汉武帝和众儒臣在推进政治秩序更化中受到了以崇尚黄老之学的窦太后为首的保守派的抵制，在政治斗争中，卫绾受到朝中黄老派的诋毁："以景帝病时诸官因多坐不故者，而君不任职。"⑤终被罢免了丞相的职务，改革派中的"丞相婴、太尉蚡免"⑥。从建元元年至建元五年，汉武帝始终处于窦太后权力掣肘的环境之中，直到建元五年窦太后病逝，汉武帝主政，重启田蚡为丞相推进儒家新政，才又重新推进汉朝官僚队伍的儒家主体化，"置五经博士"所实现的博士官儒家化即是"罢黜百家，表章六经"在经历早期挫折后的第一个重大实绩。"置五经博士"促进了士人开始专注对儒家经典的研习，并形成了学人从儒家学说咨政的风向。建元六年，汉武帝支持田蚡"黜抑黄老、刑名百家之言，

---

① 《汉书》卷六，中华书局，1962，第156页。
② 胡一桂：《十七史纂古今通要》卷七，《景印文渊阁四库全书》第688册，台湾商务印书馆，1986，第201页。
③ 《汉书》卷五六，中华书局，1962，第2525页。
④ 《汉书》卷五六，中华书局，1962，第2613页。
⑤ 《汉书》卷四六，中华书局，1962，第2202页。
⑥ 《汉书》卷六，中华书局，1962，第157页。

延文学儒者以百数，而公孙弘以治《春秋》为垂相封侯，天下学士靡然向风矣"①。汉武帝通过"罢黜百家，表章六经"、重用儒臣，在人事层面积极推进着汉代官僚队伍的儒家主体化。

从"罢黜百家，表章六经"的政策推进过程来看，汉武帝即位伊始意欲完全实现对黄老道家、法家、纵横家等学派的"皆罢"，虽崇重儒家但遭遇改革挫折，而后经历在博士官中专立儒家知识分子的国策变革，最终在所举贤良中黜抑黄老、刑名等百家，实现表彰六经、重用儒臣的新政。从罢黜三家，到抑黜百家、崇重儒家，汉武帝推进汉代政治秩序儒家化的国策虽遭遇挫折，但在渐进的发展中士人对于儒家学说越发重视，开启了汉代儒家制度化的历史进程。难能可贵的是，汉武帝虽然执意选择在政治秩序上以儒家取代既有的黄老之学，但并不主张汉代政治、社会只有儒家一种思想，在建元六年，围绕在汉武帝身边的官员不仅有儒家学者（如田蚡），还有黄老道家学者（如司马谈）、法家学者（如张汤）和纵横家学者（如主父偃）②等。在社会思潮层面汉武帝致力推进"悉延百端之学"的学术开放格局，从而形成政治社会发展中以儒家"一元"统摄百家"多元"的政治状态。

董仲舒在《天人三策》之末所申明的"《春秋》大一统者，天地之常经，古今之通谊。今师异道，人异术，百家殊方，指意不同。是以上亡以持一统，法制数变，下不知所守。臣愚以为诸不在六艺之科孔子之术者，皆绝其道，勿使并进。邪辟之说灭息，然后统纪可一而法度可明，民知所从矣"③被班固概括为"推明孔氏，抑黜百家"。"推明孔氏，抑黜百家"与"罢黜百家，表章六经"在发生时间和指涉事件上是不同的，学界已有学人注意。陈苏镇在《〈春秋〉与"汉道"：两汉政治与政治文化研究》中根据《汉书·董仲舒传》中"今临朝而愿治七十余岁矣"④，已经提出一个学界普遍认可的考证，即《天人三策》出现的时间

①《汉书》卷八八，中华书局，1962，第3593页。
②《汉书》卷三〇《艺文志》纵横家类有"《主父偃》二八篇"。
③《汉书》卷五六，中华书局，1962，第2523页。
④《汉书》卷五六，中华书局，1962，第2505页。

应当为元光元年，而非建元元年。① 从《汉书·董仲舒传》的记载"武帝即位，举贤良文学之士前后百数，而仲舒以贤良对策焉"② 可知，董仲舒的贤良对策是汉武帝举贤良对策中的一个重要事件，但不是起始事件。但是，汉代以降的诸多学人都混淆了"罢黜百家，表章六经"和"推明孔氏，抑黜百家"的关系，元代郝经在《陵川集》中写道："董仲舒出，而孝武方隆儒，乃请罢黜百家，表章六经，尊孔氏，明仁义，圣人之道，复立存人心于欲亡。"③ 古代不少士人都将董仲舒的《天人三策》作为驱动汉武帝隆儒的政治实践起点，事实上忽略了汉武帝时期的儒家制度化是汉武帝及其即位以后数名儒家政客、学人共同努力的结果，宋代范祖禹在理解这段历史时同样存在认知的偏误："汉武帝时董仲舒对策，以为诸不在六艺之科孔子之术者，皆绝其道，勿使并进。武帝感其言，遂罢黜百家，表章六经。"④ 在思想史的传承中，存在着一条对汉武帝和董仲舒推进儒家制度化进程的时间和话语的误解，这种曲解也造成了近代以来学者在提出"罢黜百家，独尊儒术"话语时往往将汉武帝与董仲舒的政治旨归视为一物，将董仲舒视为汉武帝专制政治的辅助者。

考察历史上的部分学人将"罢黜百家，表章六经"与"推明孔氏，抑黜百家"混用，极有可能是没有辨析班固在《汉书·董仲舒传》中所言之"自武帝初立，魏其、武安侯为相而隆儒矣。及仲舒对策，推明孔氏，抑黜百家。立学校之官，州郡举茂材孝廉，皆自仲舒发之"⑤。从班固"及仲舒对策"的表述可以洞察董仲舒的举贤良对策的出现时间与"武帝初立"存在时间差异，董仲舒政治思想的一项客观实践为"立学校之官，州郡举茂材孝廉"，而并不是部分学人所认识的"罢黜百家，

---

① 陈苏镇：《〈春秋〉与"汉道"：两汉政治与政治文化研究》，中华书局，2011，第224页。
② 《汉书》卷五六，中华书局，1962，第2495页。
③ 郝经：《去鲁记》，《陵川集》卷二六，《景印文渊阁四库全书》第1192册，台湾商务印书馆，1986，第281~282页。
④ 范祖禹：《封还差道士陈景元校道书事状》，《范太史集》卷二一，《景印文渊阁四库全书》第1100册，台湾商务印书馆，1986，第265页。
⑤ 《汉书》卷五六，中华书局，1962，第2525页。

表章六经，实自仲舒发之"①。董仲舒所建议的"推明孔氏，抑黜百家"在儒家制度化层面更具系统性，它不仅涉及"《春秋》为汉制法"的顶层制度设计，并针对汉武帝在社会层面"悉延百端之学"提出一个建议，即实现汉代儒家官僚队伍的儒家化需要推进儒家教化的普适度，由此才能实现源源不断的儒家高质量人才入仕，也就是《汉书·董仲舒传》所记载的："臣愚以为诸不在六艺之科孔子之术者，皆绝其道，勿使并进。"②正如崔涛所论："此乃董氏立学校以养士（及岁举茂材、孝廉）的政治思路的基础要求，即必须树立以儒家学说为标准的养士（及选士）制度的根基。"③

虽然部分学人混淆了"罢黜百家，表章六经"和"推明孔氏，抑黜百家"的发生背景，但也有诸多学人对二者有清晰的界分。明代杨士奇在《历代名臣奏议》中载晁说之的奏议："臣闻春秋尊一王之法，以正天下之本，与礼之尊无二上，其策实同。盖国之于君家之于父学者之于孔子，皆当一而不可二者也，是以明王罢黜百家、表章六经，大儒推明孔氏、抑黜百家。"④此处明确对汉武帝与董仲舒的政治贡献予以辨析。对于"罢黜百家，表章六经"，中国历史上诸多士人都揭示其并非董仲舒的对策所推进的。宋苏籀在《双溪集》中有言："观公孙辅武帝表章六经，罢黜百家，儒术光明时，尚侈靡而务兵。"⑤此处指公孙弘辅助汉武帝"表章六经，罢黜百家"使"儒术光明"。清乾隆年间《御览经史讲义》中载有"崇重儒术"的言语："嗣位之初，即慨然有意于唐虞三代之盛，崇重儒术，罢黜百家，将立明堂以宏制作，修礼乐以兴太

---

① 归有光：《河南策问对二道》，《震川别集》卷二下册，《景印文渊阁四库全书》第 1289 册，台湾商务印书馆，1986，第 482 页。

② 《汉书》卷五六，中华书局，1962，第 2523 页。

③ 崔涛：《2012 高校社科文库董仲舒的儒家政治哲学》，光明日报出版社，2013，第 162 页。

④ 杨士奇：《圣学》，《历代名臣奏议》卷八，《景印文渊阁四库全书》第 433 册，台湾商务印书馆，1986，第 185 页。

⑤ 苏籀：《见秦丞相第二书》，《双溪集》卷八，《景印文渊阁四库全书》第 1136 册，台湾商务印书馆，1986，第 200 页。

平，首用安车蒲轮束帛，加璧征聘申公而问以治道。"① 其中记载了汉武帝"崇重儒术"，在建元元年开始的举贤良对策中请教申培公"治乱之事"的历史典故。

在"罢黜百家，表章六经"和"推明孔氏，抑黜百家"的话语内容比较中，可以窥见汉武帝与董仲舒在儒家制度化方面的意识差异。于汉武帝而言，其致力推进汉王朝意识形态的改弦更张，但绝不秉持整个社会思潮一元化的倾向，而是在"百端之学"与"儒家之学"中保持平衡。"武帝的'尊经'有兼容百家的意味，儒家在其中只是处于主导地位，而未受'独尊'的地位。"② 而董仲舒则在"抑黜百家"中展现着他要实现汉代官僚系统儒家化的意志。如果以近代以来"罢黜百家，独尊儒术"的内涵来考察汉武帝和董仲舒的政治设计，似乎汉武帝是一个支持政治开明、学术开放的执政者，而董仲舒却是一个追求学术专制的儒者。但是，从董仲舒的学术旨趣来探查，他虽专宗《春秋》之学，但绝不是一个追求儒家学术专制的士人。③ 为了探究历史的真相，董仲舒在元光元年的贤良对策的内在旨归成为我们理解董仲舒政治思想的关键。

三 《天人三策》中"《春秋》为汉制法"的政治旨归

近代以来的中国哲学研究因包容而致广大而尽精微，但五四之后"罢黜百家，独尊儒术"话语的愈发强势却导致汉代儒家学术抑而不张。虽然冯达文、余治平从汉代儒学的信仰建构④、两汉经学⑤等角度逐

① 《武帝问申公治乱之事》，《御览经史讲义》卷二七，《景印文渊阁四库全书》第 723 册，台湾商务印书馆，1986，第 668 页。
② 王葆玹：《今古文经学新论》，中国社会科学出版社，1997，第 198、201 页。
③ 汪高鑫：《论董仲舒对墨子政治思想的吸取》，《安徽教育学院学报》（哲学社会科学版）1997 年第 4 期；申波：《论董仲舒对儒学的法家化改造》，《西南民族大学学报》（人文社科版）2008 年第 11 期；白延辉：《董仲舒对黄老道家价值理念的吸收融合》，《当代中国价值观研究》2016 年第 5 期。
④ 冯达文：《儒家系统的宇宙论及其变迁——董仲舒、张载、戴震之比较研究》，《社会科学战线》2016 年第 10 期。
⑤ 余治平：《"五始"的时间政治建构与道义价值诠释——以公羊学"元年春，王正月"为中心》，《同济大学学报》（社会科学版）2021 年第 4 期。

渐开辟汉代儒学的研究新域，但在中国哲学史的研究中对汉代儒学的探赜仍然较为弱势。丁四新作为近年来从思想史视域辨伪"罢黜百家，独尊儒术"的主要学者，在《"罢黜百家，独尊儒术"辨与汉代儒家学术思想专制说驳论》①一文中致力从"反对专制"的角度推进学界对汉代儒家思想的研究。丁四新试图从"反专制"的角度对近代以来"罢黜百家，独尊儒术"的既定思维进行"破题"，在汉代儒家学术思想的正面价值逐渐为学界所认识的背景下，诸多学人开始挖掘董仲舒和汉代儒者的制衡精神②，笔者也曾撰文探讨董仲舒的"天下为公"③的理念。

董仲舒学术根柢在公羊学，他对于《春秋》公羊学的研究在西汉初期可谓首屈一指，曾经私淑于董仲舒的司马迁在《史记·儒林列传》中对此有明确的表述："故汉兴至于五世之间，唯董仲舒名于《春秋》，其传《公羊氏》也。"④"推明孔氏，抑黜百家"的旨归在于《春秋》为汉制法，以《春秋》学的要义从顶层设计、体制运行、社会实践等层面体系化推进汉朝儒家式的"大一统"政治模式。董仲舒指出"汉得天下以来，常欲善治而至今不可善治者，失之于当更化而不更化也"⑤。在董仲舒看来，汉武帝的"罢黜百家，表章六经"所实现的汉代官僚队伍儒家主体化并没有触及汉王朝政治制度本身，为了实现善治，必须依据《春秋》学实现对汉朝系统性的改弦更张，其对策依据主要基于以下三个方面。

从王朝的永续发展来看，《天人三策》第一策记载了汉武帝"永惟万事之统"⑥的政治诉求，汉武帝虽然心慕"五帝三王之道"，但追忆周秦更替，也不禁心生感慨："夫五百年之间，守文之君，当涂之士，欲则先王之法以戴翼其世者甚众，然犹不能反，日以仆灭，至后王而后

---

① 丁四新：《"罢黜百家，独尊儒术"辨与汉代儒家学术思想专制说驳论》，《孔子研究》2019 年第 3 期。

② 黄朴民、李禤璐：《董仲舒"天人合一"的"理性"内核与制衡精神》，《衡水学院学报》2021 年第 2 期。

③ 郑济洲：《论董仲舒对"天下为公"理念的制度设计——从五四"反传统"的反思说起》，《福建论坛》(人文社会科学版)2019 年第 10 期。

④ 《史记》，中华书局，1959，第 3128 页。

⑤ 《汉书》卷五六，中华书局，1962，第 2505 页。

⑥ 《汉书》卷五六，中华书局，1962，第 2495 页。

止，岂其所持操或悖缪而失其统与？"①在汉武帝推进汉王朝儒家制度化的进程中，他尤为担心国家会发生"后王之法"对"先王之法"的颠覆性变革，以致儒家制度化的中断和王朝万事基业的倾覆。董仲舒对此的回应是："道者，所繇适于治之路也，仁义礼乐皆其具也。"②汉王朝在推进儒家制度化的进程中必须要明确治之道，以《春秋》之文对王朝进行顶层设计，继而运用儒家内聚的仁义礼乐之术实现王朝的长治久安。董仲舒的理想政治蓝图是构建一个儒家式的"大一统"帝国，而指摘以秦政为模板的法家式"大一统"帝国是其谏言汉武帝改弦更张的关键。董仲舒根据《春秋》之文，探索王道的根源，依据"元年，春，王正月"③阐释"正次王，王次春。春者，天之所为也；正者，王之所为也"④，将天之道视为王制的根本依据，视帝王因循天道践行政德为政权合法性的充要条件。"天道之大者在阴阳。阳为德，阴为刑；刑主杀而德主生"昭示着现实的政治秩序安排必须以德教为主、以刑罚为辅，由此得出，系统性推进儒家的德教模式是构建永续发展的"大一统"王朝的重要实践路径。

从王朝的善治理想来看，汉武帝即位以来"力本任贤"⑤，亦推行"扶世导民"⑥等儒家治国之术，但在"隆儒"之策大行的背景下，仍然存在"阴阳错缪，氛气充塞，群生寡遂，黎民未济，廉耻贸乱，贤不肖浑淆，未得其真"⑦的现实难题。董仲舒依循儒家之道，心慕"众圣辅德，贤能佐职，教化大行，天下和洽，万民皆安仁乐谊，各得其宜，动作应礼，从容中道"⑧的儒家善治理想。面对国家的现实治理难题，董仲舒提出："夫不素养士而欲求贤，譬犹不琢玉而求文采也。"⑨因此，王朝

① 《汉书》卷五六，中华书局，1962，第 2496 页。
② 《汉书》卷五六，中华书局，1962，第 2499 页。
③ 何休解诂，《春秋公羊传注疏》，上海古籍出版社，2014，第 6 页。
④ 《汉书》卷五六，中华书局，1962，第 2501~2502 页。
⑤ 《汉书》卷五六，中华书局，1962，第 2507 页。
⑥ 《汉书》卷六，中华书局，1962，第 156 页。
⑦ 《汉书》卷五六，中华书局，1962，第 2507 页。
⑧ 《汉书》卷五六，中华书局，1962，第 2508 页。
⑨ 《汉书》卷五六，中华书局，1962，第 2512 页。

善治的条件是得贤任事，而求贤的基础则为兴办太学、养士进仕。然而现世的教化秩序并没有推行儒家式的"大一统"教化秩序，而是"师异道，人异术，百家殊方，指意不同"①，甚至存在着"师申商之法，行韩非之说，憎帝王之道，以贪狼为俗，非有文德以教训于（天）下也"②的现象。在董仲舒看来，如此混杂的官员思想和社会思想，必然影响汉武帝在政治决策上的判断。因此，必须做到"诸不在六艺之科孔子之术者，皆绝其道，勿使并进"③，让官员队伍不再掺杂进非儒家的人员。董仲舒"抑黜百家"的提议旨在将汉朝的官员从儒家主体化变为儒家一统式，推行大一统的儒家德治。

从王朝的制度损益来看，汉武帝困惑的是"三王之教所祖不同，而皆有失"④，因此对王制进行因革损益是势所必然，那么是否意味着儒家之道并非永恒之道？董仲舒的回答是："王者有改制之名，亡变道之实。"⑤在公羊学家看来，"天不变，道亦不变"⑥，天子之权来源于天道，天子在历史发展中不能去改变天道，而必须根据天道所内设的政教秩序来"改正朔"。"改正朔"涉及公羊学家的"三统"之说，董仲舒指出："夏上忠，殷上敬，周上文者，所继之救，当用此也。孔子曰：'殷因于夏礼，所损益可知也；周因于殷礼，所损益可知也。其或继周者，虽百世可知也。'此言百王之用，以此三者矣。"⑦夏、殷、周三代是《春秋》公羊学"通三统"思想中的三个朝代，公羊学家以"三统三正三色"来对应这三个朝代，董仲舒认为夏朝是正黑统，建寅（以一月为正月），色尚黑；殷朝是正白统，建丑（以十二月为正月），色尚白；周朝是正赤统，建子（以十一月为正月），色尚赤。"通三统"强调新朝制度对旧朝的损益，正如蒋庆所说："通三统是指王者在改制与治理天下时除依

① 《汉书》卷五六，中华书局，1962，第2523页。
② 《汉书》卷五六，中华书局，1962，第2510页。
③ 《汉书》卷五六，中华书局，1962，第2523页。
④ 《汉书》卷五六，中华书局，1962，第2518页。
⑤ 《汉书》卷五六，中华书局，1962，第2518页
⑥ 《汉书》卷五六，中华书局，1962，第2519页。
⑦ 《汉书》卷五六，中华书局，1962，第2518页。

自己独有的一统外，还必须参照其他王者之统。"① 古代中国是一个农业社会，每一个季节和月份都有着特定的政教内容以及与之相应的政教形式。社会生活通过君王依节令变化颁布的与自然协调一致的政教法令而有序地进行。自然运行与政治生活同步，物质生产与文明教化相资。人们在这样一种生活秩序中获得秩序感和意义感。董仲舒从天道规律和历史发展判断，"今汉继大乱之后，若宜少损周之文致，用夏之忠者"②，为汉武之世明确了制度损益的历史遵循。

董仲舒在对策的末尾强调"统纪可一而法度可明，民知所从矣"③，其中的意思很清楚，统一法度的最终受益者是百姓，让百姓在统一的制度秩序中稳定地存活是统治者必须考虑的。董仲舒"抑黜百家"的建议正是针对汉武帝时期"法制数变"的政治现实而提出的。建元元年，汉武帝重用窦婴、田蚡、赵绾、王臧等儒家官员，意图用儒家意识形态取代武帝之前汉代采用的黄老道家的意识形态。然而，由于当时汉代的实际掌权者是武帝的祖母窦太后，崇好黄老的窦太后毅然终止建元新政。直至建元五年，窦太后死后，武帝才重新任用田蚡为丞相，进行了一系列的儒学改制。因此，在董仲舒元光元年对策之前，汉武帝在即位的六年间就改变了国家的意识形态。虽然当时的汉朝已走出了太后摄政的政治现实，国家的治理也正朝着用儒学治国的道路前进，但是董仲舒清醒地意识到，人治是影响政治走向的重要因素，而更为根本的是以法治塑造国家的政治秩序。董仲舒是一个儒者，以《春秋》学为汉制法是他的思想底色和学术旨趣，因此他从儒家的立场出发，致力通过"推明孔氏，抑黜百家"重构汉代的政治秩序，实现汉朝儒家式的"大一统"。

孙承泽对于"春秋大一统"的论述可作为"推明孔氏，抑黜百家"的一个注脚："春秋大一统者，统于一世，统于圣真，则百家诸子无敢抗焉；统于王制，则卿大夫士庶无敢异焉。"④ 从建构多元思潮的社会格

① 蒋庆：《公羊学引论：儒家的政治智慧与历史信仰》，福建教育出版社，2014，第243页。
② 《汉书》卷五六，中华书局，1962，第2519页。
③ 《汉书》卷五六，中华书局，1962，第2523页。
④ 孙承泽：《礼部二·正士习》，《春明梦余录》卷四〇，《景印文渊阁四库全书》第868册，台湾商务印书馆，1986，第645页。

局来看，汉武帝从建元元年到建元五年的新政相较于董仲舒更为开放，但从实现长治久安的帝国政治来看，董仲舒直面汉武帝"隆儒"政策的系统性缺憾，其《天人三策》对于汉朝乃至汉之后的中国古代王朝的立法更制具有更为深远的意义。董仲舒从天道之阴阳规律出发，明确了古代王朝所因遵循的阳儒阴法的做法，阐明立太学、兴教化、进贤士对于王朝善治的重要性；通过指摘以秦政为模板的法家式"大一统"的短寿，阐释汉朝所应承续的儒家王制，推进了汉武帝时期的改正朔，在"为人君者，正心以正朝廷，正朝廷以正百官，正百官以正万民，正万民以正四方"①的政治倡议下，在理念上塑造了中华民族践行仁政的永恒命题。

作为一代儒宗，作为中国历史上著名的大思想家，董仲舒看重的是统治集团的长远利益和整体利益。因此，他要全力支持汉武帝"永惟万世之统"的宏图大愿，与政治家们合作，屈民伸君，整合价值，统一思想，建构新型文化价值体系。同时，他透过历史总结和现实批判，看到了君主权力绝对化的弊端，力图在一定程度上限制君权，防止君主为所欲为。他创造的思想武器和理论工具，是以天人感应为核心的天人合一学说。董仲舒借助的所谓天意，具体而言便是灾异谴告说。所谓屈君伸天，即天是百神之主，天生万物以养人，君主施行仁政是天意的要求，天意不可违背。政治清明，上天就降祥瑞，鼓励明君；政治昏暗，上天就降灾异，警示惩戒昏君。董仲舒说："国家将有失道之败，而天乃先出灾害以谴告之。不知自省，又出怪异以警惧之。尚不知变，而伤败至此。以此见天心仁爱人君而欲止其乱也。"②"凡灾异之本,尽生于国家之失。国家之失乃始萌芽，而天出灾害以谴告之；谴告之而不知变，乃见怪异以惊骇之；惊骇之尚不知畏恐，其殃咎乃至。"③显然，董仲舒在这里展现出来的，是希望通过"天"的权威适当限制君主的权力。诚然，历史事实表明董仲舒这种制约君权的思想是苍白无力的，是不可能行得

---

① 《汉书》卷五六，中华书局，1962，第2502~2503页。
② 《汉书》卷五六，中华书局，1962，第2498页。
③ 苏舆撰《春秋繁露义证》卷8，钟哲点校，中华书局，2015，第254页。

通的，但制约不了并不等于不想制约。实际上，长期流传于古代社会的灾异谴告思想，在相当程度上是专制社会人们对于开明君主开明政治渴盼的一种表现，尽管是畸形的表现。简言之，董仲舒确实是有制约君权的思想的。问题只是在于，在君主极权的专制政治体制下，在天意渺茫而君权独大的现实中，董仲舒权力制衡的思想只能是一厢情愿而已。从理论思维的层面看，董仲舒把阴阳五行思想引入儒家思想系统，并以其为理论构架，铸造以天人感应为核心的天人合一思想，在政治上主张君权天授，本质上是要神化君权。就这个意义而言，董仲舒的天人哲学是带有粗陋宗教色彩、具有宗教的特质和功能而又并非宗教，为王权主义张目而又具有明显的道德教化色彩的政治化伦理化的思想。

　　与制约君权思想相关联，董仲舒罢黜百家、独尊儒术的倡议也是董仲舒是非功过的重要议题之一。在这些年的董仲舒思想研究中，新论迭出，其中一个论点便是认为汉代没有实行过罢黜百家、独尊儒术的政策，而董仲舒也没有提出过罢黜百家、独尊儒术的建议。我觉得这个问题可以进一步探讨。在我看来，罢黜百家、独尊儒术确实是董仲舒的创议，而该创议确实被汉代统治者所采纳。西汉中期，是汉代礼治思想确立的阶段。这个时期，是以汉武帝为代表的政治家和以董仲舒为代表的思想家协力创建礼治价值系统的时期。正是政治家群体和思想家群体的建树，使得礼治成为一种价值体系和治国方略，由先秦孔子、孟子、荀子的理想变成了汉代活生生的现实。其间，采取罢黜百家、独尊儒术的举措是重要原因之一。《汉书·董仲舒传》记载，董仲舒在第三次对策武帝时，明确提出"《春秋》大一统"是天地之常经、古今之通义，但当时思想繁杂，价值混乱，导致上无以持一统、下不知所守，故他建议："臣愚以为诸不在六艺之科孔子之术者，皆绝其道，勿使并进。邪辟之说灭息，然后统纪可一而法度可明，民知所从矣。"从这段记载来看，董仲舒对于如何在思想文化方面实现统一，是有明确的理念的，即凡是不符合儒家思想的其他任何思想理论，都要杜绝其发展的道路，不能使其与儒家思想同样发展。需要注意的是，这里强调的是"勿使并进"不是彻底取缔。"皆绝其道"的"道"，是指与儒家思想并行的大道，是成为主导思想的体制和机制。从后来的实践情况看，是指在核心价值理念方面、在国家指导思想上，只能是儒家思想，而不能是别家别派的思想。质言之，在治国理政的指导思想上，只能是一元，而不能多元，这并不妨碍其他思想学说的存在和发展。实际上，《汉书·董仲舒传》已言，"自武帝初立，魏其、武安侯为相而隆儒矣。及仲舒对策，推明孔氏，抑黜百家"。显而易见，所谓"推明孔氏，抑黜百家"，就是让儒家独尊而抑制其他诸家的思想，不让诸家思想与儒家争锋。《汉书·董仲舒传》记载，刘向之子刘歆认为董仲舒所做的一切，是为了"令后学者有所统一"。诚然，整个《汉书·董仲舒传》《春秋繁露》，以及其他文献中，并没有董仲舒要求"罢黜百家"的文字。与此相关的，倒是《汉书·武帝纪》的"赞"记载曰："孝武初立，卓然罢黜百家，表章六经。"但这并不等于董仲舒没有罢黜百家、独尊儒术的思想。汉武帝之所以会"卓然罢黜百家"，根本原因还是采纳了董仲舒对策的基本思想，特别是其三纲五常的思想文化纲领。三纲五常的确立，独尊儒术的实现，从价值取向和行为规范的层面看，也是对君权的某种制约。礼治、德治、文治之类的说法和要求，对于西汉王朝以后很长时期军功重臣把持权力的偏向是一种纠正，对于好大喜功的汉武帝及其继任者，是一种制约。

董仲舒权力制衡的思想，还与其民本思想有关。中华文化有着深厚绵长的民本思想传统，董仲舒作为开创新局的儒学大家，自不例外。回望历史传统，董仲舒看到了暴政苛政对于统治者的危害，主张"更化"，轻徭薄赋，宽缓民力，使得灾害日去而福禄日来。他看到了"富者田连阡陌、贫者无立锥之地"的贫富两极严重分化的严峻现实，提出"调均"的主张，让富者足以示贵而不至于骄横，贫者足以养生而不至于忧愤，以缓和尖锐的社会矛盾。汉武帝曾在诏书中说："盖君者，心也，民犹肢体，肢体伤则心憯怛"。董仲舒还认为："君者，民之心也。民者，君之体也。心之所好，体必安之。君之所好，民必从之。故君民者贵孝悌而好礼义，重仁廉而轻财利。"董仲舒继承孟子民本思想，赞成汤武革命。他说："天之生民，非为王也。而天之立王，以为民也。故其德足以安乐民者，天予之；其恶足以贼害民者，天夺之。"汤武革命，是有道伐无道，是正义之举。"有道伐无道，此天理也。"能够安民乐民的君主，上天就护佑，否则就予以严惩。这样，就把君主的权力制约于教民、安民、乐民的"全道究义尽美"的范围，而不是"私传天下而擅移位"。

朱子"共治"思想研究

——从"道统"对"政统"的引导说起

钱穆于《政学私言》中有言：

> 中国传统政制，一面虽注重政学之密切相融洽，而另一面则尤注重于政学之各尽厥职。所谓"作之君，作之师"，君主政，师主教。孔子以前其道统于君，所谓"王官学"；孔子以下，其道统于下，所谓"百家言"。孔子为其转折之枢纽。孔子贤于尧、舜，此则师统尊于王统。[1]

钱穆所论述的"师统尊于王统"，是将孔子的教化实践放置于现实政治之上。然而，我们在分析儒家知识分子和现实政治执政者时，既要注意"合"的维度，也要注意"分"的维度。从"合"的维度来说，儒家知识分子承担着对现实政治的批判和引导作用，他们承担着引领现实政治的责任。从"分"的维度来说，儒家知识分子与现实政治的统治者是两类人，儒家掌握"道统"，统治者坐拥"政统"，儒家因为与统治者存在距离，所以能更好地发挥引导和批判政治的作用。正如现代新儒家代表人物杜维明指出的："儒家学者在公众形象和自我定位上兼具教士功能和哲学家作用，迫使我们认为他们不仅是文人，而且还是知识

---

[1] 钱穆:《政学私言》,《钱宾四先生全集》第40册，联经出版事业股份有限公司，1998，第88页。

分子。儒家知识分子是行动主义者，讲求实效的考虑使其正视现实政治（realpolitik）的世界，并且从内部着手改变它。他相信，通过自我努力人性可得以完善，固有的美德存在于人类社会之中，天人有可能合一，使他能够对握有权力、拥有影响力的人保持批评态度。"①

阎步克在论述孔子乃至儒家的"师道"时，其观点较杜维明更进一步，即认为孔子乃至儒家对"师道"的践行实际上就是一种政治实践。他在《儒·师·教——中国早期知识分子与"政统""道统"关系的来源》一文中指出："战国秦汉间的百家之中，儒家尤为'师道'之发扬光大者，他们申说和维护了士人参政治国的权利和责任，并以其教育活动源源不断地充实着士人队伍，因而最集中地代表了那个以'学以居位'为特征的士阶层的政治理想和社会利益。"②在分析"治与教"时，其指出："春秋战国时期的社会变动，使得'师道'脱离于政统而自立于民间了。'师者，所以传道、授业、解惑者也'，这个定义显示了知识文化角色的专门性功能。但是学士所自任的还不仅是授业之师，他们还要做'帝王之师'。韩愈《原道》述'道统'，谓周公、孔、孟间有一变迁：'由周公而上，上而为君，故其事行；由周公而下，下而为臣，故其说长。'《古文观止》编注者谓'事行，谓得位以行道；说长，谓立言以明道也'，'不居其位，不谋其政'，'师道'脱离官司后，'立言明道'固然已与居位治事分而为二，但是历史早期'君'与'师'、'治'与'教'融合为一的深厚传统，却依然深刻地影响了其分立之后的面貌和特征。"③阎步克的论述揭示了春秋战国时期"治"与"教"的融合，在他看来，儒家的教化实践并不游离于政治之外，儒家的教化实践是以"道统"引导"政统"的政治实践。在笔者看来，"道统"正是儒家制衡君权的思想武器，在儒家看来，"道统"高于"政统"，"道统"决定了

---

① 〔美〕杜维明：《道、学、政：论儒家知识分子》，钱文忠等译，上海人民出版社，2000，第11页。

② 阎步克：《儒·师·教——中国早期知识分子与"政统""道统"关系的来源》，《战略与管理》1994年第2期。

③ 阎步克：《儒·师·教——中国早期知识分子与"政统""道统"关系的来源》，《战略与管理》1994年第2期。

现实政治的运行规则，君主必须顺道而行。

"共治"是儒家"道统"的政治理想，在儒家看来，君主和臣下尽心诚意、共治天下，是天下从"善治"到"善政"的关键。在中国浩如烟海的典籍中，"共治"一词最早出处是《尹文子》一书："所贵圣人之治不贵其独治，贵其能与众共治。"① 先秦时期，以孔子为代表的儒家知识分子大力弘扬"天下为公"理念，士人们在天下大乱的政治局势下践行着自己兼济天下的情怀。到了汉朝，士大夫在理论和实践中传承并发展着"共治"理念，在各种汉代典籍中都可以看到"共治"这个词语。汉初著名学者伏生在《尚书大传·皋繇谟》中说过："古者诸侯之于天子也，三年一贡士。天子命与诸侯辅助为政，所以通贤共治，示不独专，重民之至。"② "通贤共治"，是一种起源于上古时期的政治运作范式，诸侯先进行贤士初选，而后报天子审核，使天子、诸侯和贡士之间实现互动交流，最终达到知识阶层期望看到的三位一体的"共治"，这就是"共治"在当时政治活动中的体现。《白虎通·五不名》则记载："王者臣有不名者五。先王老臣不名，亲与先王勠力共治国，同功于天下，故尊而不名也。"③ 按照《白虎通》的记载，老臣和先王在天下事务管理中一起发挥着重要作用，因此老臣也是"共治"的主体，老臣同样在治理天下中有功，应该受到万民敬仰，百姓不能直呼其名。刘向在《说苑·政理》中讲述了一则故事，说宓子贱"至单父，请其耆老尊贤者，而与之共治单父"④。在汉朝，士人们非常向往实现"共治"，这种思想的背后体现的是当时士人"公天下"的政治理念。东汉谷永直言不讳地指出："天下乃天下之天下，非一人之天下也。"⑤ 儒家士大夫坚信，作为贤者，可以参加国家事务的管理，向国家贡献他们的智慧，为最终实现"天下为公"而孜孜不倦地努力。

① 《尹文子》，钱熙祚校，世界书局，1935，第 3 页。
② 伏生著，郑玄注，陈寿祺辑校《尚书大传》，朱维铮编《中国经学史基本丛书》第 1 册，上海书店出版社，2012，第 16 页。
③ 陈立：《白虎通疏证》上册，吴则虞点校，中华书局，1994，第 325 页。
④ 刘向：《说苑校证》，向宗鲁点校，中华书局，1987，第 161 页。
⑤ 《汉书》，中华书局，1962，第 3467 页。

时至宋代，宋太祖做出了"不杀士大夫"的承诺，这就为士大夫提供了稳定的发展空间与从政条件。在秦汉兴起的"共治"思想在宋代获得了新的发展，朱子是继承和发展这一思想的关键人物。张其凡《皇帝与士大夫共治天下试析：北宋政治架构探微》一文[①]则提到，宋代中央政府机构中存在着皇权、相权和台谏之权相互作用的三角关系，也正是因为三者之间的这种作用，儒家"共治"理念处在稳定的政治架构之中。程民生《论宋代士大夫政治对皇权的限制》一文[②]，从历史背景、研究理论和实际方法等角度对士大夫限制皇权的具体情况与作用进行分析和研究。本文主围绕朱子"共治"思想展开个案研究，从理论渊源、政治实践与思想本质三个层次进行分析，以就教于各位方家。

一 "推诚共治"：朱子对二程天道观的继承与发展

"天道"是"共治"的本体依据，朱子"共治"理念中的天道观，继承并发展了二程的相关思想。程颐在解《尧典》"克明俊德"时指出："帝王之道也，以择任贤俊为本，得人而后与之同治天下。"[③]在程颐的思想体系中，如果君王足够贤德，那就要广集天下贤才为我所用，实现天下"共治"的政治理想。要实现这个理想，君主的致诚之心非常可贵。《河南程氏遗书》记载："今之监司，多不与州县一体。监司专欲伺察，州县专欲掩蔽。不若推诚心与之共治，有所不逮，可教者教之，可督者督之，至于不听，择其甚者去一二，使足以警众可也。"[④]在二程的理解当中，如果监司和州县可以相互支持密切配合，做到"推诚心与之共治"，那么他们之间也就不存在矛盾与冲突。其实，这种"推诚共治"的治理模式，在君臣之间也同样适用。

---

① 张其凡：《皇帝与士大夫共治天下试析：北宋政治架构探微》，《暨南学报》（哲学社会科学版）2001 年第 6 期，第 114~123 页。又见《宋代政治军事论稿》，安徽人民出版社，2009，第 197~219 页。

② 程民生：《论宋代士大夫政治对皇权的限制》，《河南大学学报》（社会科学版）1999 年第 3 期，第 56~64 页。

③ 程颢、程颐：《二程集》第 4 册，中华书局，1981，第 1035 页。

④ 程颢、程颐：《二程集》第 1 册，中华书局，1981，第 18 页。

　　二程对于君臣关系的看法，一直奉行的是君尊臣卑的理念，这在他们讨论周公之位时也有了直接的体现。二程直言："世儒有论鲁祀周公以天子礼乐，以为周公能为人臣不能为之功，则可用人臣不得用之礼乐，是不知人臣之道也。夫居周公之位，则为周公之事，由其位而能为者，皆所当为也，周公乃尽其职耳。"① 在二程看来，周公劳苦功高这是事实，但是他是人臣也是事实，周公所取得的成绩再多也是在尽臣子的本分，而不能撼动君主的地位。二程同时指出，人臣和君主的关系可以说是主辅关系，他说："人君虽才，安能独济天下之险？"② 又说："不得于君，则其道何由而行？"③ 二程指出，君臣之间应该通力合作，相互配合共同成就，最终实现共治天下的政治理想。在《程氏易传》当中，程颐对"共治"理论进行了延伸，从天道的层面进行了更加详细的论述。

　　《周易·系辞下》记载："阳一君而二民，君子之道也。阴二君而一民，小人之道也。"④ 程颐对此的注解是："阴阳开阖，本无先后，不可道今日有阴，明日有阳。如人有形影，盖形影一时，不可言今日有形，明日有影，有便齐有。"⑤ 至于阴阳二气是从何处而来，程颐并无过多追寻，也不管其形成的先后顺序，只是明确指出，阴阳的形成以气为基础，而且阴和阳是同时存在的，"有便齐有"，没有谁先谁后的问题。程颐认为，天地、日月、阴阳，其本原的存在状态是一种气，是属于同一物质，而他们的不同只体现在属性上。所以，君臣之间固然存在尊卑上下之分，但是这种区别无关本质，只是所处的位置不同相应的工作分工也不同而已。同时，对阴阳之间的存在关系，程颐提出"相须为用"的观点：

　　　　如天地阴阳，其势高下甚相背，然必相须而为用也。有阴便

---

① 程颢、程颐：《二程集》，中华书局，1981，第 734~735 页。
② 程颢、程颐：《二程集》，中华书局，1981，第 848 页。
③ 程颢、程颐：《二程集》，中华书局，1981，第 960 页。
④ 黄寿祺、张善文：《周易译注》（修订本），上海古籍出版社，2001，第 580 页。
⑤ 程颢、程颐：《二程集》，中华书局，1981，第 160 页。

有阳，有阳便有阴。有一便有二，才有一二，便有一二之间，便是三，已往更无穷。老子亦曰："三生万物。"此是生生之谓易，理自然如此。①

程颐指出，阴阳虽是各具高下的两个事物，却一定是"相须而为用"，因为"万物资乾以始，资坤以生"，这其实体现的是"理"的本质。阴阳可以达到这种关系在于两者可以和顺发展："刚正而和顺，天之道也。化育之功所以不息者，刚正和顺而已。"②所谓"和顺"，就是"阴阳两大相对势力协调共济，相辅相成，维持一种必要的张力，从而产生互补性的功能"③。对于造化而言，阴与阳两者不可或缺。具体到君臣之关系，尽管两者之间的尊卑差距十分明显，但也要做到"相须为用"，唯有如此，天下才能太平。在"相须为用"的大框架中，由阴阳的不同表征就可以分辨出其"始"与"生"："阴，从阳者也，待倡而和。阴而先阳，则为迷错，居后乃得其常也。主利，利万物皆主于坤，生成皆地之功也。臣道亦然，君令臣行，劳于职事者臣之职也。"④有了开端，才会有后来的成长，所以说，"生"以"始"为基础，因此，阴需要从属于阳，这是从发用顺序出发得出的结论，并没有因此而忽视阴在"主利"方面的作用。在君臣关系上，之所以会君尊臣卑也是因为政事有着自己的先后顺序。

程颐所论述的君臣关系其实是"配合型"的"相须为用"，这和董仲舒的理念不谋而合，董仲舒曾经提到过："阴者阳之合，妻者夫之合，子者父之合，臣者君之合。物莫无合，而合各相阴阳。阳兼于阴，阴兼于阳，夫兼于妻，妻兼于夫，父兼于子，子兼于父，君兼于臣，臣兼于君。君臣、父子、夫妇之义，皆取诸阴阳之道。君为阳，臣为阴；父为阳，子为阴；夫为阳，妻为阴。"⑤董仲舒这里所提及的在阴阳之道影响

---

① 程颢、程颐：《二程集》，中华书局，1981，第225~226页。
② 程颢、程颐：《二程集》，中华书局，1981，第794页。
③ 余敦康：《汉宋易学解读》，华夏出版社，2006，第433页。
④ 程颢、程颐：《二程集》，中华书局，1981，第706页。
⑤ 苏舆：《春秋繁露义证》，钟哲点校，中华书局，1992，第350页。

下的君臣关系，其实指的是君主和臣下要保持密切配合，而不是臣子对君主一味地迎合与服从。不管是董仲舒还是程颐，他们都从天道的角度对"配合型"君臣观进行了系统阐述，也为真正意义上建立君臣"共治"模式打下了良好的思想基础。

朱子秉承的是伊洛之学，对二程所论述的天道观不仅仅是继承，还有新的发展，特别是把"推诚共治"的社会治理思想发扬光大。朱子在"推诚共治"思想发展中的突出贡献是通过取消阴阳的先后顺序确立君主和臣子平等的政治地位。朱子在《易学启蒙》中对"易有太极，是生两仪"进行了详细的诠释：

> 太极之判，始生一奇一偶，而为一画者二，是为两仪。其数则阳一而阴二。在《河图》、《洛书》，则奇偶是也。周子所谓"太极动而生阳，动极而静，静而生阴，静极复动，一动一静，互为其根，分阴分阳，两仪立焉"，邵子所谓"一分为二"者，皆谓此也。[①]

在这里，朱子延续程颐所秉持的阴阳本末、先后的理念。不过，在《朱子语类》中有这样一段问答。问者向朱子请教：《太极解》何以先动而后静，先用而后体，先感而后寂？"朱子的回答是："在阴阳言，则用在阳而体在阴，然动静无端，阴阳无始，不可分先后。今只就起处言之，毕竟动前又是静，用前又是体，感前又是寂，阳前又是阴，而寂前又是感，静前又是动，将何者为先后？不可只道今日动便为始，而昨日静更不说也。如鼻息，言呼吸则辞顺，不可道吸呼。"[②]朱子相信"动静无端，阴阳无始，不可分先后"，在朱子的天道体系中，他认为阴阳二者之间是无法找出谁是第一个先发生的，分不清先后顺序的交相发展关系，至于阴阳相生说，其实是为了更好地理解宇宙原理而做的一种形象化表述。

---

① 朱熹：《朱子全书》第1册，上海古籍出版社、安徽教育出版社，2002，第219页。
② 黎靖德：《朱子语类》第1册，王星贤点校，中华书局，1986，第1页。

此外，问者请教："'太极动而生阳，静而生阴'，见得理先而气后。"朱子回应说："虽是如此，然亦不须如此理会，二者有则皆有。"问者继续提问："未有一物之时如何？"朱子的回答是："是有天下公共之理，未有一物所具之理。"①朱子之所以会答"二者有则皆有"，主要是因为在天道观当中，阴与阳并无先后顺序，两主体互为体用。从朱子对阴阳关系的阐发中不难发现，他并不认为阴阳有本末或是先后的区别，所以当这种观念投射到政治世界当中，朱子也认为君臣之间其实是平等共存的关系。因此朱子在天道观上，为臣下与天子"共治"天下找到了理据。

二　"格君心之非"：朱子的"共治"实践

"格君心之非"语出《孟子》，孟子坚信"民为贵，社稷次之，君为轻"②，在孟子的政治理念中，君主需要受到臣子和万民的监督。在君臣关系上，孟子较孔子有更强的"革命"意识，《孟子·梁惠王》中记载了他被问及："臣弑其君可乎？"他的回答是："贼仁者谓之贼，贼义者谓之残；残贼之人，谓之一夫。闻诛一夫纣矣。未闻弑君也。"③在政治思想上，朱子和孟子的观念更为接近，"格君心之非"也是他践行"共治"的理念与方法。朱子在南宋孝宗时期所上奏的《壬午应诏封事》（1162）、《庚子应诏封事》（1180）以及《戊申封事》（1188）④，主要是围绕当时政治和民生中的问题展开论述，而且，都从理学的角度对"正君心"进行了郑重的强调。朱子的道德观始终贯穿这三封信，其实这是天下士大夫"得君行道"愿望的集中体现。

1162 年，宋孝宗登基为帝，他正式下诏书求大臣上书直言，朱子

① 黎靖德：《朱子语类》第 6 册，王星贤点校，中华书局，1986，第 2372 页。
② 焦循：《孟子正义》下册，沈文倬点校，中华书局，1987，第 973 页。
③ 焦循：《孟子正义》上册，沈文倬点校，中华书局，1987，第 145 页。
④ 按，本文所言三篇封事的名称沿用《晦庵先生朱文公文集》的称法，参见朱杰人、严佐之、刘永翔主编《晦庵先生朱文公文集》，《朱子全书》第 20 册，上海古籍出版社、安徽教育出版社，2002，第 569、580、589 页。本文所引三篇封事文本，《壬午应诏封事》见于 569~580 页，《庚子应诏封事》见于第 580~588 页，《戊申封事》见于第 589~614 页。

上《壬午应诏封事》，其中提及："圣躬虽未有过失，而帝王之学不可以不熟讲。朝政虽未有阙遗，而修攘之计不可以不早定。利害休戚虽不可遍举，而本原之地不可以不加意。陛下毓德之初，亲御简策，不过风诵文辞，吟咏情性，又颇留意于老子、释氏之书。夫记诵词藻，非所以探渊源而出治道；虚无寂灭，非所以贯本末而立大中。帝王之学，必先格物致知，以极夫事物之变，使义理所存，纤悉毕照，则自然意诚心正，而可以应天下之务。"[①]此时宋孝宗初登大宝，并没有执政实践经验，其实也没有必要进行批判。但朱子却不这样想，在宋孝宗登基之前，社会上有"风咏文辞""吟咏情性""留意佛老"的潮流，朱子对这些事情进行批判，希望皇帝注意领会理学精义，达到理学所倡导的"格物致知""正心诚意"的要求，这其实就是朱子"格君心之非"的一种直接体现。

1180 年，也就是宋孝宗淳熙七年，朱子上《庚子应诏封事》给宋孝宗："臣尝谓天下国家之大务莫大于恤民，而恤民之实在省赋，省赋之实在治军。若夫治军省赋以为恤民之本，则又在夫人君正其心术以立纪纲而已矣。"[②]在朱子的思想理念当中，君主之心术才是为政的关键之所在，只有君主的心术是光明坦荡以天下为公的，才能时时刻刻将百姓放在心上，实现天下太平。在这篇封事中，他引用了董仲舒《天人三策》中的话语："正心以正朝廷，正朝廷以正百官，正百官以正万民，正万民以正四方。"[③]他认为，国家治理成果的优劣主要是由君主的德行来决定的，如果君主德行优良，那么国家中即便是存在问题也能顺利得到解决。

1188 年，也就是宋孝宗淳熙十五年，朱子又一次上《戊申封事》。和以前一样，朱子依然是尽职尽责地对时政进行褒贬，义无反顾地"格君心之非"。朱子认为当前国家的政事如"人之有重病，内自心腹，

---

① 《宋史》，中华书局，1977，第 12752 页。
② 朱熹：《朱子全书》第 20 册，上海古籍出版社、安徽教育出版社，2002，第 581 页。
③ 《汉书》，中华书局，1962，第 2502~2503 页。

外达四肢，盖无一毛一发不受病者"①。在《戊申封事》中，朱子认为：
"宜深诏大臣，讨论前代典故，东宫除今已置官外，别置师傅、宾客之
官，使与朝夕游处。罢去春坊使臣，而使詹事、庶子各复其职。宫中
之事，一言之人，一令之出，必由于此而后通焉。又置赞善答复，拟
谏官以箴缺失。"②朱子的政治主张非常明确，那就是尽快恢复谏官制
度，充分发挥儒家思想的作用，让士大夫从多个角度对君主的言行进
行矫正，保证政局的稳定与国家的兴盛。因为朱子已经明白，如果只
凭借德性或是天道很难对君权进行有效制约，所以建立令行禁止的制
度就非常有必要。

1170 年，也就是孝宗乾道六年，朱子在写给张轼的信中说："熹常
谓天下万事有大根本，而每事之中又各有要切处。所谓大根本者，固
无出于人主之心术，而所谓要切处者，则必大本既立，然后可推而见
也。"③朱子认为，天下众多纷扰之事的根本，都是和君主心术密切相关，
想要政治发展平顺就需要"格君心之非"，朱子之所以屡次上书说同样
的话，就是因为他发现宋孝宗的君主之心并没有那么端正。当然，朱子
的良苦用心并没有引起皇帝的足够重视，宋孝宗表露出"恶闻'正心诚
意'之说"的态度④，认为这些都是人尽皆知的道理；而朱子对此认为是
"决知其不然"，这最后成了朱子的一厢情愿，对孝宗劝谏作用不大。宋
代道学家所孜孜以求的"秩序重建"只能是一片泡影。

在现实的政治当中，朱子可以发挥的空间非常小，但是他想要践行
"格君心之非"的热情却非常高。当发现仕途太过坎坷之后，朱子开始
兴办书院，对民众进行教化，告诫他的子弟要"格物，致知，正心，诚
意"。朱子始终相信，要想做到"格君心之非"，士大夫自己的行为品德
也非常重要。在《孟子集注》中，朱子诠释"天下有达尊三"之"达"
为"通"，说："盖通天下之所尊，有此三者。曾子之说，盖以德言之

---

① 朱熹：《朱子全书》第 20 册，上海古籍出版社、安徽教育出版社，2002，第 590 页。
② 朱熹：《朱子全书》第 20 册，上海古籍出版社、安徽教育出版社，2002，第 598 页。
③ 朱熹：《朱子全书》第 21 册，上海古籍出版社、安徽教育出版社，2002，第 1112 页。
④ 朱熹：《朱子全书》第 20 册，上海古籍出版社、安徽教育出版社，2002，第 588 页。

也。今齐王但有爵耳，安得以此慢于齿德乎？"①朱子坚信，一个优良的政治体应建立在多方共同的优良德行上，这对君主权位的稳定有着重要影响，作为臣子，只有具备了充分的德行才能参与政治活动，才能做到"以德抗位"。

三　"存理灭欲"：朱子的"以德抗位"

"格君心之非"是朱子的"共治"实践，而其目的是实现天子的"存理灭欲"，提升天子的道德水准，推进政治体的良性发展。为了实现"格君心之非"，君子首先要做的是涵养自己的道德，继而通过"以德抗位"，打破现实政治中权位的高下之别。朱子在《读余隐之〈尊孟辨〉》中，对"以德抗位"进行了系统解说：

> 孟子达尊之义。愚谓达者，通也。三者不相值，则各伸其尊，而无所屈，一或相值，则通视其重之所在而致隆焉。故朝廷之上，以伊尹、周公之忠圣者老，而祗奉嗣王，左右孺子，不敢以其齿德加焉。至论辅世长民之任，则太甲、成王固拜手稽首于伊尹、周公之前矣，其迭为屈伸，以致崇极之义，不异于孟子之言也。故曰：通视其重之所在而致隆焉，唯可与权者知之矣。②

在上述论述中，朱子引用周公的话，指出不管是平民百姓还是王侯将相，其尊奉周公都是因为周公自身德行出众。朱子认为"德"比"爵"要高，"德"有着无可替代的价值，因此君主不能通过"爵"对"德"进行压制，臣子在参与政治时要端正自己的德行，彰显自己的品德。儒家思想认为，如果要使政治向好的方向发展，士大夫的德行水平应该比君主还要高，孟子说："人之于身也，兼所爱。兼所爱，则兼所养也。无尺寸之肤不爱焉，则无尺寸之肤不养也。所以考其善不善者，

---

① 朱熹：《四书章句集注》，中华书局，1983，第 243 页。
② 朱熹：《朱子全书》第 24 册，上海古籍出版社、安徽教育出版社，2002，第 3513 页。

岂有他哉？于己取之而已矣。体有贵贱，有小大。无以小害大，无以贱害贵。养其小者为小人，养其大者为大人。"① 从这段话中可知，孟子有一个"大人"概念，所谓"大人"，就是要做到对自己的方方面面严格要求，要不断提升修养境界，最终从"小我"变成"大我"。孟子还对"吾"与"我"进行了区分，《孟子·公孙丑上》载孟子言曰："我善养吾浩然之气。"② 从这里可以看出，孟子认为两者之间有着明显的区别。"我"是修身养性的自然主体，而"吾"则是修炼的目标。虽然有区别，但是孟子并没有将两者割裂开来，"小我"中的"我"不断修炼和提升就会变成"大我"中的"吾"，其中的转变要通过"养"来实现。最终，"吾"将会成为可以领导政治的"道德导师"。

孟子提出"我善养吾浩然之气"的说法，朱子对其进行了拓展和延伸，进而提出"存理灭欲"。对于朱子所提出的"存天理，灭人欲"，大多数研究认为，这是一种针对士人和普通劳动人民的道德修炼要求。而事实上，朱子所说的"存理灭欲"首先针对的并不是士人或者普通百姓，而是当政的天子。朱子提及："主上忧勤恭俭，非不修德。然而上而天心未豫，下而人心未和，凡所欲为多不响应。修德之实在乎去人欲、存天理。人欲不必声色货利之娱。宫室观游之侈也，但存诸心者，小失其正，便是人欲。"③ 朱子认为，要判断施政德行怎么样，首先就是看天子的德行如何，所以，皇帝要应该做到"存天理，灭人欲"，不断提升自身的道德修养，摒弃"气质之性"，形成"天命之性"。所以，"存天理，灭人欲"就成为上到天子，下到黎民百姓的一条共同要求。

朱子认为，保证国家政事稳定的首要前提就是修炼德性，如果上层领导者真正实现了"存理灭欲"，这就为朝廷施政从德性方面奠定了良好的基础；而百姓实现"存理灭欲"，那么国家政事的稳定就有了坚实的群众基础。朱子在《论治道》中指出："今日人才之坏，皆由于诽谤道学。治道必本于正心、修身，实见得恁地，然后从这里做出。如今士

---

① 焦循：《孟子正义》下册，沈文倬点校，中华书局，1987，第789页。
② 焦循：《孟子正义》上册，沈文倬点校，中华书局，1987，第199页。
③ 朱熹：《朱子全书》第9册，上海古籍出版社、安徽教育出版社，2002，第1099页。

大夫，但说据我逐时恁地做，也做得事业；说道学、说正心、修身，都是闲说话，我自不消得用此。"①朱子希望通过自己的努力，让儒家"道学"成为导引天下万事的基本准则，从最基本的修身、齐家做起，最终以实现治国、平天下的宏伟目标。不过，在实现这项政治理想的过程中，朱子遭遇到了双重阻力，一是天子"恶闻'正心诚意'之说"，一是士大夫"道不相同"。

朱子一直在为"为万世开太平"②的理想而努力，但是天子却专断专制，而同僚也对他恶语相加。"共治天下"是朱子的理想，而"独享治权"则是天子的愿望，两者之间背道而驰，其矛盾不可调和。这种政治困境从本质上讲是"道统"和"政统"的正面冲击。在朱子看来，要想实现自己的政治理想就一定要对执政者进行教化。所以，朱子自觉担负起了"格君心之非"的任务，在发现天子的问题之后就大力进行批判，希望能够对政治走向进行引导。朱子想要通过占据道德的制高点，从"道"的立场出发，实现"共治"的理想。不过，理想和现实之间存在着明显的差距，存在于现实当中的统治者正在"独享治权"，这就使得朱子的梦想最终落空。

朱子有着炽热的政治理想，而天子则冷漠待之，这未尝不是儒者的一种悲哀。事实上，天子从没想过要和儒家士大夫共享政治权力，他们要的就是绝对的领导和支配权。在中国的传统政治当中始终存在矛盾，即想要引领政治方向的士人学者和掌权之人之间的矛盾，虽然儒家士人学者满怀热情，但是却遭受着现实严厉的打击。通过对朱子"共治"思想和实践的研究不难发现，儒家学者始终无力建造起一套行之有效的可以规范君权的制度，仅仅依靠道德劝说、天人感应等非直接的措施，处于弱势也在所难免。儒者期望通过道德说教的方式，实现自己所倡导的"共治"理想，不过他们的教化对象在君主专制的现实面前不得不改变，从期望的规范君主转为现实中的规范士人。儒家学者之所以坚定地对士人进行教化，实际上就是要保留"格君心之非"的士人力量，延续"以

---

① 朱熹：《朱子全书》第 21 册，上海古籍出版社、安徽教育出版社，2002，第 1619~1620 页。
② 张载：《张载集》，中华书局，1978，第 320 页。

德抗位”的道统合法性，让现实政治始终受道德的制约。虽然在儒学发展史中无数的事实已然证明，道德和政治之间的紧张关系是恒在的，"道统"与"政统"的矛盾似乎是君臣关系中的"道"，但是，儒家知识分子的可贵之处正在于"明知不可为而为之"的智慧与勇气，也正是因为儒者坚定不移地进行教化，现实的政治才能始终受到理想的制约。

参考文献

一 古代文献类

1. 陈立:《白虎通疏证》,吴则虞点校,中华书局,1994。

2. 陈寿撰,裴松之注,卢弼集解,钱剑夫整理《三国志集解》,上海古籍出版社,2009。

3. 陈天祥:《四书辨疑》,《景印文渊阁四库全书》第202册,台湾商务印书馆,1986。

4. 程颢、程颐:《二程集》,王孝鱼点校,中华书局,1981。

5. 程树德撰《论语集释》,程俊英、蒋见元点校,中华书局,1990。

6. 戴侗:《六书故》,《景印文渊阁四库全书》第226册,台湾商务印书馆,1986。

7. 伏生撰,郑玄注《尚书大传(附序录辨讹)》,陈寿祺辑校,中华书局,2000。

8. 高明撰《帛书老子校注》,中华书局,1996。

9. 《汉书》,中华书局,1962。

10. 何休解诂,徐彦疏《春秋公羊传注疏》,上海古籍出版社,2014。

11. 何晏注,邢昺疏《论语注疏》,北京大学出版社,2000。

12. 河北省文物研究所定州汉墓竹简整理小组:《论语:定州汉墓竹简》,文物出版社,1997。

13. 皇侃撰《论语义疏》,高尚榘校点,中华书局,2013。

14. 黄晖:《论衡校释(附刘盼遂集解)》,中华书局,1990。

15. 黄式三：《论语后案》，续修四库全书工作委员会编《续修四库全书》第 155 册，上海古籍出版社，1996。

16. 黄寿祺、张善文撰《周易译注》，上海古籍出版社，2001。

17. 惠栋：《九经古义》，《景印文渊阁四库全书》第 191 册，台湾商务印书馆，1986。

18. 焦循：《论语补疏》收入陈建华、曹淳亮编《经部总类》第 19 册，《广州大典》第一五辑，广州出版社，2008。

19. 焦循撰《孟子正义》，沈文倬点校，中华书局，1987。

20. 柯尚迁：《周礼全经释原》，《景印文渊阁四库全书》第 96 册，台湾商务印书馆，1986。

21. 孔安国传，孔颖达正义，黄怀信整理《尚书正义》，上海古籍出版社，2007。

22. 黎靖德编《朱子语类》，王星贤点校，中华书局，1986。

23. 黎翔凤撰，梁运华整理《管子校注》，中华书局，2004。

24. 李零：《郭店楚简校读记》（增订本），中国人民大学出版社，2009。

25. 李守奎、曲冰、孙伟龙：《上海博物馆藏战国楚竹书（一一五）文字编》，作家出版社，2007。

26. 刘宝楠撰《论语正义》，高流水点校，中华书局，1990。

27. 刘逢禄：《论语述何》，陈建华、曹淳亮编《经部总类》第 21 册，《广州大典》第一五辑，广州出版社，2008。

28. 刘向撰《说苑校证》，向宗鲁校证，中华书局，1987。

29. 刘勋：《春秋左传精读》，新世界出版社，2014。

30. 马衡：《汉石经集存》，上海书店出版社，2014。

31. 毛奇龄：《论语稽求篇》，《景印文渊阁四库全书》第 210 册，台湾商务印书馆，1986。

32. 皮锡瑞著，周予同注释《经学历史》，中华书局，2011。

33. 钱坫：《论语后录》，续修四库全书工作委员会编《续修四库全书》第 154 册，上海古籍出版社，1996。

34. 屈守元笺疏《韩诗外传笺疏》，巴蜀书社，1996。

35. 阮元校刻《十三经注疏（附校勘记）》，中华书局，1980。

36. 阮元：《揅经室集》，续修四库全书工作委员会编《续修四库全书》第 1478 册，上海古籍出版社，1996。

37. 十三经注疏整理委员会整理《毛诗正义》，北京大学出版社，2000。

38. 《十三经注疏》整理委员会整理《十三经注疏·礼记正义》，北京大学出版社，1999。

39. 十三经注疏整理委员会整理《周礼注疏》（十三经注疏），北京大学出版社，2000。

40. 史浩：《鄮峰真隐漫录》，《景印文渊阁四库全书》第 1141 册，台湾商务印书馆，1986。

41. 司马迁撰，裴骃集解，张守节正义，司马贞索引《史记》，中华书局，1959。

42. 《宋史》，中华书局，1985。

43. 宋翔凤：《四书释地辨证》，续修四库全书工作委员会编《续修四库全书》第 170 册，上海古籍出版社，1996。

44. 苏舆撰《春秋繁露义证》，钟哲点校，中华书局，1992。

45. 孙星衍辑，王通著，阮逸注《文中子中说》，上海古籍出版社，1989。

46. 孙诒让撰《墨子间诂》，孙启治点校，中华书局，2001。

47. 谭嗣同：《仁学》，加润国选注《谭嗣同集》，辽宁人民出版社，1994。

48. 王夫之：《读鉴通论》，舒士彦点校，中华书局，1975。

49. 王国轩注《大学·中庸》，中华书局，2006。

50. 王钧林、周海生译注《孔丛子》，中华书局，2009。

51. 王闿运撰《论语训·春秋公羊传笺》，黄巽斋点校，岳麓书社，2009。

52. 王利器撰《文子疏义》，中华书局，2000。

53. 王聘珍撰《大戴礼记解诂》，王文锦点校，中华书局，1983。

54. 王先谦撰《荀子集解》，沈啸寰、王星贤点校，中华书局，1988。

55. 王先慎撰《韩非子集解》，钟哲点校，中华书局，1998。

56. 王应麟撰《困学纪闻》，栾保群、田松青点校，上海古籍出版社，2008。

57. 王志长：《周礼注疏删翼》，《景印文渊阁四库全书》第97册，台湾商务印书馆，1986。

58. 徐元诰撰《国语集解》（修订本），王树民、沈长云点校，中华书局，2002。

59. 许慎撰，段玉裁注《说文解字注》，上海古籍出版社，1981。

60. 杨朝明、宋立林主编《孔子家语通解》，齐鲁书社，2013。

61. 杨时：《龟山集》，《景印文渊阁四库全书》第1125册，台湾商务印书馆，1986。

62. 杨时：《龟山集》，《景印文渊阁四库全书》第1125册，台湾商务印书馆，1986。

63. 《尹文子》，世界书局，1935。

64. 翟灏：《四书考异》，续修四库全书工作委员会编《续修四库全书》第167册，上海古籍出版社，1996。

65. 章学诚：《文史通义》，上海书店出版社，1988。

66. 赵在翰辑《七纬（附论语谶）》，钟肇鹏、萧文郁点校，中华书局，2012。

67. 朱熹撰《四书章句集注》，中华书局，1983。

68. 朱熹撰《朱子全书》，上海古籍出版社，2002。

二　今人著作类

1. 白彤东：《旧邦新命——古今中西参照下的古典儒家政治哲学》，北京大学出版社，2009。

2. 蔡方鹿：《程颢程颐与中国文化》，贵州人民出版社，1996。

3. 蔡方鹿：《宋明理学心性论》（修订版），巴蜀书社，2009。

4. 蔡麟笔：《我国管理哲学与艺术之演进和发展》，台北中华企业管理发展中心，1984。

5. 曹卫东:《权力的他者》,上海教育出版社,2004。

6. 陈定闳:《中国社会思想史》,北京大学出版社,1990。

7. 陈继红:《治世的至理:先秦儒家"分"之伦理研究》,中国社会科学出版社,2011。

8. 陈家刚选编《协商民主》,上海三联书店,2004。

9. 陈来:《从思想世界到历史世界》,北京大学出版社,2015。

10. 陈来:《古代宗教与伦理:儒家思想的根源》,生活·读书·新知三联书店,1996。

11. 陈明:《儒者之维》,北京大学出版社,2004。

12. 陈少明:《经典世界中的人、事、物》,生活·读书·新知三联书店,2008。

13. 陈苏镇:《〈春秋〉与"汉道":两汉政治与政治文化研究》,中华书局,2011。

14. 陈正炎、林其锬:《中国古代大同思想研究》,上海人民出版社,1986。

15. 陈植锷:《北宋文化史述论》,中国社会科学出版社,1992。

16. 成中英:《中国文化的现代化与世界化》,中国和平出版社,1988。

17. 丛日云:《当代世界的民主化浪潮》,天津人民出版社,1999。

18. 崔大华:《儒学引论》,人民出版社,2001。

19. 崔涛:《董仲舒的儒家政治哲学》,光明日报出版社,2013。

20. 达巍、王琛、宋念申主编《消极自由有什么错》,文化艺术出版社,2001。

21. 邓广铭:《北宋政治改革家王安石》,生活·读书·新知三联书店,2007。

22. 邓小南:《祖宗之法:北宋前期政治述略》,生活·读书·新知三联书店,2006。

23. 邓正来等编《国家与市民社会》,中央编译出版社,2002。

24. 丁耘:《中道之国——政治·哲学论集》,福建教育出版社,2015。

25. 方克立:《中国哲学史上的知行观》,人民出版社,1982。

26. 冯友兰：《中国哲学史》，华东师范大学出版社，2015。

27. 冯友兰：《中国哲学史新编》，人民出版社，1982。

28. 冯友兰：《中国哲学史新编》，人民出版社，1998。

29. 冯禹：《"天"与"人"——中国历史上的天人关系》，重庆出版社，1990。

30. 傅斯年：《性命古训辨证》，广西师范大学出版社，2006。

31. 傅云龙编著《中国哲学史上的人性问题》，求实出版社，1982。

32. 傅云龙：《中国知行学说述评》，求实出版社，1988。

33. 干春松：《制度儒学》，上海人民出版社，2006。

34. 高培华：《卜子夏考论》，社会科学文献出版社，2012。

35. 葛荃：《权力宰制理性：士人、传统政治文化与中国社会》，南开大学出版社，2003。

36. 葛荣晋：《中国哲学范畴史》，黑龙江人民出版社，1987。

37. 龚群：《道德乌托邦的重构——哈贝马斯交往伦理思想研究》，商务印书馆，2003。

38. 顾准：《顾准文集》，贵州人民出版社，1994。

39. 关长龙：《两宋道学命运的历史考察》，学林出版社，2001。

40. 郭沫若：《十批判书》，人民出版社，2012。

41. 郭沫若：《中国古代社会研究》，河北教育出版社，2004。

42. 郭晓东：《识仁与定性：工夫论视域下的程明道哲学研究》，复旦大学出版社，2006。

43. 郭学信：《北宋士风演变的历史考察》，中国社会科学出版社，2012。

44. 国家经委经济管理研究所编《中国古代思想与管理现代化》，云南人民出版社，1985。

45. 哈佛燕京学社、三联书店主编《公共理性与现代学术》，生活·读书·新知三联书店，2000。

46. 哈佛燕京学社、三联书店主编《儒家与自由主义》，生活·读书·新知三联书店，2001。

47. 何怀宏编《西方公民不服从的传统》，吉林人民出版社，2001。

48. 何增科主编《公民社会与第三部门》，社会科学文献出版社，2000。

49. 何征、严映镕：《管理思想演进与现代企业管理》，四川科技出版社，1989。

50. 侯外庐、赵纪彬、杜国庠：《中国思想通史》第一卷，人民出版社，1957。

51. 侯外庐：《中国思想通史》，人民出版社，1956。

52. 侯外庐主编《中国历代大同理想》，科学出版社，1959。

53. 胡寄窗：《中国经济思想史》（上），上海人民出版社，1962。

54. 胡适：《说儒》，漓江出版社，2013。

55. 胡适著，耿云志等导读《中国哲学史大纲》，上海古籍出版社，1997。

56. 黄建钢：《政治民主与群体心态》，中信出版社，2003。

57. 黄进兴：《优入圣域：权力、信仰与正当性》（修订版），中华书局，2010。

58. 黄开国：《公羊学发展史》，人民出版社，2013。

59. 黄克剑、吴小龙编《当代新儒学八大家集·张君劢集》，群言出版社，1993。

60. 黄克剑撰《论语疏解》，中国人民大学出版社，2010。

61. 黄明喜：《中国传统教育思想史论》，高等教育出版社，2012。

62. 黄绍祖：《复圣颜子思想研究》，文史哲出版社，1982。

63. 季乃礼：《三纲六纪与社会整合：由〈白虎通〉看汉代社会人伦关系》，中国人民大学出版社，2004。

64. 贾玉英：《宋代监察制度》，河南大学出版社，1996。

65. 江怡主编《理性与启蒙——后现代经典文选》，东方出版社，2004。

65. 江宜桦：《自由民主的理路》，新星出版社，2006。

67. 姜国柱：《中国认识论史》，河南人民出版社，1989。

68. 姜国柱、朱葵菊：《中国历史上的人性论》，中国社会科学出版社，1989。

69. 姜海军：《程颐〈易〉学思想研究：思想史视野下的经学诠释》，北京师范大学出版社，2010。

70. 蒋伯潜:《诸子通考》，浙江古籍出版社，1985。

71. 蒋庆:《公羊学引论：儒家的政治智慧与历史信仰》(修订本)，福建教育出版社，2014。

72. 蒋庆:《儒学的时代价值》，四川人民出版社，2009。

73. 蒋庆:《政治儒学：当代儒学的转向、特质、与发展》，生活·读书·新知三联书店，2003。

74. 蒋一苇、闵建蜀等:《中国式企业管理的探讨》，经济管理出版社，1985。

75. 蒋义斌撰《宋代儒释调和论及排佛论之演进：王安石之融通儒释及程朱学派之排佛反王》，台湾商务印书馆，1988。

76. 经济合作与发展组织:《分散化的公共治理——代理机构、权力主体和其他政府实体》，中信出版社，2004。

77. 康晓光:《仁政：中国政治发展的第三条道路》，世界科技出版社，2005。

78. 雷祯孝编著《中国人才思想史》第一卷，中国展望出版社，1987。

79. 黎红雷:《儒家管理哲学》(第3版)，广东高等教育出版社，2010。

80. 李大钊:《平民主义》，华夏出版社，2002。

81. 李华瑞:《宋夏关系史》，河北人民出版社，1998。

82. 李纪祥:《"人伦"与"教化"——儒学中的"师道"及其普世义》，载贾磊磊、孔祥林主编《第一届世界儒学大会学术论文集》，文化艺术出版社，2009。

83. 李景林:《教化的哲学——儒学思想的另一种新诠释》，黑龙江人民出版社，2006。

84. 李零:《李零自选集》，广西师范大学出版社，1998。

85. 李强:《自由主义》，中国社会科学出版社，1998。

86. 李若晖:《春秋战国思想史探微》，艺文印书馆，2012。

87. 李文治、江太新:《中国宗法宗族制和族田义庄》，社会科学文献出版社，2000。

88. 李希光、赵心树:《媒体的力量》,南方日报出版社,2002。

89. 李晓春:《宋代性二元论研究》,中国社会科学出版社,2006。

90. 李泽厚:《人类学历史本体论》,天津社会科学院出版社,2008。

91. 李泽厚:《中国古代思想史论》,人民出版社,1985。

92. 李宗侗:《中国古代社会史》,华冈出版有限公司,1954。

93. 梁启超:《清代学术概论》,东方出版社,1996。

94. 梁启超:《先秦政治思想史》,东方出版社,1996。

95. 梁启超:《先秦政治思想史》,中华书局,1936。

96. 梁治平:《寻求自然秩序中的和谐——中国传统法律文化研究》,上海人民出版社,1991。

97. 廖名春:《中国学术史新证》,四川大学出版社,2005。

98. 廖庆洲:《日本企管的儒家精神》,经济日报社,1984。

99. 林存光:《历史上的孔子形象——政治与文化语境下的孔子和儒学》,齐鲁书社,2004。

100. 林素芬:《北宋中期儒学道论类型研究》,里仁书局,2008。

101. 林毓生:《中国传统的创造性转化》,生活·读书·新知三联书店,1988。

102. 刘德厚:《广义政治论——政治关系社会化分析原理》,武汉大学出版社,2004。

103. 刘丰:《先秦礼学思想与社会的整合》,中国人民大学出版社,2003。

104. 刘复生:《北宋中期儒学复兴运动》,文津出版社,1991。

105. 刘含若主编《中国经济管理思想史》,黑龙江人民出版社,1988。

106. 刘和忠:《孔子道德教育思想研究》,高等教育出版社,2003。

107. 刘军宁:《保守主义》,中国社会科学出版社,1998。

108. 刘军宁编《民主与民主化》,商务印书馆,1999。

109. 刘军宁等编《公共论丛——经济民主与经济自由》,生活·读书·新知三联书店,1997。

110. 刘军宁等编《公共论丛——市场逻辑与国家观念》,生活·读书·新知三联书店,1995。

111. 刘军宁等编《公共论丛——直接民主与间接民主》，生活·读书·新知三联书店，1998。

112. 刘军宁等编《公共论丛——自由与社群》，生活·读书·新知三联书店，1998。

113. 刘茂才、冯乔云主编《马克思主义管理思想研究》，四川社会科学院出版社，1989。

114. 刘蔚华、赵宗正主编《中国儒家学术思想史》，山东教育出版社，1996。

115. 刘文富：《网络政治——网络社会与国家治理》，商务印书馆，2002。

116. 刘小枫：《共和与经纶：熊十力〈论六经〉〈正韩〉辨正》，生活·读书·新知三联书店，2012。

117. 刘小枫：《儒教与民族国家》，华夏出版社，2007。

118. 刘小枫：《设计共和——施特劳斯〈论卢梭的意图〉绎读》，华夏出版社，2013。

119. 刘小枫：《现代性社会理论绪论》，上海三联书店，1998。

120. 刘小枫：《这一代人的怕与爱》（增订版），华夏出版社，2007。

121. 刘云柏：《管理哲学导论》，南开大学出版社，1988。

122. 刘云柏：《中国儒家管理思想》，上海人民出版社，1990。

123. 刘泽华：《先秦政治思想史》，南开大学出版社，1984。

124. 卢国龙：《宋儒微言：多元政治哲学的批判与重建》，华夏出版社，2001。

125. 卢连章：《程颢程颐评传》，南京大学出版社，2001。

126. 卢连章：《二程学谱》，中州古籍出版社，1988。

127. 罗立刚：《史统、道统、文统——论唐宋时期文学观念的转变》，东方出版中心，2005。

128. 蒙培元：《理学范畴系统》，人民出版社，1998。

129. 牟宗三：《政道与治道》，台湾学生书局，1987。

130. 欧阳景根选编《背叛的政治——第三条道路理论研究》，上海三联书店，2002。

131. 潘富恩、徐余庆:《程颢程颐理学思想研究》,复旦大学出版社,1988。

132. 庞万里:《二程哲学体系》,北京航空航天大学出版社,1992。

133. 蒲坚:《中国古代行政立法》,北京大学出版社,1990。

134. 七所经济管理干部学院编写《中国古代管理文选》,湖南文艺出版社,1987。

135. 齐振海主编《管理哲学》,中国社会科学出版社,1988。

136. 钱乘旦、许洁明:《英国通史》,上海社会科学院出版社,2002。

137. 钱穆:《国史大纲》(修订本),商务印书馆,1996。

138. 钱穆:《国学概论》,商务印书馆,1997。

139. 钱穆:《孔子传》,生活·读书·新知三联书店,2002。

140. 钱穆:《论语新解》,生活·读书·新知三联书店,2002。

141. 钱穆:《中国学术通义》,九州出版社,2012。

142. 钱永祥:《纵欲与虚无之上——现代情境里的政治伦理》,生活·读书·新知三联书店,2002。

143. 任继愈主编《中国哲学发展史》,人民出版社,1983。

144. 盛洪:《为万世开太平——一个经济学家对文明问题的思考》,北京大学出版社,1999。

145. 施湘兴:《儒家天人合一思想之研究》,台湾正中书局,1981。

146. 石元康:《当代西方自由主义理论》,上海三联书店,2000。

147. 苏国勋:《理性化及其限制——韦伯思想引论》,上海人民出版社,1988。

148. 孙耀君:《西方管理思想史》,山西人民出版社,1987。

149. 唐君毅:《中国哲学原论:原性篇》,中国社会科学出版社,2006。

150. 唐文明:《与命与仁:原始儒家伦理精神与现代性问题》,河北大学出版社,2002。

151. 陶希圣:《中国政治思想史》,中国大百科全书出版社,2011。

152. 汪高鑫:《董仲舒与汉代历史思想研究》,商务印书馆,2012。

153. 汪晖、陈燕谷主编《文化与公共性》,生活·读书·新知三联书店,2005。

154. 汪受宽撰《孝经译注》，上海古籍出版社，2004。

155. 汪行福：《通向话语民主之路——与哈贝马斯对话》，四川人民出版社，2002。

156. 王光松：《在"德"、"位"之间》，华东师范大学出版社，2010。

157. 《王国维手定观堂集林》，浙江教育出版社，2014。

158. 王国维著，彭林整理《观堂集林（外二种）》，河北教育出版社，2001。

159. 王海粟：《中国古代领导艺术》，安徽人民出版社，1988。

160. 王力主编《王力古汉语字典》，中华书局，2000。

161. 王启发：《礼学思想体系探源》，中州古籍出版社，2005。

162. 王瑞来：《宰相故事：士大夫政治下的权力场》，中华书局，2010。

163. 王绍光主编《理想政治秩序：中西古今的探求》，生活·读书·新知三联书店，2012。

164. 王栻主编《严复集》，中华书局，1986。

165. 王焱编：《公共论丛——宪政主义与现代国家》，生活·读书·新知三联书店，2003。

166. 王焱等编《公共论丛——自由主义与当代世界》，生活·读书·新知三联书店，2000。

167. 王曰美：《儒家政治思想研究》，中华书局，2003。

168. 王振海：《公众政治论》，山东大学出版社，2005。

169. 韦政通：《儒家与现代中国》，上海人民出版社，1990。

170. 温伟耀：《成圣之道：北宋二程修养工夫论之研究》，河南大学出版社，2004。

171. 吴怀祺：《宋代史学思想史》，黄山书社，1992。

172. 吴龙灿：《天命、正义与伦理：董仲舒政治哲学研究》，人民出版社，2013。

173. 夏书章主编《行政管理学》，山西人民出版社，1985。

174. 向世陵：《理气性心之间：宋明理学的分系与四系》，人民出版社，2008。

175. 向仲敏：《两宋道教与政治关系研究》，人民出版社，2011。

176. 萧承慎:《师道征故》,文通书局,1944。

177. 萧公权:《宪政与民主》,清华大学出版社,2006。

178. 萧公权:《中国政治思想史》,辽宁教育出版社,1998。

179. 萧蓬父、李锦全主编《中国哲学史》,人民出版社,1982。

180. 肖明、张保生、陈新夏、李培松:《管理哲学纲要》,红旗出版社,1987。

181. 徐贲:《知识分子——我的思想和我们的行动》,华东师范大学出版社,2005。

182. 徐复观:《两汉思想史》,华东师范大学出版社,2001。

183. 徐复观:《中国人性论史——先秦篇》,上海三联书店,2001。

184. 徐洪兴:《旷世大儒:二程》,河北人民出版社,2000。

185. 徐洪兴:《思想的转型——理学发生过程研究》,上海人民出版社,1996。

186. 徐远和:《洛学源流》,齐鲁书社,1987。

187. 许纪霖主编《共和、社群与公民》,江苏人民出版社,2004。

188. 许纪霖主编《全球正义与文明对话》,江苏人民出版社,2004。

189. 许宁宁主编《管理科学概览》,陕西人民教育出版社,1988。

190. 许倬云著,邹永杰译《中国古代社会史论》,广西师范大学出版社,2006。

191. 阎步克:《乐师与史官:传统政治文化与政治制度论集》,生活·读书·新知三联书店,2001。

192. 杨国枢、曾仕强主编《中国人的管理观》,桂冠图书公司,1988。

193. 杨海涛:《比较管理学导论》,江西人民出版社,1988。

194. 杨景凡、俞荣根:《孔子的法律思想》,群众出版社,1984。

195. 杨宽:《西周史》,上海人民出版社,1999。

196. 杨敏:《儒家思想与东方型经营管理》,湖北人民出版社,1990。

197. 杨儒宾:《儒家身体观》,台北"中央研究院"中国文史哲研究所,1996。

198. 杨宗兰:《文韬武略——博大精深的中国古代管理思想》,国际文化出版公司,1989。

199. 叶钟灵：《〈孙子兵法〉〈论语〉管理思想选辑》，山西人民出版社，1986。

200. 尹志华：《北宋〈老子〉注研究》，巴蜀书社，2004。

201. 《饮冰室合集·专集第三十六册》，中华书局，1989。

202. 应克复、金太军、胡传胜：《西方民主史》，中国社会科学出版社，1997。

203. 余敦康：《汉宋易学解读》，华夏出版社，2006。

204. 余敦康：《内圣外王的贯通：北宋易学的现代阐释》，学林出版社，1997。

205. 余胜椿主编《治国之道——中国历代治国思想精华》，求实出版社，1988。

206. 俞可平等：《中国公民社会的兴起与治理的变迁》，社会科学文献出版社，2002。

207. 俞可平：《权利政治与公益政治》，社会科学文献出版社，2003。

208. 俞可平：《社群主义》，中国社会科学出版社，2005。

209. 虞崇胜：《政治文明论》，武汉大学出版社，2003。

210. 虞云国：《宋代台谏制度研究》，上海书店出版社，2009。

211. 袁征：《宋代教育：中国古代教育的历史性转折》，广东教育出版社，1991。

212. 曾仕强、刘君政：《中国的经权管理》，（台北）"国家"出版社，1984。

213. 曾仕强：《中国的经营理念》，经济日报社，1985。

214. 曾仕强：《中国管理哲学》，东大图书公司，1981。

215. 曾仕强：《中国式管理的现代化》，经济日报社，1987。

216. 曾亦、郭晓东编著《何谓普世？谁之价值？——当代儒家论普世价值》（增补本），华东师范大学出版社，2014。

217. 张长法、贾传棠、任子厚等编著《治策通览》，中州古籍出版社，1989。

218. 张岱年：《张岱年全集》，河北人民出版社，1996。

219. 张岱年：《中国哲学大纲》，中国社会科学出版社，1982。

220. 张德胜：《儒家伦理与秩序情结：中国思想的社会学诠释》，台湾巨流图书公司，1989。

221. 张分田：《中国帝王观念：社会普遍意识中的"尊君—罪君"文化范式》，中国人民大学出版社，2004。

222. 张光直：《中国青铜时代二集》，生活·读书·新知三联书店，1990。

223. 张国华、饶鑫贤主编《中国法律思想史纲》上册，甘肃人民出版社，1984。

224. 张灏：《幽暗意识与民主传统》，新星出版社，2006。

225. 张鸿翼：《儒家经济伦理》，湖南教育出版社，1989。

226. 张晋藩主编《中国古代行政管理体制研究》，光明日报出版社，1988。

227. 张静：《法团主义》，中国社会科学出版社，1998。

228. 张君劢：《新儒家思想史》，中国人民大学出版社，2006。

229. 张立文：《中国哲学范畴发展史（天道篇）》，中国人民大学出版社，1988。

230. 张立文主编《中国哲学范畴精粹丛书：理》，中国人民大学出版社，1991。

231. 张立文主编《中国哲学范畴精粹丛书：气》，中国人民大学出版社，1990。

232. 张隆高：《西方企业管理思想的发展》，人民出版社，1985。

233. 张尚仁：《管理、管理学与管理哲学》，云南人民出版社，1987。

234. 章太炎撰，陈平原导读《国故论衡》，上海古籍出版社，2003。

235. 赵鼎新：《社会与政治运动讲义》，社会科学文献出版社，2006。

236. 赵刚：《知识之锚》，广西师范大学出版社，2005。

237. 赵靖：《中国古代经济管理思想概论》，广西人民出版社，1986。

238. 赵汀阳：《第一哲学的支点》，生活·读书·新知三联书店，2013。

239. 赵汀阳：《坏世界研究》，中国人民大学出版社，2009。

240. 《中国古代管理思想》编写组：《中国古代管理思想》，企业管理出版社，1986。

241. 中国古代管理思想研究会编《中国传统管理思想的新探索》，企业管理出版社，1988。

242. 中国社会科学杂志社编《民主的再思考》，社会科学文献出版社，
2000。

243. 钟肇鹏：《孔子、儒学与经学》，中国社会科学出版社，2009。

244. 周炽成：《荀韩人性论与社会历史哲学》，中山大学出版社，2009。

245. 周淑萍：《两宋孟学研究》，人民出版社，2007。

246. 周杨波：《宋代士绅结社研究》，中华书局，2008。

247. 周予同：《群经通论》，上海人民出版社，2012。

248. 左言东、徐诚：《中国古代行政管理概要》，浙江古籍出版社，1989。

三 外国名著类

1.〔英〕阿克顿：《自由与权力》，侯健、范亚峰译，商务印书馆，2001。

2.〔美〕阿兰·S.罗森鲍姆编《宪政的哲学之维》，郑戈等译，生活·读
书·新知三联书店，2001。

3.〔英〕阿兰·斯威伍德：《大众文化的神话》，冯建三译，生活·读书·新
知三联书店，2003。

4.〔法〕阿兰·图海纳：《我们能否共同生存——既彼此平等又互有差异》，
狄玉明等译，商务印书馆，2003。

5.〔美〕埃尔斯特、〔挪〕斯莱格斯塔德编《宪政与民主——理性与社会变
迁研究》，潘勤等译，生活·读书·新知三联书店，1997。

6.〔德〕埃里亚斯·卡内提：《群众与权力》，冯文光等译，中央编译出版
社，2003。

7.〔美〕艾伦·沃尔夫：《合法性的限度——当代资本主义的政治矛盾》，
沈汉等译，商务印书馆，2005。

8.〔英〕艾瑞克·霍布斯鲍姆：《革命的年代——1789—1848》，王章辉等
译，江苏人民出版社，1999。

9.〔英〕安东尼·阿伯拉斯特：《民主》，孙荣飞等译，吉林人民出版社，
2005。

10.〔美〕安东尼·唐斯：《官僚制内幕》，郭小聪等译，李学校，中国人民

大学出版社，2006。

11. 〔美〕安东尼·唐斯:《民主的经济理论》，姚洋等译，赖平耀校，上海人民出版社，2005。

12. 〔英〕安东尼·德·雅赛:《重申自由主义》，陈茅等译，中国社会科学出版社，1997。

13. 〔美〕安德鲁·芬伯格:《可选择的现代性》，陆俊等译，中国社会科学出版社，2003。

14. 〔英〕安德鲁·甘布尔:《政治和命运》，胡晓进等译，江苏人民出版社，2003。

15. 〔西〕奥尔特加·加塞特:《大众的反叛》，刘训练、佟德志译，吉林人民出版社，2004。

16. 〔加〕巴巴拉·阿内尔:《政治学与女性主义》，郭夏娟译，东方出版社，2005。

17. 〔日〕白川静:《常用字解》，苏冰译，九州出版社，2010。

18. 〔英〕柏克:《法国革命论》，何兆武等译，商务印书馆，1998。

19. 〔古希腊〕柏拉图:《理想国》，郭斌和、张竹明译，商务印书馆，1986。

20. 〔法〕邦雅曼·贡斯当:《古代人的自由与现代人的自由》，阎克文、刘满贵译，冯克利校，上海人民出版社，2003。

21. 〔美〕保罗·S.芮恩施:《平民政治的基本原理》，罗家伦译，中国政法大学出版社，2003。

22. 〔英〕保罗·塔格特:《民粹主义》，袁明旭译，吉林人民出版社，2005。

23. 〔意〕贝内德托·克罗齐:《十九世纪欧洲史》，田时纲译，中国社会科学出版社，2005。

24. 〔美〕贝思·J.辛格:《可操作的权利》，邵强进等译，上海人民出版社，2005。

25. 〔英〕彼得·伯克:《欧洲近代早期的大众文化》，杨豫等译，上海人民出版社，2005。

26.〔英〕伯特兰·罗素:《西方的智慧》,马家驹、贺霖译,世界知识出版社,1992。

27.〔英〕伯特兰·罗素:《西方哲学史》(上下卷),何兆武等译,商务印书馆,1976。

28.〔英〕伯特兰·罗素:《权力论——新社会分析》,吴友三译,商务印书馆,1991。

29.〔美〕C. L. 米尔斯:《权力精英》,王崑等译,南京大学出版社,2004。

30.〔美〕C. L. 米尔斯:《社会学的想象力》,陈强、张永强译,生活·读书·新知三联书店,2001。

31.〔美〕查尔斯·J.福克斯、休·T.米勒:《后现代公共行政——话语指向》,楚艳红等译,吴琼校,中国人民大学出版社,2002。

32.〔美〕查尔特·墨菲:《政治的回归》,王恒等译,江苏人民出版社,2001。

33.〔美〕成中英:《文化、伦理与管理——中国现代化的哲学省思》,贵州人民出版社,1991。

34.〔美〕大卫·李斯曼:《孤独的人群》,王崑等译,南京大学出版社,2002。

35.〔美〕戴维·杜鲁门:《政治过程——政治利益与公共舆论》,陈尧译,天津人民出版社,2005。

36.〔英〕戴维·赫尔德:《民主的模式》,燕继荣等译,中央编译出版社,1998。

37.〔美〕丹尼尔·贝尔:《资本主义文化矛盾》,赵一凡等译,生活·读书·新知三联书店,1989。

38.〔美〕丹尼斯·H.朗:《权力论》,陆震纶、郑明哲译,中国社会科学出版社,2001。

39.〔美〕道格拉斯·拉米斯:《激进民主》,刘元琪译,中国人民大学出版社,2002。

40.〔美〕杜维明:《道、学、政:论儒家知识分子》,钱文忠、盛勤译,上海人民出版社,2000。

41. 〔美〕杜维明:《新加坡的挑战——新儒家伦理与企业精神》,高专诚译,叶扬校,生活·读书·新知三联书店,1989。

42. 〔美〕E. 佛洛姆:《逃避自由》,北方文艺出版社,1987。

43. 〔美〕E.E.谢茨施耐德:《半主权的人民——一个现实主义者眼中的美国民主》,任军锋译,胡伟校,天津人民出版社,2000。

44. 〔加〕菲利普·汉森:《历史、政治与公民权:阿伦特传》,刘佳林译,江苏人民出版社,2004。

45. 〔澳〕菲利普·佩蒂特:《共和主义——一种关于自由与政府的理论》,刘训练译,江苏人民出版社,2006。

46. 〔德〕斐迪南·腾尼斯:《共同体与社会》,林荣远译,商务印书馆,1999。

47. 〔美〕弗兰西斯·福山:《历史的终结及最后之人》,黄胜强等译,中国社会科学出版社,2003。

48. 〔法〕弗朗索瓦·傅勒:《思考法国大革命》,孟明译,生活·读书·新知三联书店,2005。

49. 〔美〕弗里德里希·沃特金斯:《西方政治传统——近代自由主义之发展》,李丰斌译,新星出版社,2006。

50. 〔英〕弗里德利希·冯·哈耶克:《自由秩序原理》(上下册),邓正来译,生活·读书·新知三联书店,1997。

51. 〔英〕格雷厄姆·沃拉斯:《政治中的人性》,朱曾汶译,商务印书馆,1995。

52. 〔美〕顾立雅:《孔子与中国之道》(修订版),高专诚译,大象出版社,2014。

53. 〔法〕古斯塔夫·勒庞:《乌合之众——大众心理研究》,冯克利译,中央编译出版社,2005。

54. 〔美〕桂思卓:《从编年史到经典:董仲舒的春秋诠释学》,朱腾译,中国政法大学出版社,2010。

55. 〔美〕哈罗德·D.拉斯韦尔:《政治学——谁得到什么?何时和如何得到》,杨昌裕译,商务印书馆,1992。

56. 〔美〕汉密尔顿、杰伊、麦迪逊:《联邦党人文集》，程逢如等译，商务印书馆，1980。

57. 〔美〕汉娜·阿伦特:《人的条件》，王世雄等译，竺乾威校，上海人民出版社，1999。

58. 〔美〕郝大维、安乐哲:《先贤的民主——杜威、孔子与中国民主之希望》，何刚强译，江苏人民出版社，2004。

59. 〔美〕赫伯特·马尔库塞:《爱欲与文明——对弗洛伊德思想的哲学探讨》，黄勇、薛民译，上海译文出版社，1987。

60. 〔美〕赫伯特·J. 斯托林:《反联邦党人赞成什么——宪法反对者的政治思想》，汪庆华译，北京大学出版社，2006。

61. 〔以〕J.F. 塔尔蒙:《极权主义民主的起源》，孙传钊，吉林人民出版社，2004。

62. 〔英〕J. S. 密尔:《代议制政府》，汪瑄译，商务印书馆，1982。

63. 〔英〕J. S. 密尔:《论自由》，程崇华译，商务印书馆，1996。

64. 〔美〕加布里埃尔·A. 阿尔蒙德、西德尼·维伯:《公民文化》，徐湘林等译，沈叔平等校，华夏出版社，1989。

65. 〔意〕加塔诺·莫斯卡:《统治阶级》，贾鹤鹏译，译林出版社，2002。

66. 〔日〕加藤节:《政治与人》，唐士其译，北京大学出版社，2003。

67. 〔法〕基佐:《欧洲文明史》，程洪逵、沅芷译，商务印书馆，2005。

68. 〔美〕贾恩弗兰科·波齐:《近代国家的发展——社会学导论》，沈汉译，商务印书馆，1997。

69. 〔英〕杰里米·边沁:《政府片论》，沈叔平等译，商务印书馆，1995。

70. 〔美〕卡尔·博格斯:《政治的终结》，陈加刚译，社会科学文献出版社，2001。

71. 〔美〕卡尔·科恩:《论民主》，聂崇信、朱秀贤译，商务印书馆，1988。

72. 〔美〕卡罗尔·佩特曼:《参与和民主理论》，陈尧译，上海人民出版社，2006。

73. 〔美〕克劳德·小乔治:《管理思想史》，孙耀君译，商务印书馆，

1985。

74.〔英〕昆廷·斯金纳:《近代政治思想的基础》上下卷,奚瑞森、亚方译,商务印书馆,2002。

75.〔英〕L.T. 霍布豪斯:《形而上学的国家论》,汪淑钧译,商务印书馆,2002。

76.〔英〕拉尔夫·达仁道夫:《现代社会冲突——自由政治随感》,林荣远译,中国社会科学出版社,2000。

77.〔美〕理查德·A. 波斯纳:《法律、实用主义与民主》,凌斌等译,中国政法大学出版社,2005。

78.〔美〕理查德·C. 博克斯:《公民治理——引领21世纪的美国社区》,孙柏瑛等译,中国人民大学出版社,2005。

79.〔美〕理查德·沃林:《存在的政治——海德格尔的政治思想》,周宪、王志宏译,商务印书馆,2000。

80.〔美〕列奥·施特劳斯:《什么是政治哲学》,李世祥等译,华夏出版社,2011。

81.〔美〕列奥·施特劳斯、约瑟夫·克罗波西主编《政治哲学史》,李天然等译,河北人民出版社,1993。

82.〔法〕卢梭:《论人类不平等的起源和基础》,李常山译,东林校,商务印书馆,1962。

83.〔法〕卢梭:《论人类不平等的起源和基础》,李常山译,东林校,商务印书馆,1997。

84.〔法〕卢梭:《社会契约论》,何兆武译,商务印书馆,2003。

85.〔美〕罗伯特·达尔:《多头政体——参与和反对》,谭君久、刘惠荣译,谭君久校,商务印书馆,2003。

86.〔美〕罗伯特·达尔:《多元主义民主的困境——自治与控制》,周军华等译,吉林人民出版社,2006。

87.〔美〕罗伯特·达尔:《民主及其批评者》,曹海军等译,吉林人民出版社,2006。

88.〔美〕罗伯特·达尔:《民主理论的前言》,顾昕等译,生活·读书·新知三联书店、牛津大学出版社，1999。

89.〔美〕罗伯特·古丁 汉斯-迪特尔·克林格曼主编《政治科学新手册》（上下卷），钟开斌等译，生活·读书·新知三联书店，2006。

90.〔意〕罗伯特·米歇尔斯：《寡头统治铁律》，任军锋等译，天津人民出版社，2003。

91.〔美〕罗伯特·诺齐克：《无政府、国家与乌托邦》，何怀宏等译，中国社会科学出版社，1991。

92.〔美〕罗伯特·D.帕特南：《使民主运转起来：现代意大利的公民传统》，王列等译，江西人民出版社，2001。

93.〔美〕罗伯特·H.威布：《自治——美国民主的文化史》，李振广译，商务印书馆，2006。

94.〔英〕马丁·阿尔布劳：《全球时代——超越现代性之外的国家与社会》，高湘泽等译，商务印书馆，2001。

95.〔德〕马克斯·霍克海默、西奥多·阿道尔诺：《启蒙辩证法——哲学断片》，渠敬东、曹卫东译，上海人民出版社，2003。

96.〔德〕马克斯·韦伯：《经济与社会》，林荣远译，商务印书馆，1997。

97.〔德〕马克斯·韦伯：《儒教与道教》，王容芬译，商务印书馆，1995。

98.〔德〕马克斯·韦伯：《新教伦理与资本主义精神》，于晓等译，生活·读书·新知三联书店，1987。

99.〔美〕马克·E.沃伦编《民主与信任》，吴辉译，华夏出版社，2004。

100.〔德〕玛丽安妮·韦伯：《马克斯·韦伯传》，阎克文等译，江苏人民出版社，2002。

101.〔英〕迈克尔·H.莱斯诺夫：《二十世纪的政治哲学家》，冯克利译，商务印书馆，2001。

102.〔英〕迈克尔·欧克肖特：《政治中的理性主义》，张汝伦译，上海译文出版社，2003。

103.〔英〕J.S.麦克里兰：《西方政治思想史》，彭淮栋译，海南出版社，2003。

104.〔比〕曼德尔：《权力与货币——马克思主义的官僚理论》，孟捷等译，中央编译出版社，2002。

105.〔法〕孟德斯鸠:《论法的精神》上下册，张雁深译，商务印书馆，
　　　1961。

106.〔法〕孟德斯鸠:《罗马盛衰原因论》，婉玲译，商务印书馆，1962。

107.〔德〕尼采:《敌基督者——对基督教的诅咒》，吴增定等译，载吴增
　　　定《敌基督者》讲稿，生活·读书·新知三联书店，2012。

108.〔意〕尼可洛·马基雅维利:《君主论》，潘汉典译，商务印书馆，
　　　1985。

109.〔意〕尼可洛·马基雅维利:《论李维》，冯克利译，上海人民出版社，
　　　2005。

110.〔美〕倪德卫:《儒家之道——中国哲学之探讨》，周炽成译，江苏人民
　　　出版社，2006。

111.〔法〕皮埃尔·卡蓝默:《破碎的民主——试论治理的革命》，高凌翰
　　　译，生活·读书·新知三联书店，2005。

112.〔法〕皮埃尔·罗桑瓦龙:《公民的加冕礼——法国普选史》，吕一民
　　　译，上海世纪出版集团，2005。

113.〔英〕齐格蒙德·鲍曼:《被围困的社会》，郇建立译，江苏人民出版
　　　社，2005。

114.〔英〕齐格蒙德·鲍曼:《共同体》，欧阳景根译，江苏人民出版社，
　　　2003。

115.〔英〕齐格蒙德·鲍曼:《全球化——人类的后果》，郭国良、徐建华
　　　译，商务印书馆，2001。

116.〔英〕齐格蒙德·鲍曼:《寻找政治》，洪涛等译，上海人民出版社，
　　　2006。

117.〔美〕乔·萨托利:《民主新论》，冯克利等译，东方出版社，1998。

118.〔美〕乔治·霍兰·萨拜因:《政治学说史》，刘山等译，商务印书馆，
　　　1986。

119.〔法〕乔治·勒费弗尔:《法国革命史》，顾良等译，商务印书馆，
　　　1989。

120. 〔美〕塞缪尔·鲍尔斯、赫伯特·金蒂斯:《民主和资本主义》,韩水法译,商务印书馆,2003。

121. 〔美〕塞缪尔·P. 亨廷顿:《变化社会中的政治秩序》,刘为等译,沈宗美校,生活·读书·新知三联书店,1989。

122. 〔美〕塞缪尔·亨廷顿等著,罗荣渠主编《现代化——理论与历史经验的再探讨》,上海译文出版社,1993。

123. 〔美〕塞缪尔·P. 亨廷顿:《第三波——20 世纪后期的民主化浪潮》,刘军宁译,上海三联书店,1998。

124. 〔法〕塞奇·莫斯科维奇:《群氓的时代》,许列民等译,江苏人民出版社,2003。

125. 〔德〕施路赫德:《理性化与官僚化——对韦伯之研究与诠释》,顾忠华译,广西师范大学出版社,2004。

126. 〔美〕施特劳斯著,潘戈编《古典政治理性主义的重生》,郭振华等译,叶然校,华夏出版社,2011。

127. 〔美〕斯蒂芬·L. 埃尔金、卡罗尔·爱德华·索乌坦编《新宪政论——为美好的社会设计政治制度》,周叶谦译,生活·读书·新知三联书店,1997。

128. 〔美〕斯蒂芬·霍尔姆斯:《反自由主义剖析》,曦中等译,中国社会科学出版社,2002。

129. 〔美〕斯蒂芬·霍尔姆斯:《权利的成本——为什么自由依赖于税》,毕竞悦译,北京大学出版社,2004。

130. 〔美〕苏珊·邓恩:《姊妹革命——美国革命与法国革命启示录》,杨小刚译,上海文艺出版社,2003。

131. 〔法〕托克维尔:《旧制度与大革命》,冯棠译,商务印书馆,1992。

132. 〔法〕托克维尔:《论美国的民主》,董果良译,商务印书馆,1988。

133. 〔意〕托马斯·阿奎那:《阿奎那政治著作选》,马清槐译,商务印书馆,1997。

134. 〔英〕托马斯·霍布斯:《利维坦》,黎思复、黎廷弼译,杨昌裕校,商务印书馆,1985。

135. 〔英〕托马斯·霍布斯:《论公民》,应星、冯克利译,贵州人民出版社,2003。

136. 〔美〕托马斯·潘恩:《常识》,何实译,华夏出版社,2004。

137. 〔英〕W.I.詹宁斯:《法与宪法》,龚祥瑞等译,生活·读书·新知三联书店,1997。

138. 〔美〕文森特·奥斯特罗姆:《复合共和制的政治理论》,毛寿龙译,上海三联书店,1999。

139. 〔美〕沃尔特·李普曼:《公众舆论》,阎克文等译,上海世纪出版集团,2006。

140. 〔美〕西德尼·塔罗:《运动中的力量——社会运动与斗争政治》,吴庆宏译,译林出版社,2005。

141. 〔奥〕西格蒙德·弗洛伊德:《弗洛伊德后期著作选》,林尘等译,陈泽川校,上海译文出版社,2005。

142. 〔奥〕西格蒙德·弗洛伊德:《一个幻觉的未来》,杨韶刚译,华夏出版社,1999。

143. 〔美〕西摩·马丁·李普塞特:《一致与冲突》,张华青等译,上海人民出版社,1995。

144. 〔美〕西摩·马丁·李普塞特:《政治人——政治的社会基础》,张绍宗译,上海人民出版社,1997。

145. 〔法〕西耶斯:《论特权 第三等级是什么?》,冯棠等译,商务印书馆,1990。

146. 〔古希腊〕亚里士多德:《尼各马可伦理学》,廖申白译注,商务印书馆,2003。

147. 〔古希腊〕亚里士多德:《政治学》,吴寿彭译,商务印书馆,1965。

148. 〔美〕亚历山大·卡利尼克斯:《平等》,徐朝友译,江苏人民出版社,2003。

149. 〔英〕以赛亚·柏林:《现实感》,潘荣荣、林茂译,译林出版社,2004。

150. 〔英〕以赛亚·柏林:《自由论》,胡传胜译,译林出版社,2003。

151.〔德〕尤尔根·哈贝马斯:《包容他者》,曹卫东译,上海人民出版社,2002。

152.〔德〕尤尔根·哈贝马斯:《公共领域的结构转型》,曹卫东等译,学林出版社,1999。

153.〔德〕尤尔根·哈贝马斯:《后民族结构》,曹卫东译,上海人民出版社,2002。

154.〔德〕尤尔根·哈贝马斯:《交往行为理论》卷一,载《行为合理性与社会合理性》,曹卫东译,上海人民出版社,2004。

155.〔德〕尤尔根·哈贝马斯:《理论与实践》,郭官义、李黎译,社会科学文献出版社,2004。

156.〔德〕尤尔根·哈贝马斯:《认识与兴趣》,郭官义、李黎译,学林出版社,1999。

157.〔德〕尤尔根·哈贝马斯:《现代性的地平线——哈贝马斯访谈录》,李安东、段怀清译,严锋校,上海人民出版社,1997。

158.〔德〕尤尔根·哈贝马斯:《现代性的哲学话语》,曹卫东等译,译林出版社,2004。

159.〔德〕尤尔根·哈贝马斯:《在事实与规范之间》,童世骏译,生活·读书·新知三联书店,2003。

160.〔英〕约翰·邓恩:《民主的历程》,林猛等译,吉林人民出版社,2003。

161.〔美〕约翰·杜威:《杜威五大讲演》,胡适译,安徽教育出版社,1999。

162.〔美〕约翰·杜威:《民治主义与现代社会——杜威在华演讲集》,袁刚等编,北京大学出版社,2004。

163.〔美〕约翰·杜威:《人的问题》,傅统先、邱椿译,上海人民出版社,1985。

164.〔美〕约翰·杜威:《新旧个人主义——杜威文选》,孙有忠等译,上海社会科学院出版社,1997。

165.〔美〕约翰·杜威:《哲学的改造》,胡适、唐擘黄译,安徽教育出版社，1999。

166. 〔英〕约翰·格雷:《自由主义的两张面孔》，顾爱彬、李瑞华译，江苏人民出版社，2005。

167. 〔英〕约翰·基恩:《公共生活与晚期资本主义》，马音等译，社会科学文献出版社，1999。

168. 〔英〕约翰·基恩:《媒体与民主》，邬继红等译，社会科学文献出版社，2003。

169. 〔英〕约翰·基恩:《市民社会——旧形象 新观察》，王令愉等译，上海远东出版社，2006。

170. 〔美〕约翰·罗尔斯:《正义论》，何怀宏等译，中国社会科学出版社，1988。

171. 〔美〕约翰·罗尔斯:《政治自由主义》，万俊人译，译林出版社，2000。

172. 〔英〕约翰·洛克:《政府论》(下篇)，叶启芳等译，商务印书馆，1964。

173. 〔美〕约瑟夫·熊彼特:《资本主义、社会主义与民主》，吴良健译，商务印书馆，1999。

174. 〔美〕詹明信著，张旭东编:《晚期资本主义的文化逻辑》，陈清侨等译，生活·读书·新知三联书店，1997。

175. 〔美〕詹姆斯·M.布坎南、罗杰·D.康格尔顿:《原则政治，而非利益政治》，张定淮、何志平译，社会科学文献出版社，2004。

176. 〔英〕詹姆斯·布赖斯:《现代民治政体》上下册，张慰慈等译，吉林人民出版社，2001。

177. 〔美〕詹姆斯·W.西瑟:《自由民主与政治学》，竺乾威译，上海人民出版社，1998。

178. 〔日〕猪口孝等编《变动中的民主》，林猛等译，吉林人民出版社，1999。

179. A.H.Maslow, *Motivation and Personality*, Harper &Row, 1954.

180. Chester I. Barnard, *The Functions of Executive*, Harvard University Press,

1938.

181.Christopher Hodgkinson, *The Philosophy Leadership*, Basil Blackwell, 1983.

182.Douglas McGregor, *The Human Side of Enterprise*, McGraw-Hill, 1960.

182.E. H. Shein, *Organizational Psychology*, Prentice-Hall, 1965.

184.Elton Mayo, *The Human Problems of an Industrial Civilization*, Macmillan, 1933.

185.F.E. Kast and J.E. *Rosenzweig, Organization and Management*, McGraw-Hill, 1979.

186.F.W.Taylor, *The Principles of Scientific Management*, W.W.Norton & Company, 1967.

187.Henri Fayol, *General and Industrial Management*, Pitman, 1949.

188.H.Koontz, *C.ODonnell and H.Weihrich, Manangement*, McGraw-Hill, 1980.

189.J.Morse and J.W.Lorsch, *Beyond Theory Y*, Harvard Business Review, May-June 1970. 330.

190.Max Weber, *The Theory of Social and Economic Orgnization*, The Free Press, 1947.

191.Oleve Sheldon, *The Philosophy of Management*, Pitman &Sons, 1923.

192.Peter F.Drucker, *The Practice of Managemant*, Harper & Row, 1954.

193.Peter F.Drucker, *The Effective Executive*, Harper &Row, 1985.

194.P.Likert, *The Human Organization: Its Management and Value*, McGraw-Hill, 1967.

195.R. Blake and J.S. Mouton, *The New Managerial Grid*, Gulf Publishing Co, 1978.

196.R. Tannenbaum and W.H. Schimidt, *How to Choose a Leadership Paten*, Harvard Business Review, March—April 1958.

197.R.T.Pascale and A.G.Athors, *The Art of Japanese Management*, Simon and Shuster, 1981.

198.T.J.Peters and R.H.Waterman, Jr., *In Search of Excellence*, Harper &Row, 1982.

199.T.L. *Deal and A.A.Kennedy, Corporate Cultures, Reading*, Addison-Wesley, 1982.

200.Weber. *Max:Economy and Society*, edited by Guenther Roth and Claus Wittich, University of California Press, vol, 1, 1978.

201.W.G.Ouchi, *Theory Z*, Avon Books, 1982.

202.Wm. Theodore de Bary, *The Trouble with Confucianism*, Harvard University Press, 1991.

四 期刊论文类

1. 陈壁生:《经学与中国哲学——对中国哲学学科建构的反思》,《哲学研究》2014 年第 2 期。

2. 陈壁生:《"孔子"形象的现代转折——章太炎的孔子观》,《中国人民大学学报》2015 年第 3 期。

3. 陈壁生:《明皇改经与〈孝经〉学的转折》,《中国哲学史》2012 年第 2 期。

4. 陈独秀:《宪法与孔教》,上海亚东图书馆求益书社印行,《新青年》第 2 卷第 3 号, 1916 年。

5. 陈立胜:《〈论语〉中的勇: 历史建构与现代启示》,《中山大学学报》(社会科学版) 2008 年第 4 期。

6. 陈立胜:《子在川上: 比德? 伤逝? 见道? ——〈论语〉"逝者如斯夫"章的诠释历程与中国思想的"基调"》,《中山大学学报》(社会科学版) 2011 年第 2 期。

7. 陈少明:《君子与政治——对〈论语·述而〉"夫子为卫君"章的解读》,《中山大学学报》(社会科学版) 2005 年第 4 期。

8. 陈少明:《"孔子厄于陈蔡"之后》,《中山大学学报》(社会科学版) 2004 年第 6 期。

9. 陈少明:《〈论语〉的历史世界》,《中国社会科学》2010 年第 3 期。

10. 陈少明：《〈论语〉"外传"——对孔门师弟传说的思想史考察》，《中山大学学报》（社会科学版）2009 年第 2 期。

11. 陈少明：《心安，还是理得？——从〈论语〉的一则对话解读儒家对道德的理解》，《哲学研究》2007 年第 10 期。

12. 成长健、师君侯：《从三篇〈朋党论〉看北宋的党争》，《中国文学研究》1993 年第 2 期。

13. 程民生：《论宋代士大夫政治对皇权的限制》，《河南大学学报》（社会科学版）1999 年第 3 期。

14. 崔英超、张其凡：《论宋神宗在熙丰变法中主导权的逐步强化》，《江西社会科学》2003 年第 5 期。

15. 刁忠民：《试析熙丰之际御史台的畸形状态》，《历史研究》2000 年第 4 期。

16. 范立舟：《论二程的历史哲学》，《史学月刊》2002 年第 6 期。

17. 方诚峰：《元祐"调停"与宋哲宗绍述前夜》，《中华文史论丛》2013 年第 4 期。

18. 冯达文：《个人·社群·自然——为回归古典儒学提供一个说法》，《社会科学战线》2013 年第 6 期。

19. 冯达文：《"曾点气象"异说》，《中国哲学史》2005 年第 4 期。

20. 高培华：《"君子儒"与"小人儒"新诠》，《河南大学学报》（社会科学版）2012 年第 4 期。

21. 高瑞泉：《论〈庄子〉"物无贵贱"说之双重意蕴》，《社会科学》2010 年第 10 期。

22. 管怀伦：《"罢黜百家独尊儒术"的历史过程考论》，《江苏社会科学》2008 年第 1 期。

23. 郭齐勇：《也谈"子为父隐"与孟子论舜——兼与刘清平先生商榷》，《哲学研究》2002 年第 10 期。

24. 韩高年：《〈论语·为政〉"子奚不为政"章疏证——兼谈孔门孝道内涵的多重性及其演变》，《古籍研究》2003 年第 2 期。

25. 胡宝华：《从"君臣之义"到"君臣道合"：论唐宋时期君臣观念的

发展》,《南开学报》(哲学社会科学版)2008 年第 3 期。

26. 惠吉兴:《宋代礼治论》,《史学月刊》2002 年第 9 期。

27. 季三华:《试析孔子的教育理念及方法》,《教育探索》2006 年第 9 期。

28. 江湄:《北宋诸家〈春秋〉学的"王道"论述及其论辩关系》,《哲学研究》2007 年第 7 期。

29. 景海峰:《经学与哲学:儒学诠释的两种形态》,《哲学动态》2014 年第 4 期。

30. 景海峰:《"理一分殊"释义》,《中山大学学报》(社会科学版)2012 年第 3 期。

31. 景海峰:《五伦观念的再认识》,《哲学研究》2008 年第 5 期。

32. 孔祥骅:《子夏氏"西河学派"再探》,《学术月刊》1987 年第 7 期。

33. 黎红雷:《"恭宽信敏惠":儒家治国理政思想的现代启示》,《孔子研究》2015 年第 3 期。

34. 黎红雷:《孔子"君子学"发微》,《中山大学学报》(社会科学版)2011 年第 1 期。

35. 黎红雷:《"仁义礼智信":儒家道德教化思想的现代价值》,《齐鲁学刊》2015 年第 5 期。

36. 黎红雷:《为万世开太平——中国传统治道研究引论》,《云南大学学报》(社会科学版)2007 年第 6 期。

37. 黎红雷:《"位"与"德"之间——从〈周易·解卦〉看孔子"君子小人"说的纠结》,《孔子研究》2012 年第 1 期。

38. 李长春:《〈春秋〉"大一统"与两汉时代精神》,《中山大学学报》(社会科学版)2011 年第 3 期。

39. 李存山:《程朱的"格君心之非"思想》,《中国社会科学院研究生院学报》2006 年第 1 期。

40. 李华瑞:《宋神宗与王安石共定"国是"考辩》,《文史哲》2008 年第 1 期。

41. 李明辉:《台湾仍是以儒家传统为主的社会》,《儒家网》2015 年第 1 期。

42. 李之鉴:《从二程对王安石的批判看理学的政治倾向》,《中州学刊》1987 年第 4 期。

43. 李宗桂:《论董仲舒奉天法古的维新原则》,《甘肃社会科学》1993 年第 2 期。

44. 梁涛:《论早期儒学的政治理念》,《哲学研究》2008 年第 10 期。

45. 廖名春:《从〈论语〉研究看古文献学的重要性》,《清华大学学报》（哲学社会科学版）2009 年第 1 期。

46. 廖名春:《〈论语·为政〉篇"道之以政"章新证》,《学习时报》2007 年第 12 期。

47. 刘成国:《9~12 世纪初的道统"前史"考述》,《史学月刊》2013 年第 12 期。

48. 刘丰:《宋代礼学的新发展：以二程的礼学思想为中心》,《中国哲学史》2013 年第 4 期。

49. 刘丰:《周公"摄政称王"及其与儒家政治哲学的几个问题》,《人文杂志》2008 年第 4 期。

50. 刘光胜:《"儒分为八"与早期儒家分化趋势的生成》,《清华大学学报》（哲学社会科学版）2015 年第 2 期。

51. 刘乐恒:《〈程氏易传〉论道与政》,《政治思想史》2014 年第 4 期。

52. 刘燕芸:《以忧患之心，思忧患之故：程氏易学的为政之道》,《周易研究》2000 年第 2 期。

53. 罗家祥:《元祐新旧党争与宋后期政治》,《中国史研究》1989 年第 1 期。

54. 马永康:《直爽:〈论语〉中的"直"》,《现代哲学》2007 年第 5 期。

55. 彭永捷:《论儒家道统及宋代理学的道统之争》,《文史哲》2001 年第 2 期。

56. 任剑涛:《天道、王道与王权：王道政治的基本结构及其文明矫正功能》,《中国人民大学学报》2012 年第 2 期。

57. 沈松勤:《北宋台谏制度与党争》,《历史研究》1998 年第 4 期。

58. 宋震昊:《子张从政辨》,《古籍整理研究学刊》2009 年第 3 期。

59. 孙景坛：《汉武帝"罢黜百家，独尊儒术"子虚乌有——中国近现代儒学反思的一个基点性错误》，《南京社会科学》1993 年第 6 期。

60. 孙晓春：《两宋天理论的政治哲学解析》，《清华大学学报》（哲学社会科学版）2004 年第 4 期。

61. 王林伟：《王道政治的理念：基于程氏经说的探讨》，《政治思想史》2014 年第 2 期。

62. 王瑞来：《将错就错：宋代士大夫"原道"略说——以范仲淹的君臣关系论为中心的考察》，《学术月刊》2009 年第 4 期。

63. 王中江：《孔子的生活体验、德福观及道德自律——从郭店简〈穷达以时〉及其相关文献来考察》，《江汉论坛》2014 年第 10 期。

64. 王中江：《老子治道历史探源——以"垂拱之治"与"无为而治"的关联为中心》，《中国哲学史》2002 年第 3 期。

65. 魏义霞：《"安于义命"：二程的性命哲学及其道德旨趣》，《齐鲁学刊》2012 年第 3 期。

66. 谢荣华：《"子奚不为政？"——试论儒家的"为政"方式》，《孔子研究》2005 年第 3 期。

67. 谢晓东：《〈伊川易传〉中的民本思想》，《周易研究》2008 年第 4 期。

68. 杨朝明：《成人之"道"与为政之"德"》，《理论学刊》2013 年第 11 期。

69. 杨朝明：《上博竹书〈鲁邦大旱〉管见》，《东岳论丛》2002 年第 5 期。

70. 杨海文：《孔子的"生存叙事"与"生活儒学"的敞开》，《福建论坛》（人文社会科学版）2004 年第 8 期。

71. 杨海文：《"儒"为学派义钩沉》，《中华读书报》2014 年第 5 期。

72. 易白沙：《孔子平议（上）》，上海亚东图书馆求益书社印行，《新青年》第 1 卷第 6 号，1916 年。

73. 易白沙：《孔子平议（上）》，上海亚东图书馆求益书社印行，《新青年》1916 年第 1 卷第 6 号。

74. 殷慧：《宋儒以理释礼的思想历程及其困境》，《中国哲学史》2013 年第 2 期。

75. 张邦炜：《关于建中之政》，《四川师范大学学报》（社会科学版）

2002 年第 6 期。

76. 张邦炜：《论宋代的皇权和相权》，《四川师范大学学报》（社会科学版）1994 年第 2 期。

77. 张岱年：《关于宋明"理气"学说的演变》，《学习与研究》1982 年第 4 期。

78. 张丰乾：《早期儒家与"民之父母"》，《现代哲学》2008 年第 1 期。

79. 张其凡：《"皇帝与士大夫共治天下"试析：北宋政治架构探微》，《暨南学报》（哲学社会科学版）2001 年第 6 期。

80. 张星久：《儒家"无为"思想的政治内涵与生成机制——兼论"儒家自由主义"问题》，《政治学研究》2000 年第 2 期。

81. 周炽成：《儒家性朴论：以孔子、荀子、董仲舒为中心》，《社会科学》2014 年第 10 期。

82. 周炽成：《以中评西：中国哲学的另类叙事方式》，《中山大学学报》（社会科学版）2008 年第 5 期。

83. 周春健：《"宴尔新昏，如兄如弟"与儒家伦理》，《孔子研究》2013 年第 1 期。

84. 朱高正：《论儒——从〈周易〉古经论证"儒"的本义》，《社会科学战线》1997 年第 1 期。

85. 朱汉民、曾小明：《程颐〈易〉学中的卦才论》，《天津社会科学》2011 年第 2 期。

86. 庄春波：《汉武帝"罢黜百家，独尊儒术"说辨》，《孔子研究》2000 年第 4 期。

后　记

当敲击完最后一个字符，《天理与秩序：宋代政治伦理思想研究》书稿的完成并没有给我如释重负的感觉，相反，宋代士大夫在天理与现实的政治伦理之间的矛盾，以及皇权与士权的张力，令人心生敬畏，深觉难以言尽。宋代的政治文化给予了士大夫相对较大的自由，亦赋予了儒家引导政治秩序构建的可能。然而，现实的政治体制毕竟由天子主导，在君臣的互动中，"存天理灭人欲"的政治命题往往导致现实政治秩序的紧张。

宋儒对政治的讨论是伦理化的，其以天理为依循，在士大夫思想的引导下，推进着政治秩序的理性安排。"得君行道"与"共治天下"是由宋儒所主导的政治伦理思想的旨归，但在现实的政治秩序中存在着士人主体性和官僚化的矛盾，这一矛盾的本质是君道与臣道的博弈。在宋代伦理思想的历史演进中，天理与事功的矛盾，衍生出王霸之辨、义利之别等学理争鸣。从宋代政治伦理思想的发展向度来看，其特质是在古礼复活背景下政治生活的理性化对功利化的统摄。

在本书的完成过程中，我将更多的精力投入本书的主体内容——第二至第八章的写作中，共计撰写 20.2 万字。感谢张洪铭老师承担了本书导论和第一章的写作工作，洪铭兄于 2022 年开始在福建师范大学和中共福建省委党校联合设置的博士后工作站开展中国式现代化和中华文明的研究，他对学术的执着和对生活的热爱为将至不惑之年的我提供了动力。感恩我的家人、师长、朋友对我无私的支持，感谢本书的责编的认真校对，正是得益于诸位的帮助，本书能够顺利出版。本书的完成得到了中山大学哲学系和华南师范大学马克思主义学院的顾问指导，在此一并鸣谢。

2023 年 1 月 1 日于中共福建省委党校

图书在版编目（CIP）数据

天理与秩序：宋代政治伦理思想研究 / 郑济洲，张
洪铭著 . -- 北京：社会科学文献出版社，2023.12
　　ISBN 978-7-5228-2691-2

　　Ⅰ. ①天… Ⅱ. ①郑… ②张… Ⅲ. ①政治伦理学 –
研究 – 中国 – 宋代　Ⅳ. ① B82-051

　　中国国家版本馆 CIP 数据核字（2023）第 206672 号

天理与秩序：宋代政治伦理思想研究

著　　者 / 郑济洲　张洪铭

出 版 人 / 冀祥德
责任编辑 / 李建廷
责任印制 / 王京美

出　　版 / 社会科学文献出版社
　　　　　　地址：北京市北三环中路甲 29 号院华龙大厦　邮编：100029
　　　　　　网址：www.ssap.com.cn
发　　行 / 社会科学文献出版社（010）59367028
印　　装 / 三河市尚艺印装有限公司

规　　格 / 开　本：787mm×1092mm　1/16
　　　　　　印　张：17　字　数：252 千字
版　　次 / 2023 年 12 月第 1 版　2023 年 12 月第 1 次印刷
书　　号 / ISBN 978-7-5228-2691-2
定　　价 / 98.00 元

读者服务电话：4008918866